瘦肉型猪饲养技术

主　编:罗安治
副主编:曾传坤　刁运华

四川出版集团·四川科学技术出版社

图书在版编目(CIP)数据

瘦肉型猪饲养技术/罗安治主编. –成都:四川科学技术出版社,2009.5

ISBN 978 – 7 – 5364 – 6839 – 9

Ⅰ. 瘦… Ⅱ. 罗… Ⅲ. 肉用型 – 猪 – 饲养管理
Ⅳ. S828. 9

中国版本图书馆 CIP 数据核字(2009)第 070501 号

瘦肉型猪饲养技术

主 编	罗安治
责任编辑	李蓉君
版式设计	康永光
责任出版	周红君
出版发行	四川出版集团·四川科学技术出版社
	成都市三洞桥路 12 号 邮政编码 610031
成品尺寸	203mm×140mm
	印张 8.5 字数 220 千
印 刷	四川嘉华印务有限公司
版 次	2009 年 6 月成都第一版
印 次	2009 年 6 月成都第一次印刷
定 价	16.00 元

ISBN 978 – 7 – 5364 – 6839 – 9

《瘦肉型猪饲养技术》
编写人员名单

主　编：罗安治

副主编：曾传坤　刁运华

编写人员（以笔画为序）

刁运华	王立常	付茂中	朱俊学
关云秀	林　毅	罗安治	曾传坤

前　言

养猪在中国具有十分重要的地位，年产量居世界第一。近年来，瘦肉型猪发展很快，规模化、标准化养猪越来越普遍，提高了我国的养猪水平和肉猪质量。为进一步推动瘦肉型猪的生产发展，我们组织国内具有丰富理论知识和实践经验的养猪专家，针对生产实际，吸收近年来国内外大量养猪科研新成果和先进实用技术，编写了此书。

本书专门针对瘦肉型猪的养殖而编写。全书共分十章，全面介绍了现代养猪业发展的趋势、瘦肉型猪的品种与利用、种猪的选择、种猪的繁殖、猪的营养需要与饲料配合、猪的饲养管理、猪场建设与设备、规模化养猪、猪的疾病防制、农户养猪经营与营销等瘦肉型猪生产知识和操作技能，具有较高的实用性和可操作性，可供养猪生产者和畜牧兽医人员参阅。

本书在正式出版前曾多次作为内部培训资料使用，受到广大培训班教师和学生欢迎。现经多次修订，内容更加丰富和实用，可操作性极强，可供全国广大养殖专业户、养猪培训班以及相关学校作教材使用。由于编者水平所限，书中难免有不妥之处，望读者给予批评指正。

编　者

目　录

第一章　现代养猪业的概要

发达的畜牧业是一个国家现代化的重要标志,而养猪业是畜牧业的重要组成部分。我国养猪历史悠久,几千年来在为人类提供肉食品及促进农业的发展起到了重要作用。随着现代畜牧业的飞速发展,养猪业正朝着规模化、集约化方向迈进,其突出的要求是提高出栏率、经济效益和产品质量。

我国是一个养猪大国,在世界生猪生产中占有重要地位。据世界粮农组织统计,2001 年我国生猪存栏、出栏分别为 4.66 亿头、6.04 亿头,分别占世界总数的 45.6% 、43.8% ,产肉量 4 582万吨,占 48.4% ,人均消耗猪肉 35 千克,占我国肉类消费的66.8% 。猪的存栏和出栏分别比 1975 年增加了 1.90 亿头、4.22亿头。这表明我国养猪生产取得了较大发展。但是,我国养猪水平总的来讲还比较低,除部分经济发达的省区外,普遍是极度分散的千家万户小群饲养,规模化、集约化程度低,出栏率不到 130% ,商品肉猪主要为二元杂交,瘦肉率仅 48% 左右,远不能适应国际、国内市场尤其是肉猪出口的要求。

自 20 世纪 60 年代开始,发达国家的养猪业发展很快,机械化程度越来越高,生产日趋集中,养猪户越来越少,规模越来越大。如意大利工厂化养猪从 20 世纪 60 年代末开始出现,其产量现已占到全国总产的 80% 以上,母猪年产 2.2 胎以上,肉猪 185 日龄体重达 110 千克,每增重 1 千克活重仅耗料 2.9 千克。美国、英国肉猪出栏率达 160% 多,且肉质好,瘦肉率高,达 62% 以上,集约化生产已成为各国优质肉猪发展的方向。

所谓优质猪肉,其基本概念有两个:一是指猪肉的品质好,特别是瘦肉率及肉的口感、风味、颜色、pH 值、肌间脂肪含量、嫩度、系水力、肌纤维细度等要好;二是指猪肉中各种有毒有害物的残留要降到一定限度,即要达到无公害食品、绿色食品的要求。

分析世界养猪生产的发展,其主要趋势和特点有以下几点,值得学习和借鉴。

一、规模化饲养

要进行优质肉猪的生产,首先必须发展规模化养猪,才能在猪种、饲料、兽药上严格控制。规模化养猪是生产力发展到一定程度之后的必然趋势。只有规模饲养,才有规模效益,我国农民才能真正摆脱贫困走向致富。如养一头猪的效益仅 50 元,而养 1 000 头猪的效益可达到 5 万元。规模饲养可集中条件优势,提高劳动生产效率,充分利用圈舍等设施,从而达到提高单位产品经济效益的目的。

近 40 多年来,发达国家普遍经历了规模化养殖的发展过程。例如,日本的养猪户,1981 年为 12.6 万户,1991 年 3.6 万户,减少 371.6%,而户平均养猪由 79 头增至 315 头,增长近 3 倍,总养猪量由 1 006 万头增至 1 135 万头。荷兰、英国等均如此。我国养猪专业户也在迅速发展,户平均养猪几十头至十几万头不等。有的专门养母猪,有的专门养肉猪,有的自繁自养。广东省的规模饲养已达 60%。河南、湖北的养猪也在迅速发展。一般规模养猪的商品率达 80% 以上,收入占家庭总收入的 60% 以上,人均收入高于当地平均收入 1 倍以上。

二、工厂化、集约化生产

国外现代化养猪业迅速发展的一个重要标志,就是生产的高度集约化和大规模工厂化。全封闭自控环境猪舍已从仔猪舍、保育舍发展到育肥猪舍,以进一步发挥猪的生产潜力。使用电脑管理和闭路电视监控生产的全过程,随时可检测和干预全场的各项工作。怀孕及哺乳母猪采用单栏限位高密度饲养,把它当做活的机器,饲料就是原料,通过猪体加工成肉产品,尤如工业产品的工厂化生产。其饲养方式与饲养技术上要进行许多改进,即实行集约化养猪技术,主要包括以下几个方面的内容:

(一)采取车间式分段饲养。把猪舍分为待配舍、妊娠舍、分娩舍、保育舍、肥育舍,母猪、仔猪、肉猪在猪舍流转。改变传统养猪一头母猪一个圈,仔猪双月才断奶,留母转仔圈不变,母猪一年产二胎的作法,对猪舍根据不同阶段的生理需要作出不同的设计要求。如分娩舍、保育舍重在要求冬天防寒保暖,夏季防暑降温等技术要求。

(二)实行早期断奶技术。改传统的仔猪 45～60 日龄断奶为 35 日龄或 28 日龄断奶,甚至 21 日龄断奶,缩短产仔间隔,使母猪年产 2.1～2.3 胎,提高产仔力,并减少疾病传递。每头母猪年提供上市肉猪可达 25 头左右。

(三)应用现代饲料营养先进科学技术。应用现代饲料营养先进技术,生产各类猪的全价配合饲料,实现标准化饲养。使 35 日龄仔猪重可达 7.5 千克以上,70 日龄仔猪体重可达 23 千克以上。

(四)肉猪科学饲养,缩短饲养期。按肉猪生长发育规律,饲养分为 20～70 千克、70～110 千克两阶段甚至三个阶段配制日粮,保证最佳速度的生长,提高劳动生产率。

此外,有的还将母猪场、保育场、肥猪场三者分开,实行超早期断奶,防止疾病交叉感染,建立健康猪群。通过以上措施,可大大提高劳动生产率,减少母猪,提高产仔数,缩短肉猪饲养期,提高饲料利用率。这是我国养猪生产发展的必然趋势和方向。

三、品种品系化、杂交化

我国猪种的主要生产性能远不及世界流行的国外种猪。而单一品种的肉猪生产一般不及杂交生产或专门化品系。同一品种在不同的国家经按自己的要求选育后生产性能也有较大差异。目前,经济杂交多以著名的大白猪为母系,与其他品种进行二元或三元杂交,有的还采用三元以上的杂交,或采用品系杂交及专门化品系配套生产,商品肉猪全是杂种猪。其种猪场一般都设有种猪性能测定系统,用以测定猪的生长发育和饲料利用率,以保证种猪质量,保证高产、规格化生产的要求。

四、生产专业化、配套化

现代养猪业一般生产与经营、屠宰、加工结合,向养猪联合企业方向发展,即自繁自养到产品加工一体化,有种猪场、肉猪场、人工授精站、饲料加工厂、兽医诊断室、屠宰场和肉食品加工车间,减少中转环节,通过产品的深加工和副产品的综合利用,提高生产率和经济效益。科研和生产单位结合,二者又与相关部门设备制造厂、建材制造商、饲养场等互相结合,组成相对松散型集团公司,实行经营专业化、配套化生产形式。

五、管理机械化、自动化

规模化、集约化的发展相应要求机械化、自动化,以减轻劳动强度,提高生产效率。随着电脑在养猪业的广泛应用,促进了管理水平和生产工艺的迅速发展,生产从给料、供水、清粪以及猪舍温度、通风、湿度等都实现了机械化和自动化控制。活猪瘦肉率、膘厚有专用测定仪,并在屠宰场中普遍使用,既便于管理,又大大提高了劳动生产率。美国、加拿大部分工厂化猪场都采用全封闭猪舍,机械化程度高,生产100千克猪肉约为2个工时,节省了大量的人力费用。

六、饲料全价化、平衡化

我国传统养猪饲料单一,有啥喂啥,多少不论,前期吊架子,后期催肥,很不经济,不科学。现代养猪在不断研究的基础上,根据营养需要量编制营养平衡的饲料配方,再由饲料加工厂按配方配制成配合饲料供应。这样不仅保证了猪对营养有全价的平衡供应,而且饲料利用率得以大大提高,起到了节省饲料的作用。美国的饲料工业非常发达,成为其四大工业支柱之一,产量占世界总产量的30%以上。他们屠宰家畜后产生的骨、脂肪和下脚料都送到骨粉厂加工,饲料中的动物蛋白70%以上是用肉骨粉。由于饲料工业发达,使养猪生产社会化有了稳定的物质基础。

此外,廉价的肉猪生产,即低成本高效益的肉猪生产需要满足一系列的资源条件,这些资源的可用性决定着未来养猪生产和整个行业的活力。这些资源条件包括资金、饲料、水、气候、市场、技术、人员和土地等。

饲料是养猪生产最主要的成本源。一般饲料占一头猪生产总成本的60%～80%。有了来源丰富而价格便宜的自产饲料，将有更优越的竞争力。我国南方精料资源不足，但交通便利，通过调进饲料并充分利用当地农副产品资源也能积极发展养畜生产。

猪是恒温动物，所需要的适宜温度较高，而保持生产性能最高和摄入饲料最少所要求的温度变动范围很窄。在这个范围以外生产力水平和生产效率将相对下降。猪舍建造就是要改变自然气温，提供一个最适宜的气候条件，减少或消除温度对生产性能的影响。

养猪生产是为了获得最大的经济效益，因此生产中必须根据猪只的自身特点，将技术、生产条件、环境、市场和人员等有机结合，以发挥最大的生产潜力。

第二章　猪的品种与杂交利用

　　品种是养猪生产的基础,品种性能的高低,直接影响养猪生产的经济效益。猪的品种繁多,性能高低不同,因此认识品种、了解品种特性,才能合理选择和利用品种,充分发挥其生产潜力,最大限度地提高养猪的经济效益。

第一节　猪的品种类型及其变化

一、猪品种的类型

　　我国猪种按其来源可分为地方猪种、培育猪种和国外引进猪种。

　　(一)地方猪种

　　1.地方猪种类型　按自然生态条件和农业区域不同,将我国地方猪种分为六个类型:即华北型猪、华南型猪、华中型猪、江海型猪、西南型和高原型猪。

　　2.地方猪种的特征　我国地方猪种品种繁多,其共同特性主要表现在以下几个方面:

　　(1)性成熟早,繁殖力强　我国地方猪种大多具有性成熟早,产仔数多,母性强的特点。母猪3~4月龄开始发情,4~5月龄就能配种。以繁殖力高著称于世界的梅山猪,初产母猪窝平均产仔14头左右,三胎以上母猪窝平均产仔18头,断奶存活数高达16头。多数地方猪种产仔数都在11头左右,高于或相当于国外培养品种中产仔数最高的大约克夏和长白猪。母性好,60日龄仔猪育成率可达90%以上,为国外猪所不及。

　　(2)抗逆性强　我国地方猪种抗逆性强,主要表现在抗寒、耐热、耐粗饲和在低营养条件下饲养仍具有良好表现等。在我国最寒冷的东北地区生存的东北民猪,能耐受冬季的寒冷气候,在-15℃条件下还能产仔和哺乳。高原型猪,生活环境极其恶劣,气候寒冷,空气干燥,气压低,昼夜温差大,海拔高度在3000米以上,仍能在野外放牧采食。在高温季节,地方猪种仍表现出良好的耐热能力,没有发现像长白猪被热死的现象。地方猪种耐粗饲能力,主要表现在能大量利用青粗饲料和农副产品,能适应长期以青粗饲料为主的饲养方式,在低能量和低蛋白营养条件下,能获得相应的增重,甚至比国外猪种生长好。

(3)肉质优良 我国地方猪种肉质优良,主要表现在肌纤维细,肌束内肌纤维数量较多,系水力强,pH值高,肉色纹理好,香味浓郁,产生PSE(灰白肉)和DFD(暗黑肉)的情况极少。更突出的是地方猪种肌间脂肪含量较高,据测定一般为3%左右。

(4)生长缓慢,饲料转化率低 我国地方猪种的生长速度慢,饲料利用率低,即使在全价饲料条件下,其性能水平仍低于国外培育品种。

(5)贮脂力强,瘦肉率低 我国地方猪种贮脂能力强,表现在背膘较厚,一般为4~5厘米,花板油比例大,占胴体重的2%~3%。胴体瘦肉率低,为40%左右。瘦肉率、眼肌面积和后腿比例均不及国外培育猪种。

(二)中国培育猪种

1.培育品种(系)概况 我国培育品种,始于国外品种的引进。现已通过鉴定正式命名的品种(系)共有40多个,是我国养猪史上的重大成就。

培育品种间,由于地方品种存在类型差异,外引品种的经济类型不同,杂交方式和选育方法各具特点,因此表现出不同的类型。根据毛色特点和亲本来源,培育品种(系)可分为以下三个类型:

(1)白色品种 这类培育品种(系)是以苏联大白猪、长白猪、大白猪、中约克夏等白色外种猪为父本,本地猪为母本,经复杂杂交选育而成。属于这类品种(系)的有湖北白猪、甘肃白猪、湘白I系、广西白猪、昌维白猪(I系)、三江白猪、新荣昌猪I系等20余个。

(2)黑色品种 全国共有18个黑色培育品种(系),除新淮猪和定县猪两个品种为育成杂交外，其余如新金猪、吉林黑猪、宁安黑猪、内蒙古黑猪、福州黑猪等都是以巴克夏为父本、以本地猪为母本杂交选育而成。

（3）黑白花品种　此类有北京花猪Ⅰ系、山西瘦肉型猪SD－Ⅰ系、泛农花猪、吉林花猪、黑花猪和沈农花猪。前三个品种是由巴克夏和苏联大白猪为父本与本地母猪杂交选育而成，后三个培育品种杂交父本为克米洛夫猪，母本为东北民猪。

2. 培育品种的特点　培育品种既保留了我国地方猪种的优良特性，又具有外种猪生长快、耗料省、胴体瘦肉率较高的特点。

与地方品种相比，培育品种体尺、体重增加，成年体重约为200千克；背腰宽平，大腿丰满，改变了地方品种猪凹背、腹下垂、后躯发育差、卧系等缺陷。繁殖力保持了地方品种的多产性。经产母猪产仔数11～12头，仔猪初生重平均为1.0千克以上，大于地方品种而接近外引品种。种猪生长发育迅速，6月龄体重可达80千克左右。肥育期增重速度、屠宰率、胴体瘦肉率较高，20～90千克阶段平均日增重600克左右，90千克屠宰胴体瘦肉率平均可达53%。

与外引品种相比，发情明显，繁殖力高，抗逆性强，肉质好，能较好利用青粗饲料，在同样低劣条件下较国外猪种生长好。但在培育程度上尚远不如外引品种，品种的整齐度差，体躯结构尚不理想，后躯不如外引品种丰满。种猪的生长发育，育肥猪的增重速度和饲料利用率，也不及国外品种。尤其是胴体瘦肉率差距较大，平均低10余个百分点。

（三）国外引进猪种　从20世纪初开始到新中国成立，我国先后引进了国外品种十多个，引进的有巴克夏、大约克夏、中约克夏、波中猪、汉普猪、杜洛克、切斯特白猪、泰姆华兹等品种。由于未进行有计划的繁育，多数品种已陆续绝迹。新中国成立后又先后引进了巴克夏、大约克夏、苏联大白猪、克米洛夫猪、长白猪等。20世纪70年代开始引入了瘦肉型的杜洛克、汉普夏，近年来又引入了比利时的皮特兰品种。这些引进品种对我国养猪生产起到了巨大的作用，主要表现在两个方面：

1. 作为杂交利用的父本品种：20世纪70年代开始，我国大面积推广猪的经济杂交、生产杂交商品肉猪，不论是二元或是三元杂交均由引入品种作为杂交父本，对提高我国养猪生产水平和经济效益都起到了巨大的推动作用。

2. 作为培育新品种的亲本：以大白猪、长白猪和苏联白猪为主要亲本培育的品种有三江白猪、哈白猪、上海白猪、湖北白猪等品种（系）20余个；以巴克夏为主要亲本培育的品种如新金猪、北京黑猪、吉林黑猪、福建黑猪等18个品种。这些品种（系）的育成对当地养猪生产的发展起到了积极的推动作用。

20世纪80年代初开始，我国的养猪生产逐步向瘦肉型方向转化，为了提高肥育性能和胴体瘦肉率，在杂交亲本品种的选用上，肥育性能好、瘦肉率高的品种得以保存并普遍应用，而不符合这些要求的品种已被淘汰。现在我国利用的国外引进品种以长白猪、大约克夏、杜洛克三个品种为主，其次为汉普夏和皮特兰两个品种。这些品种的特性和特点在第二节中作详细介绍。

二、猪品种的变化

品种由多变少，并向瘦肉型方向转化是品种变化的基本特点。据报道全世界有300多个品种，随着社会经济条件的变化，养猪生产方向的转变和生产水平的提高，不能适应这种变化的品种，有的被改造，有的饲养量大幅度减少或被淘汰。目前，只有十多个品种在国际分布较广，其中以长白猪、大白猪、杜洛克和汉普夏为最多，说明近40年来品种发生了巨大变化。

在国外，发达国家已不再饲养脂肪型品种，转向选育瘦肉型品种。品种的变化以美国和日本最为突出。在美国1920年占第一位的杜洛克（脂肪型）和占第二位的波中猪（脂肪型）到1975年下降为第三位和第六位，而占第四位的汉普夏和第六位的大白猪上升为第一位和第二位。20世纪60年代以来对品种进行改造，杜洛克被选育成优于汉普夏的瘦肉型猪又跃居饲养量的第一位,汉普夏、大白猪、长白猪分别占第二、第三、第四位。在欧洲除意大利、西班牙和俄罗斯还有少量地方猪种外,其余地方猪种几乎绝迹。大白猪、长白猪已经成为欧洲和北美国家的主要饲养品种。现在长白猪、大白猪、杜洛克和汉普夏已分布于世界各地,成为养猪生产中最主要的品种。

我国自20世纪80年代以来,养猪生产开始向瘦肉型方向转化。自推广猪的经济杂交以来,特别是推广以本地猪为母本的三元杂交以来,一部分地区以杂交母猪取代了本地母猪,杂交商品猪的肥育性能和瘦肉率均高于地方猪,致使地方猪种的饲养量大幅度下降。近几年来,随着DLY组合的推广,集约化、规模化养猪生产的发展,优质瘦肉型猪基地的建设,一些地区以长白母猪、大约克母猪或约长杂交母猪取代了原有猪种,使养猪生产的品种结构发生了重大变化。我国众多的地方猪,除少数具有特殊遗传资源的猪种外,不少地方猪种将随着我国养猪生产向瘦肉型方向发展,养猪生产水平的提高而减少或被改造甚至消亡。

第二节 瘦肉型猪品种及其特点

一、瘦肉型猪品种

目前我国饲养和推广利用引进的瘦肉型猪品种,以长白猪、大约克夏、杜洛克为最多,次为汉普夏和皮特兰。下面依次介绍目前我国推广利用的国外引进品种。

（一）大约克夏猪（Yorkshire）

1. 产地和特点　大约克夏猪又名大白猪（Large White）,原产于英国,于18世纪育成,是世界上著名的瘦肉型猪种。其主要优点是生长快、饲料利用率高、产仔较多,胴体瘦肉率高。

2. 体型外貌　大白猪体格大,体型匀称。两耳直立,鼻直,四肢较长。全身被毛白色。成年公猪250～300千克,成年母猪体重230～250千克。

3. 生产性能　母猪妊娠期平均 115 天,发情周期 18～22 天,发情持续期 3～4 天,初产母猪产仔数 9～10 头,经产母猪产仔数 10～12 头,产活仔数 10 头左右。165 日龄可达到 100 千克以上,胴体瘦肉率 65% 以上。

大约克夏猪是世界上四大著名猪种之一,主要利用它做第一父本生产三元杂交猪,通常利用的杂交方式是杜×大×长,即用长白母猪与大约克公猪交配生产杂交一代母猪,再用杜洛克公猪(终端父本)杂交生产商品猪。国内许多地方也用大约克猪作为父本,改良本地猪,进行二元杂交或三元杂交,效果也很好。

(二)长白猪(Landrace 兰德瑞斯猪)

1. 产地和特点　长白猪原产于丹麦,是世界上著名瘦肉型猪之一。长白猪的特点是胴体瘦肉率高,生长发育较快,省饲料,但抗逆性差,对饲料营养要求较高。丹系长白四肢相对较弱,加系长白较强壮。

2. 体型外貌　头小、清秀、颜面平直。两耳向前倾平伸或略下垂。大腿和整个后躯肌肉丰满,体躯前窄后宽呈流线型。体躯长,有 16 对肋骨,全身被毛白色。

3. 生长性能　该猪性成熟较晚,公猪一般在生后 6 月龄时性成熟,8 月龄时开始配种;母猪发情周期为 21～23 天,发情持续期 2～3 天,妊娠期为 112～116 天。初产母猪产仔数 8～10 头,经产母猪产仔数 10～13 头。生长育肥 165 天体重达到 100 千克以上,瘦肉率为 65%。长白猪做第一母本生产三元杂交猪,其杂交方式为杜×大×长。国内许多地方用长白猪做父本进行两品种或三品种杂交,改良本地品种,提高瘦肉率和生长速度。

(三)杜洛克猪(Duroc)

1. 产地和特点　杜洛克猪原产于美国东北部的新泽西州等地,俗称红毛猪。从美国、匈牙利和日本等国引入我国。现已遍布全国。其特点是:体质健壮,抗逆性强,饲养条件比其他瘦肉型猪要求低。生长速度快,饲料利用率高,胴体瘦肉率高,肉质较好。

2.体型外貌　全身被毛呈金黄色或棕红色,色泽深浅不一。两耳中等大,略向前倾,耳尖稍下垂。头小清秀,嘴短直。背腰在生长期呈平直状态,成年后稍呈弓形。胸宽而深,后躯肌肉丰满,四肢粗大、结实,蹄呈黑色,多直立。

3.生产性能　性成熟较晚。母猪一般在6～7月龄开始第一次发情,发情周期21天左右,发情持续期2～3天,妊娠期平均115天,初产母猪产仔数9头,经产母猪产仔数10头左右。生长育肥6月龄达到100千克以上,胴体瘦肉率65%,肉质好。杜洛克猪母性较差,产仔数不多。一般杜洛克猪只用作为终端父本生产杂交肉猪,主要杂交方式为杜×长×大。这也是世界上比较好的组合。

(四)汉普夏猪(Hampshire)

1.产地和特点　汉普夏猪原产于美国肯塔基州,是美国分布最广的瘦肉型猪种之一。1978年以后,我国陆续从英国、日本、匈牙利、美国引入该品种。主要特点是:生长发育较快,抗逆性强,饲料利用率和胴体瘦肉率较高,但产仔数量较少。

2.体型外貌　头和中、后躯被毛黑色、肩颈结合处包括肩和前肢有一白带。头中等大,两耳直立,嘴较长且直,体躯较杜洛克猪稍长。背宽大略呈弓形,体质强健,体型紧凑。成年公猪体重315～410千克,母猪250～340千克。

3.生产性能　性成熟较晚,母猪一般在6～7月龄,体重90～110千克时开始发情,发情周期19～22天,发情持续期2～3天,妊娠期112～116天。初产母猪产仔数7～8头,经产母猪产仔数8～9头。生长育肥猪180日龄,体重可达95千克以上,胴体瘦肉率可达到64%以上。

汉普夏产仔数较少,但具有生长快,瘦肉率高和肉质好等优点,在杂交利用中,一般作为终端父本。

(五)皮特兰猪(Pietrain)

1.产地和特点　皮特兰猪产于比利时的布拉邦特省,是由本地猪与法国的贝叶猪杂交,然后再与英国泰姆沃兹猪杂交育成的。主要特点是瘦肉率高,后躯和双肩肌肉丰满。

2.体型外貌　毛色呈灰白色并带有不规则的深黑色斑点,偶尔出现少量棕色毛。头部清秀,颜面平直,嘴大且直,双耳略微向前;体躯呈圆柱形,腹部平行于背部,肩部肌肉丰满,背直而宽大。体长1.5~1.6米。

3.生产性能　公猪一旦达到性成熟就有较强的性欲,母猪母性不亚于我国的地方品种,母猪的初情期一般在190日龄,发情周期18~21天,产仔数10头左右,产活仔数9头左右,生长育肥180日龄,达到90千克,胴体瘦肉率高达70%。皮特兰猪是目前瘦肉率最高的种猪,由于应激比较大,在我国饲养数量并不多,主要是利用它做父本,进行二元或三元杂交,提高瘦肉率水平。

二、瘦肉型猪品种的共同特点

(一)共同特点

1.生长发育快,肥育性能好　在全价饲料自由采食的条件下,种猪150~160日龄体重可达100千克;肥育猪155~165日龄体重可达100千克,肥育期日增重达830~890克。饲料转化率在2.7以下。

1997年,加拿大全国场内测定的主要品种性能列表2-1。

表2-1　种猪场内测定结果

	大约克夏	长白猪	汉普夏	杜洛克
测定猪总头数(头)	37 959	29 613	2 223	17 792
公猪:头数(头)	12 654	10 009	1 064	9 108
背膘(毫米)	10.8	10.7	11.5	11.7
日龄(天)	154	149	159	156
母猪:头数(头)	25 305	19 604	1 159	8 686
背膘(毫米)	11.9	11.9	12.5	13.6
日龄(天)	161	158	166	161

注:表内背膘与日龄系种猪达100千克时数据。

1997 年加拿大安大略省几个主要品种肥育性能列表 2 - 2。肥育猪组成比例阉公猪为 25%，未阉公猪与母猪分别为 50% 和 25%。

表 2 - 2　主要猪种肥育性能测定结果

性　　能	大约克夏	长白猪	杜洛克	汉普夏
测定头数(头)	1 300	800	550	250
日增重(克)	874	891	887	830
校正膘厚(毫米)	12.5	13.8	13.8	12.9
校正日龄(天)	160.3	155.6	158.2	165.1
饲料转化率(%)	2.58	2.63	2.63	2.71

注:表内膘厚与日龄系体重达 100 千克时数据

四川省的长白猪、大约克夏和杜洛克通过"九·五"攻关课题的选育,种猪性能达到国内最先进的水平。现将 2000 年四川省种猪场内性能测定结果列表 2 - 3。

表 2 - 3　生长发育性能场内测定结果

性　　能	长白猪	大约克夏	杜洛克
测定头数(头)	650	614	140
达 100 千克体重的日龄(天)	164.24	163.81	164.81
达 100 千克体重膘厚(毫米)	12.06	12.26	14.17
测定期饲料转化率(%)	2.64	2.64	2.54

从测定结果看,四川省主要种猪场外种猪的生长性能都达到了很高的水平。

长白猪:以四川省原种猪场,内江市种猪场中加瘦肉型猪繁育总场和德阳市种猪群体的生长速度最快,达 100 千克体重的日龄分别为 163.8 天、164.6 天和 165 天;饲料转化率分别为 2.63、2.53 和 2.44。

大约克夏:以四川省绵阳市种畜场、四川省原种猪场、四川省内江市种猪场中加瘦肉型猪繁育总场群体的生长速度最快,达 100 千克体重日龄分别为 162.6 天、164 天和 164.2 天;饲料转化率分别为 2.60、2.69 和 2.53。

杜洛克：四川省内江市种猪的杜洛克达 100 千克体重的日龄为 164.5 天，饲料转化率 2.48，表现出很高的性能水平。

引进的瘦肉型猪品种生长速度和饲料转化都远高于本地猪和国内培育品种，是四川省养猪生产最为重要的品种，应该有计划地继续选育提高并广泛地推广利用。

2. 胴体瘦肉率高　瘦肉率高是瘦肉型猪种的又一特点。这些品种在体重 100 千克时，瘦肉率一般都可达到 64% 以上。其中最突出的皮特兰猪，瘦肉率可达 70%。根据加拿大安大略省 1977 年肥育猪的胴体品质统计列表 2-4。

表 2-4　主要猪种肥育猪的胴体品质

性　　　能	大约克夏	长白猪	杜洛克	汉普夏
瘦肉率(%)	54.3	52.9	52.4	53.6
胴体比率(%)	79.3	78.2	78.5	79.0
胴体长(厘米)	83.4	84.6	81.6	81.5
眼肌面积(平方厘米)	42.9	41.4	40.1	45.5

注：加拿大方法测定。我国的测定方法比加拿大测定方法约高 11 个百分点。

四川省经过"九·五"期间选育的大约克、长白猪和杜洛克，瘦肉率均达到 65% 以上。2000 年四川省场内测定胴体性状表现列表 2-5。

表 2-5　四川省外种猪主要胴体性状

性　　　能	大约克夏	长白猪	杜洛克
瘦肉率(%)	68.06	66.66	65.43
屠宰率(%)	72.01	73.44	74.01
三点平均膘厚(厘米)	1.50	1.50	2.12
眼肌面积(平方厘米)	38.86	41.77	44.34

四川省外种猪的胴体瘦肉率已达到很高的水平。大约克夏以四川省原种猪场、四川省绵阳市种畜场、四川省内江中加瘦肉型猪

繁育总场群体的瘦肉率为高,达到 68% 以上;长白猪以内江中加瘦肉型猪总场和德阳市种猪的瘦肉率为高,达到了 67% 以上,达到 65% 以上的还有四川省原种猪场、四川省乐山和四川省南充市种畜场的长白猪。四川省内江市种猪场的杜洛克群体的瘦肉率也达到 65%。

3. 肉质较差　主要表现为肌纤维较粗,肌肉脂肪含量较低,柔嫩度和多汁性较差,肌肉色泽较浅,一些品种出现 PSE 猪肉的比例较高,肉的风味较差。

4. 对营养和饲养管理的条件要求高　瘦肉型猪品种由于生长快、瘦肉率高,对能量和蛋白质水平的要求较高,这样才能满足其生长发育的需要,否则不能表现其优良的特性。

三、瘦肉型猪品种的合理利用

(一)引入品种的特点比较　长白猪、大约克夏猪、杜洛克猪和汉普夏猪,分布于世界各地,由于各自的引入时间、选育情况以及测量及测定条件的差异,评价也有所不同,但比较一致的结论如下:

1. 长白猪　生长速度快,饲料利用率高,背膘薄,胴体瘦肉率高,产仔多,泌乳性能好,哺育率高,其缺点是体质较弱,肉质不良,PSE 肉发生比例较高。

2. 大约克夏猪　体质强健,生长快,肉质较好,产仔多。其缺点是饲料利用率较低,胴体脂肪较多,仔猪出生体重轻。

3. 杜洛克猪　生长快,饲料利用率高,肉的色泽好,耐热性强,其缺点是产仔数低,四肢与蹄部较弱。

4. 汉普夏猪　肌肉发达,眼肌面积大,胴体瘦肉率较高,生长快,其缺点是产仔数低,肉质较差,PSE 肉的发生率高于杜洛克猪和大约克夏猪。

5. 皮特兰猪　肌肉丰满,瘦肉率高,母猪母性强,产仔数较低,生长速度较慢,PSE 肉的发生率高于长白猪。

(二)引入品种的合理利用　在猪的杂种优势利用中,根据品种特性合理利用引入品种,对提高杂交效果是一个很重要的问题。由于杂交方式不同,杂交亲本品种不同杂交的效果也不同。对引入品种的合理利用,可以归纳为以下几种方式。

1. 以地方猪种为母本进行二元杂交时,引入品种均可作为父本利用。当前我省主要是利用长白猪和大约克夏猪。

2. 以地方猪种为第一母本进行三元杂交时。

第一种组合 D♂ 或 H♂ × (L♂ 或 Y♂ × C♀),这种组合有很好的杂交效果,但杂交仔猪毛色不一致。以杜洛克猪为第二父本时,一般分离出白色、黑色、棕色带黑斑等毛色。以汉普夏猪为第二父本时,一般分离出白色、黑色、黑白花三种毛色,有的养猪户不易接受。

第二种组合 Y♂ × (L♂ × C♀),也有良好的杂交效果,仔猪全为白色,其肉质优于 L♂ × (L♂ × C♀) 这种组合。

3. 引入品种之间的杂交,二元杂交一般以长白猪或大约克夏猪为母本;三元杂交时,一般以长白猪为母本,大约克猪为第一父本,终端父本为杜洛克猪或汉普夏猪,也有用大约克猪作终端父本使用。

瘦肉型猪品种间的三元杂交,国内外公认的组合为 DLY,也是我省大力推广的组合,即以杜洛克猪为第二父本与长白猪和大约克猪杂交一代母猪配种生产 DLY 三元杂交肉猪。许多研究证明 L♂ × Y♀ 和 Y♂ × L♀ 这两种二元组合的杂种母猪与杜洛克公猪配种生产的三元杂交肉猪,生产性能相似。这一结论可使建立三元杂交繁殖体系时,能更有效地利用品种。

第三节 猪的杂交利用

杂交是指不同品种、品系或类群之间的交配,杂交的目的是加速品种的改良及利用杂种优势在短期内生产高性能的商品肉猪。杂交能充分利用各品种的加性效应和非加性效应,它已成为现代化养猪生长的重要手段,在养猪生产中已广泛利用杂种优势来提高养猪生产水平和经济效益。但是杂种优势的表现程度,受许多因素影响,满足了杂种优势表现的条件,才能将杂种优势利用提高到一个新的水平。

一、猪的杂种优势及其利用条件

（一）杂种优势　杂交所得的后代称为杂种。杂种个体通常表现出生活力和生殖力较强,生产性能较高,其性状的表型均值超过其亲本的均值,这种现象称为杂种优势。杂种优势分为三种类型:一是个体杂种优势,指杂种本身的生活力较强,生产性能较好;第二是母体杂种优势,指杂种的母亲也是杂种,并表现繁殖力较强;第三种是父体杂种优势,指杂种的父亲也是杂种,表现出配种能力强,精液品质好,生产性能高。杂种优势来自基因的非加性效应,包括位点内互作效应,即显性或超显性效应,以及位点间互作效应即上位效应。

（二）杂种优势的表现规律

1. 遗传差异大的品种杂交,杂种优势明显。杂种优势的显现程度,取决于杂交亲本的遗传差异,即基因频率的差异,差异程度越大,杂交效果越明显。

2. 遗传率低的性状,杂种优势表现明显,遗传率高的性状不表现杂种优势。

3. 近交时容易退化的性状,杂交时表现明显的杂种优势。

因此,不同的经济性状在杂交中的表现是不同的,按其杂交效果表现的程度,可分为三种类型。

第一、容易获得杂种优势的性状:如体质结实性、生活力、产仔数、初生存活率、泌乳力、育成仔猪数、断奶个体重和断奶窝重等。这些性状遗传率低,主要受非加性效应的影响,近交时退化明显。杂交时杂种优势也明显。

第二、比较容易获得杂种优势的性状,如生长速度、饲料利用率。这是中等遗传率的性状,能得到杂种优势,但不如低遗传率的繁殖性状明显。

第三、不容易获得杂种优势的性状,有外形结构、体长、屠宰率、瘦肉率、膘厚、眼肌面积和肉的品质等胴体性状。这些性状遗传率高,主要受基因加性效应影响,杂交时一般表现杂种优势。

(三)影响杂种优势效果表现的因素

1.杂交组合的影响　不同的杂交组合其配合力不同,杂交效果的表现不同;通过组合选择,确定最优杂交组合,才能得到最好的杂种优势。

2.杂交品种的生产性能和杂交亲本个体品质的影响　品种的生产性能和个体品质的高低,是遗传特性的表现,生产性能越高的品种杂交,杂种后代的性能也越高,遗传性越纯合的个体杂交,后代的杂合性越好,这是产生杂种优势的基础。因此,在杂交利用中,对杂交亲本品种要不断选育提高。

3.性状遗传率高低不同,杂种优势表现不同,对高遗传率的性状,不能期望得到杂种优势。

4.营养水平和养喂技术的影响　适宜的营养水平是杂交后代性能表现的重要环境条件。饲喂技术表现也有影响,饲料利用率在限量饲喂时表现杂种优势,而在自由采食时则不表现,生长速度在两种饲喂条件,均表现杂种优势。

(四)杂种优势利用的条件　杂交是产生杂种优势的基础,但不是所有杂交都能得到好的杂种优势,要使杂种优势能充分显现,应具备一些必要条件。

1.进行杂交组合选择,选出最优杂交组合。

2.杂交亲本品种选择　开展经济杂交,必然涉及二个、三个或更多的品种品系,选择那些亲本品种是根据所选杂交组合的需要,避免引种的盲目性。杂交对母本品种和父本品种的要求不同。

母本品种:应有高的产仔数、泌乳力和良好的母性,以利于提高仔猪育成率和断奶重。

父本品种:应具有生长速度快,饲料利用率高、胴体瘦肉率高的品种。对三元杂交的第一父本还应考虑有良好的繁殖性能,以充分利用繁殖性状的杂种优势。

3.杂交亲本群的选育提高 杂交效果的好坏与亲本遗传性的纯合度和性能高低有极大关系；因此无论是父本品种或是母本品种，都应不断选育提高。通过选育，随着群体性能的提高，个体品质得到提高，个体间差异变小，所得到的杂交后代的性能更趋于整齐和稳定，可见要获得好的杂种优势，杂交亲本群的选育提高是极为重要的问题。特别是引入品种，若不选育任其自流，优良基因可能漂失而退化。

4.饲养条件 杂种所具有的双亲的遗传特性能否充分表现，与营养水平和饲养技术有密切关系，如营养水平过低，杂种后代的性能不能充分表现。因此，在猪的杂交利用中，采用适当的营养水平，改进饲喂技术，是一个重要条件。

二、常用杂交方法及其评价

经济杂交的方法很多，在应用时一般都采用简单而效果好的杂交方法。在我国多采用二元和三元杂交。

(一)二元杂交和三元杂交及其比较

1.二元杂交 是两个品种(系)间进行杂交，杂交一代全部作肥育用。我国的二元杂交多数以引入品种为父本与地方猪种作为母本杂交，在作为外向型商品猪时，也有用两个引入品间的杂交。

二元杂交的优点有：杂交方法简单易于推广；组合选择较容易；杂交一代均表现杂种优势；杂交繁育体系的建立较容易。其缺点主要是繁殖性状的杂种优势未能充分显现；以地方猪为母本的二元杂交，胴体性状达不到瘦肉型猪的要求。

2.三元杂交 常用的是三品种的固定杂交，在第一父本与母本杂交后代中，选留优良的杂一代母猪与第二父本杂交，后代全部作肥育用。

三元杂交的优点有：繁殖性状的杂种优势能充分表现，因为利用了第二母本的母体杂种优势；杂交后代都表现杂种优势；利用了第一父本和第二父本优良的肥育性状的胴体性状,杂交效果一般优于二元杂交;但三元杂交要经两次组合选择,繁育体系的建立也较二元杂交复杂。如果是引入品种之间的三元杂交,它优于二元杂交主要表现在繁殖性状上,而不是肥育性状,表2-6。

表2-6 两品种、三品种杂交的杂种优势

性 状	二元杂交 为纯种的(%)	三元杂交 为纯种的(%)	三元杂交 为二元杂交的(%)
产仔数	99	107	108
56日龄仔猪数	119	142	123
56日龄个体重	107	107	100
56日龄窝重	128	151	123
断奶后增重	107	107	100
饲料利用率	99	100	101

3. 开展三元杂交应注意的问题 不同的杂交方法其效果不同,评价其优劣主要看能否适应养猪生产水平的发展。理论和实践证明,三元杂交一般优于二元杂交的效果,这主要是利用了杂交母猪和两个杂交父本品种。要使三元杂交能得到预想的效果,应注意以下问题。

(1)要有好的杂交组合,选好第一和第二父本品种,第二父本品种的肥育性能和胴体性状应优于第一父本。

(2)建立好三元杂交的繁育体系,选择好杂种母猪。

(3)解决杂种母猪的繁殖问题,特别是提高配种受胎率。

(4)要有与三元杂交猪相适应的营养水平和饲养技术。

(二)猪杂种优势利用的总结 我国近几十年来猪的杂种优势利用取得了显著成效,对杂交效果进行综合分析可以看出:

1. 国外引入品种与我国地方猪种的二元杂交或三元杂交繁殖性状和肥育性状都表现出明显的杂种优势,但对繁殖性状杂种优势的利用,未能引起足够的重视。

2. 引入品种与我国培育的新品种杂交,其效果均优于地方猪种的杂交效果。这是由于培育猪种的生产性能优于地方猪种,可见要得到好的杂交效果,提高杂交亲本的生产性能是极为重要的问题。

3. 只靠瘦肉型品种公猪与地方猪种进行二元杂交,不能得到瘦肉率高的瘦肉型商品猪。

4. 胴体瘦肉率的表现,一般是接近双亲均值,提高亲本品种的瘦肉率,对生产瘦肉率高的猪具有重要的现实意义。

5. 三元杂交杂种比二元杂交杂种的饲养条件要求要高,如饲养条件差,三元杂交的效果不一定比二元杂交好。

总体说来,猪的杂种优势利用已广泛开展,并取得了显著成效,但利用的水平不高,主要表现在处于品种间杂交阶段;父本品种个体间性能差异大;母本品种生产性能不高;饲养条件差,制约了杂种优势的显现,同时也说明杂种优势利用还有很大的潜力。

三、杂交繁育体系

(一)繁育体系 繁育体系的建立和完善,是现代化养猪生产取得高效益的重要组织保证。完善的繁育体系主要包括:以遗传改良为核心的育种场(群);以良种扩繁特别是母本扩繁为中介的繁殖场(群);以商品生产为基础的生产场(群)。一般育种群较小,但性能高,需在繁殖场加以扩大,以满足生产一定规模商品肉猪所需的父母本种源。这样一个三层次的繁育体系如金字塔形。

1. 育种场(群) 育种场(群)处于繁育体系的最高层,主要进行纯种(系)的选育提高和新品系培育,其纯繁的后代,除部分选留更新纯种(系)外,主要向繁殖场(群)提供优良种源,用于扩繁生产杂交母猪或纯种母猪,并可按繁育体系的需要直接向生产群提供商品杂交所需的终端父本。因此,育种场(群)是整个繁育体系的关键,起核心作用,故又称为核心场(群)。

2. 繁殖场(群) 繁殖场(群)处于繁育体系的第二层,主要进行来自核心场(群)种猪的扩繁,特别是纯种母猪的扩繁和杂种母猪的生产,为商品场(群)提供纯种(系)或杂交后备母猪,保证生产一定规模商品肉猪的需要。同时,繁殖场(群)按特定繁育体系(如四元杂交)的要求,生产杂种公猪提供商品场(群)杂交所需的杂种父本。

3. 商品场(群) 商品场处于繁育体系的底层,主要是进行终端父母本的杂交,生产优质商品仔猪,保证肥育猪群的数量和质量,最经济有效地进行商品肉猪的生产,为人们提供满意的优质猪肉。育种核心群选育的成果经过繁殖群到商品群才能表现出来。育种场的投入到商品场才有产出,因此商品场获得的利润应该拿出一部分再投入育种场,进一步选育提高核心群的质量,生产更好的商品猪,使商品场最终获得更多的利润,从而形成一个良性循环的统一的繁育体系。

(二)猪群结构 合理的猪群结构是实现杂交繁育体系的基本条件。猪群的结构主要是指繁育体系各层次中种猪的数量,特别是种母猪的规模,以便确定相应的种公猪的规模以及最终能生产出的商品肉猪的规模。

要确定合理的猪群结构,首先是要确定生产商品肉猪的最佳杂交方案,如采用二元杂交、三元杂交或四元杂交等杂交方法,这需根据已有的品种资源、猪舍设备条件以及市场需求等来综合分析判断。其次是需要各类猪群的结构参数,包括与遗传、环境及管理等有关的生物学参数,以及人为决定的决策变量,其中最重要的几个参数是:各层次的公母配种比例,公母种猪的使用年限,每年每头母猪提供的仔猪数,以及提供的后备种猪数。如已知核心群的规模,借助结构参数就可推算出各层次即繁殖群、生产群的种猪数以及所能生产的商品瘦肉猪数量。如生产肉猪的数量一定时,也可利用结构参数和模型,结合杂交方案,确定各层次的仔猪数、后备猪数以及种猪数。由于母猪的规模和比例是各繁育体系结构的关键,许多研究表明采用常规的杂交方案如二元杂交和三元杂交计划时,各层次母猪占总母猪的比例大致是:核心群占 2.8%,繁育群占 10.7%,生产群占 86.5%,呈典型的金字塔结构。

核心群 2.8% 的构成：如以长白猪为母本，大约克为第一父本，杜洛克为第二父本的杂交组合，则长白猪约为 1.88%，大约克猪约为 0.40%，杜洛克猪约为 0.52%。

有了这个猪群结构比例，根据各品种的繁殖参数，只要确定的优质商品猪的生产规模，就可推算出各种母猪的需要量，以利有计划地进行生产。

第三章 种猪的选择

种猪质量的优劣,直接影响整个猪群质量的高低,因此必须要重视种猪的选择。猪的优良特性,如果不加选择,就会退化,只有通过不断的选择,猪的优良特性才能得到巩固和提高,选择是提高种猪生产性能的重要手段。

选择种猪的方法很多,随着科学技术的进步,选择方法也在发生变化,选择的准确度也在逐步提高。在选种实践中,通常都不是使用单一的选种方法,一般以一种选择方法为主,辅以其他的选择方法,选择符合需要的种猪。

第一节 种猪的选择方法

一、质量性状的选择

文献中常把猪的毛色、耳形、致死、半致死、畸形等一类性状视为质量性状,实际上猪的毛色和耳形是否由主效基因决定的并未有严密的科学证明。由于毛色和耳形这类性状与重要经济性状并无明确相关,人们也就不着意去研究它了,只是作为一个品种的标志而已。

(一)猪的毛色 根据少量杂交试验和大量实际观察的统计分析,猪的毛色遗传大致有以下倾向。白色对有色(黑、红等)呈显性。黑色对红色和白化体呈显性。黑色六白(巴克夏猪)对黑色或红色(杜洛克猪)呈显性。黑色有白肩胸带(汉普夏猪)对红色(杜洛克猪)和黑六白呈显性。白色品种与我国一些黑色地方猪(民猪等)杂交的 F1 基本是白色,但有相当数量出现青皮或黑斑,个别有类似野猪毛色的背线。野猪毛色对黑色和红色呈显性。

毛色的选择 在长白猪和约克猪白色品种中常出现黑斑,特别是新引进的长白猪和约克猪,一些个体的头部和尾部带有黑斑,有些本身被毛全白,但与本地黑猪杂交的后代中出现大量黑斑甚至黑毛的现象,影响了商品仔猪和肥猪的外貌及胴体美观,农民和屠户均不喜欢,其销售价格下降。研究发现,长白猪和约克猪中黑斑现象受一位点的隐性基因控制,隐性纯合子个体有黑斑,杂合子和显形纯合子表现为被毛全白。

该隐性基因称为花斑基因,已被定位在第八条染色体上,其DNA 序列清楚,PIG 公司为此研制出相应的 DNA 探针,可检测个体的花斑基因。这一技术的推广应用可彻底剔除长白猪和约克猪中的花斑基因。但目前在中国还不能检测个体的花斑基因型,只能采用淘汰与测交相结合的方法,逐步净化长白猪和约克猪中的花斑基因。首先应淘汰本身出现黑斑者;其次是淘汰子代出现黑斑的亲本;最后将无黑斑公猪与本地黑母猪测交,只要有两窝共16 头杂交仔猪无黑斑,即可推断测试公猪不携带花斑基因,如杂交仔猪中有一头出现黑斑,则可肯定测试公猪是花斑基因的携带者,应立即淘汰。

(二)猪的耳形 一般情况,耳形和大小呈中间型遗传,垂耳对大型立耳呈不完全显性。

(三)致死、半致死和畸形性状 出现这类遗传疾患的性状大多是由隐性基因决定的。出现这类性状的个体及其双亲和同胞不能留做种猪。这类性状表现很复杂,可以出现在体躯任何部位。常见的猪致死和半致死性状有脑水肿、脑疝、脑裂、腭裂、前肢肥大、四肢缺失或完全麻痹、脊柱短缩、锁肛、子宫闭锁、先天失明、肌肉痉挛、血友病等。

常见的畸形性状有隐睾、单睾、阴囊疝、雌雄同体、单趾、无毛、被毛卷曲、背部旋毛、蛇尾、瞎乳头等。

对于上述遗传疾患在选种时要注意勿使这类隐性基因流传与扩散。致死和半致死性状因受自然选择法则的制约一般不会造成严重危害。容易被忽视的是疝症、瞎乳头等畸形非致死性状,从表现型不能识别这类隐性基因的携带者,在个别基因频率很高的猪群,要通过测交以鉴别种畜的基因型。一般情况下,只要注意不从出现畸形窝选留种猪,并淘汰生产畸形、致死和半致死性状后裔的双亲就可以了。

二、外形选择

20世纪30年代以前,曾把外形当作选留种猪的主要条件,随着遗传育种学的发展和选种实践积累的经验证明,猪的外形性状除与产肉,产脂性状关系较密切外,与其他重要的经济性状(繁殖和生长)并无确定的遗传相关。因此,传统上曾应用的繁琐的外貌鉴别评分法已不多应用了。但是在选购种猪时和根据指数选择后,往往还需要对个体的外形特征进行肉眼鉴别,从品种特征、体躯结构、乳头和性器官发育做整体和局部的观察。

(一)对公猪的要求 四肢结实健壮,无卧系,后躯肌肉发达,行动灵活,步伐开阔,站立或行走时无内外八字形,体躯要长,颈部坚实,无垂肉,肩部平整,胸部宽深,腹部不松弛下垂,肩背腰部结合良好。背部宽平,大型猪允许稍微弓背。腿臀部肌肉发达,睾丸发育良好、左右匀称。单睾、隐睾或疝症均不能做种用。乳头排列整齐均匀,发育正常,不少于12个或按各品种特征规定的最少乳头数标准。

(二)对母猪的要求 头颈较轻而清秀,下颚平整无垂肉,肩部与背部结合良好,背腰平直,肋骨开张,臀部平直,肌肉丰满,尾根高,四肢结实,系短而强健、行动灵活,步伐开阔,无内外八字形。乳头排列整齐均匀,无瞎乳头、翻乳头或无效乳头,按品种特征规定至少应有6对发育正常的乳头。外生殖器官无损征。

对于地方猪种允许背部适当凹陷和臀部稍倾斜。

三、系谱选择

系谱选择是根据父本或母本或双亲,以及有亲缘关系的祖先表现型值进行选择的。因此,这种选择方法必须持有祖先的性能记录和详细的系谱。根据祖先的表现型值估计一个个体育种值的准确性是较低的。

系谱选择的准确度取决于下面几种因素:

（一）被选择的个体与祖先间的亲缘程度　在没有近亲繁殖的情况下，被选择的个体与每一亲代的血统关系是 0.50，与每一祖代是 0.25，与每一曾祖代是 0.125，因此亲缘关系越远，祖先对被选择的个体影响就越小。

（二）性状遗传力的大小　选择的准确性是随着性状遗传力的增加而增加，性状的遗传力越高，祖先记录的价值越大。

（三）所有供选择用祖先各代的材料与环境的关系　很明显，祖先的性能记录往往是在若干年前于不相同的环境条件下取得的。由于数量性状易受环境的影响，以及可能存在着基因型与环境的互作，祖先的性能记录对判定被选择的个体育种值的价值就不大。

（四）用作预测的祖先材料的完整程度　在一般情况下不容易获得祖先系谱和祖先性能的详细记录，即使获有这些资料，也往往缺乏与同期群体平均值的比较资料，这使系谱在选择上的作用大为降低。今后应加强系谱登记工作，并要求在系谱中记录祖先的性能成绩与同期群体平均的生产成绩相比较的材料，或者祖先的性能成绩足以与同期群体平均值的离群均差来表示。这样的系谱对于判定被选择的个体的育种值会有较大的价值。

系谱选择在猪的选种工作中的应用不够广泛，这是由于上述的因素所决定。但在下列几种情况下，应用系谱资料选择。

1. 在个体发育早期（如保育期结束时）选择时，本身的许多性状尚未表现，需要依据系谱资料来预测被选个体的性能表现。

2. 被选个体不直接的表现的性状。如选公猪时，它的繁殖成绩只有依据系谱资料。

3. 选择质量性状时，需要系谱选择。要根据系谱记录看被选个体的亲代，如出现有遗传缺陷的猪，全窝仔猪不能选作种用。

四、性能测定

性能测定是通过被测个体性能表型值的高低，作为选留或淘汰的根据，用这种方法来选择种猪，选择有较高的准确性，是现代猪育种工作中的主要选择方法。为了提供一个可比的基础,性能测定应在相对标准的、统一的和长期稳定的环境条件和测定方法的条件下进行,使供测猪能充分发挥其遗传潜力,对其性能做出客观公平的评价。

种猪的选育中通常采用个体性能测定和同胞性能测定。测定的方法主要有二种:第一种是测定站测定;第二种是场内测定。

（一）测定站测定

1. 猪群组成　一般由农户提供公猪进行统一测定。测定站中每圈饲养两头同窝全同胞公猪。测定后的公猪可用于人工授精站或作为种公猪在市场销售。

2. 测定时期　通常供测小公猪体重达 20 千克后送到测定站,预饲到 29 千克开始正式测定,到 100 千克结束。

3. 测定指标　达到 100 千克左右时称体重,用超声波测定背膘厚,并计算 30～100 千克的日增重和平均饲料消耗。用于估计育种值的指标是校正到 100 千克的背膘厚、测试期日增重和料肉比。

4. 饲喂方式　正式试验采用统一的日粮和任饲的饲喂方式,不限制饲养以充分发挥试猪的遗传潜力。圈舍的条件也应尽量一致,有利于消除环境的影响,提高估计育种值的精确性。

5. 测定的组织　测定站应由专门的机构进行管理,以保证测定结果的公正性。性能测定如称重和测膘等应固定专人负责,减少人为的误差。测定的结果也应由专门的机构进行统计处理,定期公布结果。

（二）场内测定　场内测定包括后备公猪的测定和后备母猪的测定。一般当体重达到 100 千克左右时,测定活体背膘厚和称重,并计算体重达 100 千克的背膘厚和日龄,用于育种值估计。场内测定一般不统计个体饲料消耗。有条件时最好能由专门的人员统一进行场内的称重和测膘,以保证结果的可靠性。

（三）测定数据的校正　性能测定是要求在体重 100 千克时

结束,测定达到这一体重的日龄和活体背膘厚,但在实践中,常常不是刚好在 100 千克体重时称重,为了在同体重条件下比例,就要对达 100 千克体重时的日龄和背膘厚进行校正。现借用加拿大的校正公式列后。

1. 校正日龄公式(体重单位为千克)

校正日龄 = 测定日龄 − [(实测体重 − 100)/CF]

其中:CF = (实测体重/测定日龄)×1.826040·········用于公猪

CF = (实测体重/测定日龄)×1.714615·········用于母猪

2. 校正背膘厚公式(体重单位为千克,背膘厚为毫米)

校正背膘厚 = 实测背膘厚 × CF

其中:CF = A ÷ {A + [B × (实测体重 − 100)]}

A 和 B 由下表列出:

	公	猪	母	猪
	A	B	A	B
约克夏	12.402	0.106530	13.706	0.119642
长白猪	12.826	0.114379	13.983	0.126014
汉普夏	13.113	0.117620	14.288	0.124425
杜洛克	13.468	0.111528	15.654	0.156646

五、综合指数选择

在选种实践中,常需要同时选择多个数量性状,提高所选性状的性能水平,以获取最大的经济效益。多性状选择主要有三种方法,即顺序选择法、独立淘汰法和综合指数选择法。

顺序选择法:是对要选择的多个数量性状,一个接一个地选。先选第一个性状,待等一个性状达到要求后再选第二个性状,这样一个一个地选择下去。

独立淘汰法:是对要选择的多个数量性状分别定出选种标准,只有各性状均达到标准的个体才留种,而只要有某一性状达不到标准的个体都进行淘汰。

上述两种选择方法的缺点是选择的进展慢，容易将某些性状优良的个体淘汰。而综合指数选择能克服上述两种方法的缺点。

综合指数选择法：是根据多个数量性状各自的经济加权值或经济重要性、遗传力和彼此间的遗传和表型相关等参数，按统计学的原理制定出一个统一的选择指数公式，并按公式计算出每一个体的指数值，比较指数的高低，指数值高的被选留，指数值低的则被淘汰。

应用指数选择法，在设计指数时，往往将全群平均水平的个体的指数调整为 100，便于选种时应用更为直观，凡指数大于 100 的个体则在平均水平之上，低于 100 的个体则在平均水平之下。现介绍国外几个简单适用，选择效果良好的选择指数。

（一）母猪生产力指数 将几个重要繁殖性状综合成一个母猪生产力指数，按指数选择母猪，现已得到实际应用。如美国猪改良联合会制定的母猪生产力指数：

$$I = 100 + 6.5(N - \bar{N}) + 1.0(W - \bar{W})$$

式中：N 和 $\bar{N}$ 分别表示被评母猪产活仔数和同期全群平均产活仔数；W 和 $\bar{W}$ 分别表示被评母猪断乳窝重和同期全群平均断窝重（单位是磅，1 磅 = 0.454 千克）。

（二）生长性能指数 生长性状均是中等遗传力。将几个重要生长肥育性状综合成生长性能指数来选择（后备）种猪，对提高生长速度、降低饲料消耗、提高瘦肉率有显著效果。如英国制定的约克猪的生长性能指数是：

对公猪：$I = 100 + 0.39(DG - \overline{DG}) - 121.4(FC - \overline{FC}) - 1.1(BF - \overline{BF})$

对母猪：$I = 100 + 0.04(DG - \overline{DG}) - 75.0(FC - \overline{FC}) - 1.0(BF - \overline{BF})$

式中：DG 和 $\overline{DG}$ 代表测验期个体的和群体平均的日增重（克）；FC 和 $\overline{FC}$ 代表测验期个体和群体平均的饲料报酬（料肉比）；BF 和 $\overline{BF}$ 代表测验结束时个体和群体平均的超声波背膘厚（毫

米)。

美国则采用更加简便且实用的选择指数:

$$I = 100 + 286.6(DG - \overline{DG}) - 39.4(BF - \overline{BF})$$

这里日增重 DG 的单位为千克;背膘厚单位是厘米。

应用指数选择时,按指数值的高低选留的个体,还应对照该个体的体形、外貌、质量性状是否符合种用要求,最后确定该个的选留或淘汰。如外貌特征不符合品种要求,体型结构不良,公猪睾丸不对称或发育不良,包皮过长,母猪奶头数不足,排列不良,外阴部发育不良等,这样的个体指数值虽然高,也不能作为种用,应予淘汰。

第二节 后备种猪的选留与淘汰

仔猪保育期结束后,选留作为种用的仔猪,通过培育到配种产仔,这个阶段一般称为后备种猪。种猪在不同的发育阶段,必然发生选留与淘汰的情况。因此,应根据种猪生长发育确定选留的阶段和不同选种阶段的选择依据。目前多数猪场分以下几个阶段进行选择。

一、仔猪保育期结束时

随着科学技术的进步,仔猪断奶日龄在提早,多数种猪场采用35 日龄或 28 日龄断奶,早期断奶的仔猪,都整窝移至保育舍进行保育期培育,保育期一般到 70 日龄结束。仔猪保育期结束后或被选为后备种猪进行性能测定或作为商品仔猪销售。所以在保育期结束时是一个选择阶段。在这个阶段选择种用仔猪,应从以下三个方面选择。

(一)个体的发育情况 主要是选体重大的仔猪。在保育阶段仔猪已离开了母体环境独立生活,体质强的采食量大的仔猪一般生长发育良好,体重较大,这样的仔猪在后备期也可能保持良好的生长发育。

(二)体形外貌选择 主要是看被选个体是否符合品种特点,

体躯结构良好;公仔猪的睾丸对称,无单睾、隐睾等遗传缺陷;母仔猪的外阴部明显,有 12 个乳头以上并排列良好,这样的仔猪才可选为种用。

（三）应用系谱资料选择　保育期结束时,被选个体的一些性状还未表现,可以利用系谱资料特别是双亲资料,就是要从优秀公母配种的后代中选择种用仔猪,这样的仔猪可能有良好的性能表现。

利用系谱资料选择的另一个重要方面,是看该公母猪是否出生过有遗传疾患的仔猪,如果产出有遗传疾患的仔猪,就不能用这种公母猪产生的后代中选择种用仔猪。

二、六月龄阶段

六月龄阶段是选择最重要的阶段,也是猪生长发育的转折点,在发育正常的情况下,瘦肉型猪品种幼猪活重可达 100 千克,达到出栏体重,也是性能测定结束的时期,本身的生长速度、饲料利用率、活体背膘厚等重要的经济性状都已表现出来。因此,这阶段的选择,主要根据自身的性能表现并辅以外形鉴定。

（一）根据自身表现的性能资料,计算综合指数　将指数值由高到低排列进行选择。在测定期一般都是测定生长速度(测定期日增重或体重达 100 千克时的日龄)、饲料利用率和活体背膘厚这几个最重要的经济性状,这些性状直接影响养猪的经济效益。

（二）外貌鉴定　对按指数值确定入选猪后,到现场对照个体,逐头进行外形评定。主要要求是符合品种特征,体质结实,健康无病,四肢有力,体躯结构良好;公猪睾丸明显,发育匀称;母猪外阴部发育良好,乳头发育和排列良好。

三、初配阶段

瘦肉型猪品种,在正常发育情况下 8 月龄时体重一般可达 120 千克以上,可以进行初次配种。这种阶段淘汰的个体不多,主要是淘汰经过 6 月选择后发育不良、患病、性功能异常不能参加配种的少数个体。

四、初产母猪仔猪断奶时

初产母猪在仔猪断奶时,自身已有繁殖性能表现,这个阶段主要是根据自身的繁殖成绩进行选择。

繁殖成绩选择的性状以产仔数或产活仔猪和断奶窝重为主。因为产仔多的母猪经济效益高,而断奶窝重则是反映哺乳期综合成绩的指标,只有在产仔多,成活率高,母猪泌乳力好,仔猪健康,采食早和采食量大的综合条件下,才能得到最大的断奶窝重,以提高饲养母猪的经济效益。

初产母猪凡出现以下情况者,都应予以淘汰:产出有不符合品种特征的仔猪;有遗传缺陷的仔猪;泌乳力低的母猪;乳头发育不良,出现瞎乳头、凹乳头等有效乳头少的母猪。

五、引种时的选择

种猪场为了更新血缘或提高本场种猪性能;规模化猪场为了补充淘汰的种猪;人工授精站、个体养猪户也不断更换公猪等都需要引种,所以引种是养猪生产活动中为提高种猪质量的一种技术措施。引种时要从两个方面进行选择:

(一)确定引种猪场 应从以下三个条件来确定:

1. 有种畜生产经营许可证的种猪场,种猪质量才能保证。

2. 种猪生产性能高的猪场,才能引到高性能种猪。

3. 猪群健康的猪场,才能避免引进猪的同时也引进了疾病。

(二)种猪的选择 引种时选择种猪的选择方法要依被选种猪的年龄而定,如在保育期结束或6月龄时则分别本节"一"或"二"的方法和内容进行选择。

第三节　种猪群结构

一、种猪群的合理结构

种猪群的结构,主要是产仔母猪合理的年龄结构。在正常配种繁殖的情况下,年龄反映了母猪的胎次,有了合理的年龄结构,就可使各年龄(胎次)的母猪发挥最好的繁殖成绩,取得最大限度的经济效益。

（一）繁殖母猪群的合理结构　一个生产正常和猪群年龄结构合理的种猪场，瘦肉型猪品种母猪的利用年限大致为3年，按正常配种繁殖推算约为5胎，少量特殊优秀的个体可延至6胎。这样的利用年限的年平均淘汰率为1/3，可使各胎次的母猪保持良好的繁殖成绩。在这种情况下，母猪各胎次的分布大致是：

第1胎占33%　　　第2胎占26%　　　第3胎占19%

第4胎占13%　　　第5胎占6%　　　第6胎占3%

这样的结构在每胎次繁殖后，选留最好的母猪进入下一个胎次阶段，以提高繁殖母猪群内优秀个体的比例。

（二）配种公猪　公猪的数量随猪场性质、配种方式不同而不同。

1.育种场　育种场的育种核心群，要保持足够的公猪血缘，避免近交系数增长过快。在自然交配情况下，一般采用母5：公1的比例确定公猪数。

2.繁殖场　可以从育种场引进公猪不断更新血缘，在季节性产仔、自然交配情况下，可按20：1～25：1来确定父猪数。

（三）后备种猪　培育后备猪用以补充和更新生产猪群。猪场后备种猪群的规模，依猪场的性质和留种率的高低而不同。育种场的育种核心群一般要求公猪的留种率不高于20%，母猪的留种率不高于33%，以保证应有的选择强度提高育种核心群种猪的质量。按这一留种率计算，即在培育5头后备公猪中选留1头配种公猪；培育3头后备母猪中选留1头配种母猪，再按1胎母猪应占繁殖母猪群的33%计算，就可确定培育后备种猪的数量。

二、繁殖母猪的淘汰

无论是初产还是经产母猪，在仔猪断奶后总是要进行淘汰，除了保持合理的年龄结构进行淘汰外，有的母猪会出现一些不适宜于继续种用的情况。淘汰不良母猪保持优良母猪，使繁殖母猪群经常将繁殖成绩保持在最佳状态，得到最好的经济效益，因此做好有根据的淘汰工作是种猪场的一项重要任务。

出现下列原因之一者,即可作为淘汰母猪的根据:

1. 已经选择出指数很高的优秀后备幼母猪可以用来替补经产母猪。

2. 经繁殖性能鉴定,该母猪的性能低于全群平均性能,即指数低于100者。

3. 初产后,乳腺发育不良,有效乳头数少于12个,乳腺坏死失去正常泌乳机能者。

4. 连续二胎仔猪断乳后发情异常,至再配种的间隔期延长,排除公猪因素外,一次配种受胎率低或屡配不孕者。

5. 任何一胎产生致死、半致死和畸形性状的仔猪,该窝的父、母畜一律淘汰。

6. 严重的肢蹄病,不能正常生活者。

7. 因过度肥胖或消瘦影响正常发情和繁殖机能者。

8. 内、外生殖器官疾患失去利用价值者。

9. 行为怪异,脾气暴躁、有嗜仔癖、母性差或其他行为影响群体饲养者。

10. 所产同窝后裔个体间发育整齐度差,僵猪多、全窝平均成绩低于群体平均水平者。

第四章 种猪的繁殖

第一节 猪的繁殖系统

一、公猪的繁殖系统

公猪的繁殖系统由大脑、睾丸、附睾、阴囊、输精管、副性腺、尿道、阴茎等8部分组成(见图4-1)。

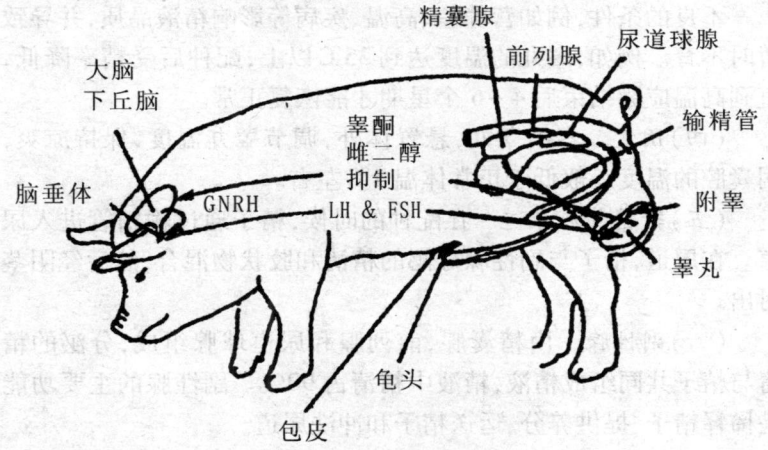

图4-1 公猪的繁殖系统

(一)大脑　公猪内外环境的感觉器官,控制行为和繁殖的过程。

1.下丘脑　接收嗅觉(母猪发情气味)和视觉信息(看见母猪发情);分泌促性腺激素释放激素(GnRH)来控制促卵泡素(FSH)和促黄体素(LH)的分泌;分泌促肾上腺皮质素释放激素,当出现应激时增加分泌,抑制 GnRH 的分泌,产精量减少。

2.脑垂体　前叶分泌 FSH 和 LH,促进精子产生、成熟和雄性激素分泌;后叶分泌催产素,促进睾丸腔、附睾管收缩和排出精子。

(二)睾丸　主要产生精子和雄性激素。睾丸左右各一个,大小相同,有隐睾的公猪生育能力较差或丧失,不能作为种用。

(三)附睾 由附睾头、附睾体和附睾尾 3 个部分组成,是精子成熟、贮存和排出的管道系统。

精子形成和成熟的全过程大约需 42 天,精子细胞的成熟发生在附睾中,并贮存和累积在附睾中等待交配(或采精),交配次数增加,排出的精子数目会显著下降,而且未成熟不能生育的精子也增加了,频繁交配的结果就会降低公猪的性欲和繁殖力,也导致母猪的受胎率和产仔数下降。

不良的条件,例如营养差、高温、疾病等影响精液品质,并导致暂时不育。例如,睾丸的温度达到 35℃ 以上,配种后受精率降低,直到高温应激结束后 4～6 个星期才能恢复正常。

(四)阴囊 容纳睾丸,悬置体外,调节睾丸温度,保持凉爽,阴囊腔的温度一般低于正常体温 4℃ 左右。

(五)输精管和尿道 在配种的时候,精子通过输精管进入尿道。在尿道,精子与副性腺分泌的精清和胶状物混合,然后经阴茎射出。

(六)副性腺 由精囊腺、前列腺和尿道球腺组成,分泌的精清与精子共同组成精液,精液中精清占 90%。副性腺的主要功能是稀释精子、提供养分、运送精子和冲洗尿道。

(七)阴茎 是公猪的交配器官。成年公猪的阴茎伸展时至少达 50 厘米,阴茎顶端的螺旋状捻转在交配期间锁住子宫颈。在包皮开口附近,有一个小袋,尿和精液在此滞积,它们分解产生与公猪相关的强烈的雄性气味。

二、母猪的繁殖系统

母猪的繁殖系统由大脑、卵巢、输卵管、子宫、阴道、尿道、阴户等 7 部分组成(见图 4－2),正确了解母猪的生殖道,有利于人工授精配种。

(一)大脑 母猪内外环境的感觉器官,控制行为和繁殖的过程。

1.下丘脑 接受公猪信息的重要器官,包括嗅觉、视觉、触觉

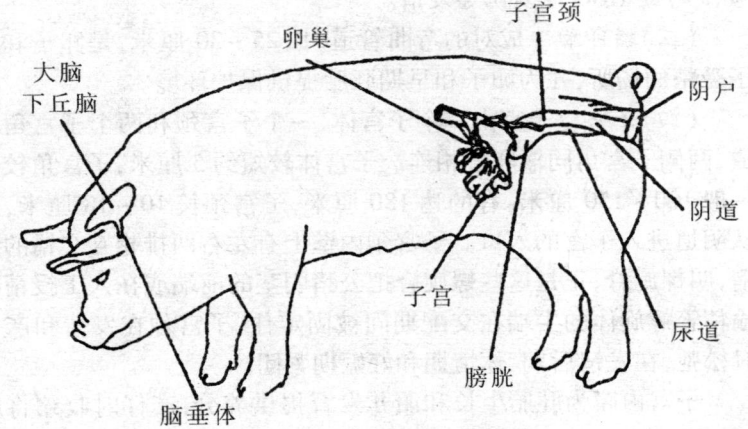

图4-2 母猪的繁殖系统

和听觉,这些信息激活下丘脑来控制和调节神经及内分泌系统;分泌 GnRH 来调节脑垂体分泌 FSH 和 LH。

2.脑垂体 前叶分泌 FSH(卵泡选择和发育)和 LH(卵泡成熟、诱发排卵);后叶分泌催产素、刺激产奶和子宫平滑肌的收缩。

(二)卵巢 主要是产生卵子和激素(雌激素、孕酮)。卵巢左右各1个,位于每一侧肾的后方。卵巢上的黄体由排卵后的卵泡腔形成,在发情后期和妊娠期产生孕酮;卵泡产生雌激素,通常一个卵泡含一个卵子。

卵巢的生理性或病理性疾病

1.持久黄体:母猪卵巢上存在大的黄体,未孕经产母猪断奶后或到配种年龄的后备母猪表现为不发情。可注射氯前列烯醇溶黄,2~4天发情。

2.卵泡囊肿:卵泡发育能分泌雌激素,但不排卵形成囊肿,母猪表现持续发情或发情延长或间断发情,配后不孕,难以恢复。

3.黄体囊肿:不发情,老年母猪、哺乳期长或产奶量高的母猪有可能发生,用氯前列烯醇处理。

4.卵巢静止:卵巢上没有卵泡发育,可用孕马血清或促排2

号、3 号或 HCG 注射诱导发情。

（三）输卵管　成对的弯曲管道，长 25～30 厘米，是卵子和精子受精的场所，并为卵子和早期胚胎提供保护环境。

（四）子宫　子宫由一个子宫体、一个子宫颈和两个子宫角组成，两侧子宫角同输卵管相连。子宫体较短约 5 厘米，子宫角较长一般 100～150 厘米，有的达 180 厘米，子宫颈长 10～18 厘米，是从阴道进入子宫的入口。子宫颈内壁上有左右两排相互交错的皱褶，叫螺旋脊，正是这些螺旋脊把公猪阴茎的前端或在人工授精时输精管螺旋体的尖端在交配期间被固定住，子宫颈在发情和产仔时松弛，在发情后期、休情期和妊娠期紧闭。

子宫内膜为胚胎生长和胎儿发育提供养分；产仔时收缩将胎儿和胎衣排出；分泌 PGF2α（前列腺素）促进黄体退化。

子宫疾病主要是子宫炎。由于子宫角很长，发生后治愈的几率很小，应及时淘汰。生产中以预防为主：

1. 怀孕后期防止便秘，产房、猪体要清洁。

2. 做好接产：不要轻易去掏仔猪，做好消毒、抗菌工作。

3. 预防疾病：对引起子宫炎的疾病进行免疫。

4. 严格采精、输精及公母猪本交配种卫生，减少因污染造成的子宫炎（最好采用一次性输精管输精）。

5. 减少对子宫的冲洗：母猪产后 3 天左右排除恶露是正常的，只有在阴道流出腐臭液体，或产死胎、木乃伊才冲洗。

（五）阴道　位于骨盆腔，背侧为直肠，腹侧为膀胱和尿道，前接子宫颈，后接尿生殖前庭。猪的阴道长 10 厘米。阴道是母猪的交配器官和分娩胎儿的产道，以及输卵管、子宫分泌物的排泄管道。

（六）尿道　位于骨盆腔内，间于阴道与阴门之间的一段，尿道外口在阴瓣的后下方与膀胱相通。尿道是交配、排尿和分泌物的通道。

（七）阴户　位于肛门之下，由左右两侧阴唇构成。阴户中的阴蒂较短,由弹力组织和海绵组织组成,富含神经,发情时,阴唇充血肿胀。

第二节　种母猪的繁殖

一、发情

（一）初情期与初配年龄　母猪第一次发情排卵时的月龄称为初情期。影响母猪初情期的因素较多,但主要的有两个:一是品种不同而各异,一般国外引进品种（包括长白猪、大约克猪、杜洛克猪等纯种母猪,外×外二杂母猪、外×本二杂母猪）6~8月龄,地方品种3~4月龄。二是管理方式,如果一群母猪在初情期与一头性成熟的公猪接触,可提早初情期。此外,营养状况、舍饲、畜群大小和季节对初情期均有影响。小母猪第一次发情因未达到体成熟,配种后通常不能受胎。体成熟时间一般在初情期后的第三或第四个情期,即引进品种和二杂母猪8~9月龄,体重外×本二杂母猪90千克、外种及外×外二杂母猪110~120千克开始配种;本地母猪5~6月龄、体重50~60千克开始配种。母猪达到体成熟配种,有利于提高受胎率和产仔数。

（二）发情征候　母猪在正常情况下,这一次发情期开始到下一次发情期开始的间隔时间为18~23天,平均21天,叫做发情周期。母猪发情期2~4天,国外引进猪种2~3天。母猪发情周期分为明显的四个阶段,即发情前期、发情期、发情后期和休情期（见图4-3）。

1. 发情前期　阴户逐步变红肿胀,阴道流出透明水样的黏液,母猪变得越来越不安,减食,东张西望,早起晚睡,扒栏,同圈如有两头母猪出现争斗或爬跨现象,手压母猪腰荐部没有静立反应出现,喜欢接近公猪,但不接受爬跨。

2. 发情期　发情前期结束后,母猪接受性要求（交配）的时期。母猪外阴肿胀开始收缩,阴门流出混浊浅黄色或淡白色的黏液,有瞪眼、竖耳、排尿、背部僵硬、发呆等现象出现。在没有公猪

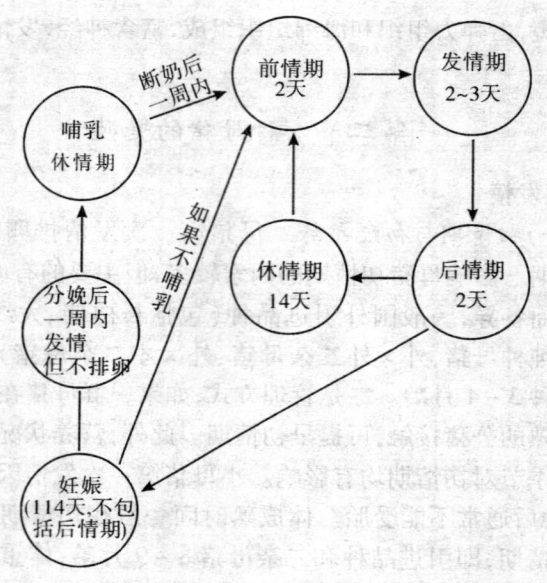

图 4-3 母猪发情周期

时,母猪接受其他母猪爬跨,当有公猪时立刻站立不动,用双手按压母猪腰荐部静立不动。此期卵泡发育成熟并排卵,子宫颈松弛,接受交配,是配种的适宜时期。

3.发情后期 母猪阴户肿胀逐渐消失,性欲减退,拒绝交配,恢复常态。

4.休情期 母猪本次发情消失到下次发情出现这段时期。母猪在发情期中配种,如果未受胎,休情期持续一定时间后,又进入发情前期;如果已受胎,母猪不再发情,进入妊娠期。

瘦肉型母猪的发情大多没有本地母猪明显,一般不"闹圈、停食",但阴户肿胀、阴门流出黏液明显,只要认真观察,容易发现发情母猪。

(三)发情鉴定 正确判断母猪发情,做到适时配种,是提高受胎率的关键。其鉴定方法主要有两种:

1.综合鉴定法 ①外部观察:发情母猪兴奋不安、竖耳、瞪眼、弓背、翘尾、频频排尿，减食，接受爬跨或爬跨其他母猪，外阴肿胀、阴门流出黏液；②当发现母猪有某些外部发情征候时，进一步做阴道检查：分开阴门，用手电筒检查阴道内部变化，若发现阴道充血、湿润、有光泽的白色黏液流出可定为发情；③压背试验：用双手按压母猪后背，猪不走动，或饲养员、配种员骑在背上猪也不离开（见图4-4），可确诊母猪发情，应马上配种。

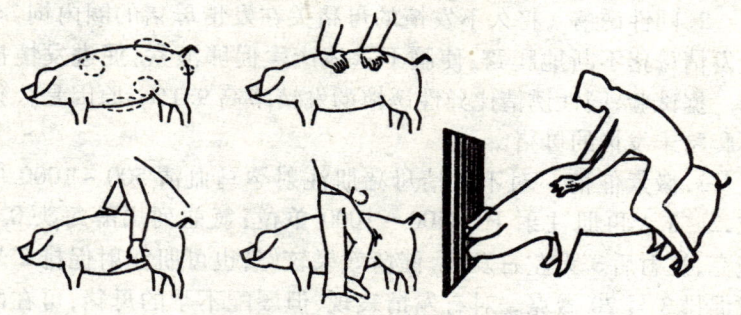

图4-4　母猪发情检查部位和方法

　　有条件的猪场或养猪大户。可用一头唾液分泌旺盛的成年公猪上午、下午各半小时进行一次巡栏试情，公猪一旦发现有母猪发情就不愿走，发出呼噜、吼叫等求偶活动；而发情母猪向公猪靠拢、跨栏或保持一种站定姿势（静立反应），有的还发出吼叫，竖起耳朵，此时很难赶走母猪。

　　2. 仿生鉴定法　一般用于大型猪场。方法是准备一台收录机和两盘磁带，将发情母猪赶到一性欲旺盛的公猪栏边，打开收录机，录下公猪求偶时发出的叫声，并复制成无杂音的连续播放半小时的录音带，然后每天早上到配种舍播放，并辅以公猪气味引诱（将浸有公猪尿液和精液的麻袋放入母猪舍，来回走动），仔细观察，凡母猪爬栏张望、来回走动、侧耳聆听、呆立不动、用手按压背部不动、阴户红肿者，可定为发情母猪。据探情试验，这种方法检出率高达97.7%，受胎率96.1%。

　　（四）诱导发情　有些后备母猪和断奶后的空怀母猪，不能正常发情,应针对不同情况采取相应的技术措施,促使母猪发情并配种受孕。

1. 公猪诱导　经常用试情公猪去追爬不发情的空怀母猪,通过公猪分泌的外激素气味和直接接触刺激,促使母猪发情;也可采用播放公猪求偶声录音磁带,或用公猪气味剂喷洒母猪鼻子,诱导母猪发情。

2. 同性诱情　将久不发情的母猪关在发情母猪的圈内饲养,让发情母猪不断地爬跨,使脑下垂体产生促卵泡素,促进发情排卵。据试验,同性诱情比异性诱情的发情率高 9.1%,原因是公猪不爬跨未发情的母猪。

3. 激素催情　对不发情母猪肌注射孕马血清 500～1000 单位,2～3 天再肌注射 HCG500～1000 单位;氯前列烯醇每头 0.2 毫克,注射后 3 天左右发情,催情效果较好;也可肌注射促排 2 号或促排 3 号 20 微克。对有发情表现,但屡配不孕的母猪,可在配种前 0～2 小时肌注射促排 2 号或 3 号 20 微克,第一次配种后间隔 12 小时左右再配一次,可明显提高受胎率和产仔数。

4. 输精处理　对长期不发情的后备母猪或断奶后久不发情的母猪,用套口器套住上颌骨站立保定后,施行强制性的人工输精或自然交配,母猪输精后,一般可在 5～7 天后发情并接受交配。这种机理尚不清楚,可能是精液气味和精子进入生殖道引起性兴奋有关。这种方法要慎用,使用时对输精器具要严格消毒,输精管插入一定要轻缓,以免损伤生殖道造成损失而适得其反。

另外,还可采取按摩母猪乳房(每天早上 10 分钟左右)、加强运动、饲喂中草药催情等措施,亦可收到较好的效果。

(五)母猪发情异常

1. 静默发情　母猪卵泡发育和排卵正常,但雌激素分泌不足,缺乏明显的发情表现,不易发现发情,这种母猪要仔细观察。

2. 短促发情　有的母猪因营养不良,环境气温变化等因素影响,发情期很短,稍不注意就错过配种时间。

3. 断续发情　母猪因营养不良,发情时断时续,主要是卵巢机能发生障碍,一般不易配上种。

4. 持续发情　发情持续、强烈,与卵泡囊肿有关,难配。

5. 孕后发情　少数母猪受孕后 20～30 天出现发情,主要是孕酮水平低,母猪阴户红肿,但阴道内无黏液流出,应仔细鉴别、防止误配引起流产。

二、配种

(一)适时配种时间　从母猪发情征状判断,母猪食欲下降,不安,阴户肿胀看上去微皱、阴门流出少量白色黏液,人手压背或骑背不动时,就是配种适期;从发情时间上判断,母猪发情是在接受公猪爬跨开始后 24～40 小时排卵,卵子从卵巢释放后保持 6～8 个小时的受精能力,新鲜优良的公猪精子在母猪生殖道内保持受精能力的时间大约 24 小时,因此配种应在母猪排卵前进行,即母猪接受公猪爬跨后 10～12 小时配种(见图 4－5)。

据统计,瘦肉型母猪在发情期内几乎全部对公猪试情有反应,但对骑背试验和人手压背有少数无反应,因此可采用骑背、人手压背和公猪试情结合起来进行,确定配种最佳适期。

在良好的饲料条件下,大多数母猪在断奶后 3～7 天发情,此时是配种良机。根据配种实践,按年龄来说,一般老龄母猪在发情当天配种,中年母猪在发情开始后的第 2 天配种,小母猪在发情开始后的第 3 天配种较适宜;就品种来说,引进瘦肉型品种母猪在发情开始后第 2 天配种,二杂母猪在发情开始后第 2 天下午或第 3 天上午配种,本地母猪在发情开始后第 2～3 天配种。在实际配种工作中,为了提高受胎率和产仔数,只要母猪接受公猪爬跨,或用手掌按压母猪背腰部静立不动,并向后坐,翘尾,竖耳此时应马上交配或输精,再过 12 小时复配 1 次。

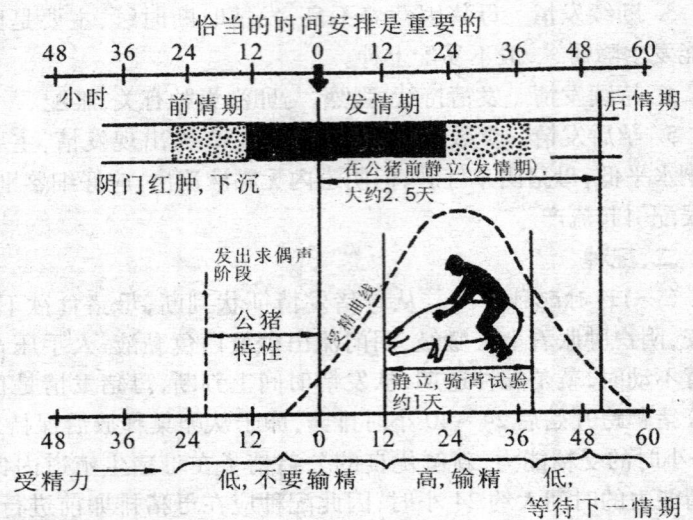

图 4-5 母猪发情和输精时间

（二）配种方法 配种方法有自然交配（本交）和人工授精两种。本交时公、母猪比例1:25~1:30头,人工授精公母猪比例可达1:500头以上,由于从国外引进的瘦肉型猪的发情症状没有本地猪明显,发情持续时间短,难以确定输精适期,多采用本交。本交公母猪可直接接触,既能促进母猪发情、排卵,又能较准确地判断适时配种时期,故受胎率较高。人工授精具有大幅度提高优良种公猪利用率、减少疾病传播、克服公母猪间因体格大小悬殊等因素造成的配种困难、降低种公猪饲养成本等优点被广泛应用,只要严格按照人工授精技术操作规程办,做好瘦肉型母猪的发情鉴定,亦能获得较高的受胎率。根据省内外生产实践,采取本交和人工授精相结合的办法,可收到满意的配种效果。具体做法是,母猪在发情期内,第一、第二个情期公猪本交,以后改用人工授精,或上午本交,下午用人工授精。

1. 本交配种的步骤

（1）将公母猪外生殖器及周围被毛清洁消毒,再把母猪赶到

· 46 ·

要进行交配的猪栏,如果无交配栏,交配地点设在母猪圈附近为好,再把公猪放入母猪身边。

(2)辅助配种人员,拿着一块小木板,随时准备阻止公母猪间的干扰,但不能催赶、打骂公猪,而要温和地引导公猪到母猪的后部,让其自己配种。

(3)当公猪跨上母猪后背时,拉住母猪的尾巴,设法让公猪进行交配。当阴茎要插入肛门或公猪激动及疲劳不能准确插入阴门时,用带有一次性手套的手去帮助公猪的插入。

(4)交配完毕之后,要让公猪在监督之下进行几分钟的"求偶",但不要让其再爬上去。如果母猪配种后,处于呆滞,背腰拱起,应按压背部,使之平伸,以防精液倒流。

(5)把公猪赶回自己的猪栏里,检查公猪是否受伤。

(6)作好配种登记,准确记录配种日期和公、母猪耳号。

此外,公猪是多次射精的家畜,一次交配时间达15~20分钟,射精时间累计6分钟左右,体力消耗较大。如果配种量大应控制射精次数,把每次交配的射精次数控制在2次为宜。方法是当公猪射精2次后,慢慢赶母猪向前走动,当公猪跟不上时就会从母猪背上滑下来。确定2次射精的方法是:射精时,公猪停止抽动,睾丸紧缩,肛门不停地波动;在射精间歇时间,公猪又重新抽动,睾丸松弛,肛门停止波动,据此,判断射精次数。这种方法对母猪受胎率和产仔数没有影响。

采用本交方式配种的公猪每周交配次数,建议10~12月龄阶段为2~3次、1岁以上4~6次。

在生产中有些种公猪配种能力差,母猪配种后出现不孕或受胎率低,产仔数少的现象,常见有以下因素,应根据情况及时处理(见表4-1)。

表 4 - 1　公猪配种能力差的因素对母猪受孕的影响

因　　素	不孕	受孕率低	产仔数少	说　　明
缺乏性欲或性欲低	有关	有关	有关	不爬跨母猪可能是身体、环境、内分泌或心理方面的原因;识别和纠正比较困难。在不同环境下经几次测试不理想的种公猪应淘汰
阴茎畸形、系带松散或阴茎疲软或阴茎过小	有关			种公猪能够爬跨母猪,精液质量优良,但阴茎不能勃起插入阴道,应淘汰
种公猪年龄		有关	有关	不要使用未满 7 月龄的种公猪。7 月龄到 1 岁之间要限制使用次数。年龄较大的种公猪(3 岁以上)性欲和精液质量要都差一些
环境温度		有关	有关	29℃以上的温度会降低精液质量,并可造成长达 6 周的低受精力,夏季保持猪舍凉爽。长期暴露于低温下会造成睾丸暂时或永久性无精子
营养状况		有关	有关	以种公猪的配种量、身体状况和当时的气候条件,来确定种公猪日粮的营养含量。不要使种公猪过肥
健康状况	可能	有关	有关	健康不佳可能会暂时影响性欲或精液质量或二者都影响。体温高会降低精液质量。应提供干燥避风的睡眠场地
打架		有关	有关	与另一头种公猪打架会使体温升高,暂时降低精液质量
遗传因子		可能	可能	某些品种的种公猪比其他种公猪更具攻击性。然而,任何品种的种公猪也都不尽相同。一些研究表明,杂交品种的种公猪比纯种公猪的精子生产效率高、性欲强且生长快
睾丸大小		有关	有关	一般来讲,大一点的睾丸每次射出的精液量更多一些。应挑选睾丸大小与其年龄相当的种公猪
社交行为		有关	有关	有些种公猪比其他种公猪胆小,这与生长期的社交环境有关。种公猪单独饲养(即未与猪群接触)或完全在黑暗的环境下饲养的种公猪经常缺乏性欲

2. 人工授精配种的步骤

（1）对初配母猪、断奶后 3 天的母猪以及配种后 18～24 天的母猪，每天上午喂料后半小时和下午或傍晚进行 2 次发情检查。可能的话让公猪在过道巡栏同母猪保持鼻对鼻的接触，检查发情。

（2）确认母猪已发情，当出现静立反应，饲养员应配合输精员尽快进行第 1 次输精。

（3）饲养员先用手按压母猪腰角部或按摩下腹部，来预先刺激母猪 2～3 分钟。输精员用 0.1% 高锰酸钾溶液清洁母猪外阴户，并擦干；清洗双手或带上塑料手套。

（4）拿住输精管，滴几滴液体石蜡或精液等润滑剂在龟头部位，不要弄脏输精管。

（5）打开阴户，仔细而坚定地将输精管向前或向上插入阴道，当有一些阻力时按逆时针方向旋转进入子宫颈，直到锁定（见图 4－6），输精管锁定后有"弹回"现象出现。不要直接向下插入，以免插入膀胱。

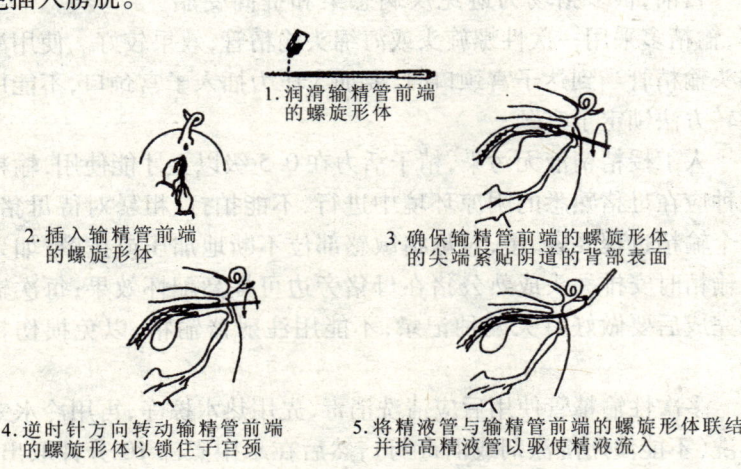

1. 润滑输精管前端的螺旋形体

2. 插入输精管前端的螺旋形体

3. 确保输精管前端的螺旋形体的尖端紧贴阴道的背部表面

4. 逆时针方向转动输精管前端的螺旋形体以锁住子宫颈

5. 将精液管与输精管前端的螺旋形体联结，并抬高精液管以驱使精液流入

图 4－6　输精步骤

（6）摇动输精瓶几次，充分混合精液，用小剪刀剪去输精瓶顶端，导入输精管基部，然后在输精瓶底用针尖扎一小孔开始输精。

瘦肉型母猪一次输精量视精液稀释倍数,建议达到30～80毫升。

(7)适当向输精瓶加压,慢慢输精,持续5～8分钟,尽量让精液自动吸入母猪生殖道内,不要不耐烦。整个输精过程都要持续的按压或骑在母猪腰角部,并按摩下腹部,让母猪愉快,促使子宫收缩。

(8)精液流出阴户时,要重新锁定输精管,若遇母猪排尿,应另换一干净输精管,重新输精。

(9)输精结束后,按顺时针方向旋转取出输精管,并检查有无血迹、异物,做好记录,让母猪安静20～30分钟。

(10)清洗输精管(见图4－7),间隔12小时重复输精1次。

图4－7
冲洗输精管

目前,很多猪场为避免疾病感染和提高受胎率,输精多采用一次性螺旋头或海绵头输精管,效果较好。使用海绵头输精管当到达子宫颈口时,要加大压力插入子宫颈口,不能用旋转方法锁定子宫颈。

人工授精精液无污染,精子活力在0.5级以上才能使用,输精配种应在母猪熟悉的阴凉环境中进行,不能拍打、粗暴对待母猪;整个输精过程要轻、慢,对母猪敏感部位不断地加压或按摩;如果在输精时安排一头成熟公猪在母猪旁边可提高配怀效果;每次输精完成后要做好有关配种记录;不能用注射器输精,以免损伤精子。

多次性输精管使用后应清洗消毒,先用热水擦净,再用冷水来漂洗(不能使用洗涤剂或消毒药),然后在水中煮沸10分钟取出,甩干里面的水,倒挂保存备用。

(三)配种次数

1.一次配种 在母猪发情期内最适宜的配种时间,本交或输精 1 次。

2. 两次配种　在母猪发情期内本交或输精两次,第 1 次配种后,间隔 12 小时左右再配 1 次。即上午配 1 次,下午再配 1 次;或下午配 1 次,第 2 天早上再配 1 次。2 次配种的受胎率和产仔数都高于一次配种,在生产中被广泛采用。

三、受精和妊娠

(一)受精　一个精子与一个卵子结合形成一个合子,叫受精。不论是本交还是人工授精,都必须做到适时配种,才能确保最大数目的卵子受精。配种过早,卵子排出之前精子已无受精能力;相反,配种过晚,卵子将老化,造成多精子进入卵子,结合将失败。在生产中准确识别某头母猪发情排卵是困难的,如果第 1 次配得太早,第 2 次配种应延迟 12 ~ 18 小时。

(二)妊娠　从受精到胎儿出生这个过程叫妊娠,全程 111 ~ 117 天,平均 114 天。妊娠可分为三个阶段:附植前、胚期和胎期。

1. 附植前　妊娠从第 1 天到第 18 天,受精卵移到子宫角植于某个位置。这个时期是母猪受胎和产仔数高低的关键时期,猪胚胎死亡率相当高(见表 4 – 2),其中大部分死亡发生于附植前这一阶段。要求在母猪饲养管理上保持平稳,不能提高饲养水平,以免产生过多体热,降低受精卵成活数;同时,圈舍环境保持相对安静,友好对待母猪,防止高温和母猪间争斗对附植的不良影响。

表 4 – 2　母猪生殖各个阶段典型的胚胎死亡

生殖阶段	数目	生殖阶段	数目
排出卵子	17.0	妊娠 75 天的胚胎	10.4
受精卵子	16.2	妊娠 100 天的胚胎	9.8
妊娠 25 天的胚胎	12.3	分娩的活仔猪	9.4
妊娠 50 天的胚胎	11.2	每窝断奶仔猪	8.0

2. 胚期　妊娠从第 19 ~ 35 天,此期特点是器官、骨骼初步形成,胎衣形成。大多数先天性畸形,例如:裂腭和锁肛,因发育受阻

而形成。

3.胎期　妊娠从第36天开始到大约114天出生,其特点是性别形成,各组织器官进一步生长发育成胎儿。这个时期如果胎儿死亡,一般形成木乃伊。妊娠到90天后胎儿生长发育和增重特别迅速,母猪增重也很快,应增加日粮的喂量,做好保胎工作。

（三）妊娠检查

1.直接观察法　母猪配种后18~24天未发现发情,到6周后再观察仍不见发情,说明已经怀孕。母猪表现食欲增加上膘快,阴户缩成一条线,性情温和,腹围逐渐变大,70天后用手按摩母猪腹部有胎动,80天后母猪侧卧时能看见母猪腹壁的胎动。

2.超声波诊断法　母猪配种后19~30天进行（见图4-8）。据统计,用超声波测孕仪对配种后26~50天的母猪怀孕检查,有效率高达93%。

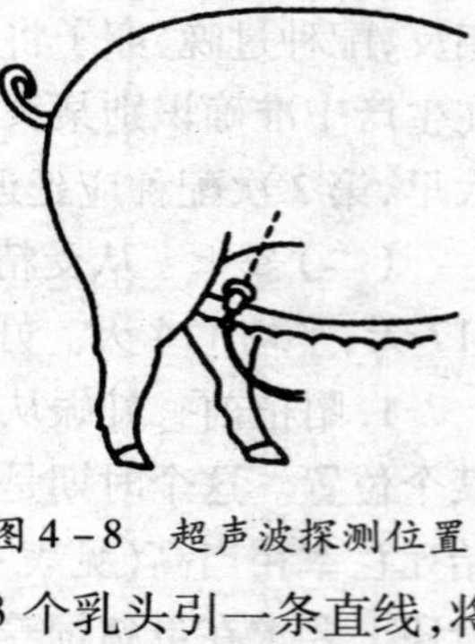

（四）产仔数判断　母猪怀孕80天后根据母猪腹围大小和胎动位置,可大致判断出产仔头数。方法是:从腰角到第3个乳头引一条直线,将直线分为三等份,从第5个乳头各向直线三等份点引线,形成A、B、C三个三角形（见图4-9）。C部有胎动,产仔数10头以上;A部有胎动,产仔数5头以下;B部有胎动,产仔数介于二者之间。

图4-8　超声波探测位置

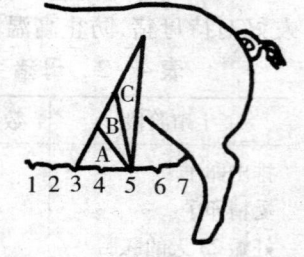

图4-9　产仔数的判断

四、分娩

（一）产前症状　母猪在分娩前15天左右,乳房由后向前逐渐增大,乳房基部与腹部呈限明显界限。产前3~5天阴户开始红肿,2~3天乳头可挤出乳汁,母猪含草絮窝,如果母猪出现突然停食、时起时卧、频频排粪排尿等现象,说明当天即将产仔。

（二）接产准备

1. 产前 1 周进行清洁消毒　猪栏、过道、食槽要彻底消除粪便及污物,然后用水清洗,晾干后用 2% 烧碱或 2% ~3% 来苏儿消毒,也可用火焰消毒器灭菌消毒。如果圈舍潮湿可撒洒生石灰,使产房干燥和消毒,墙壁用 20% 石灰乳粉刷消毒。母猪用温水擦洗腹部、乳房及阴门附近,再用 0.1% 高锰酸钾药液等消毒。做好消毒,对防止母猪产后感染和仔猪下痢是十分重要的。

2. 准备好接产物品　包括产仔记录表、照明灯、保温灯泡、擦布、耳号钳、肥皂、水盆、消毒药、抗菌素等用具及药品。

3. 维修好圈栏、墙壁、门窗、保温箱,堵塞出粪口,对母猪进行健康状况检查,细心照料。

4. 安排人员昼夜值班,随时接产。

（三）仔猪接产　母猪分娩时一般侧卧,经几次剧烈阵缩和努喷后,胎衣破裂,血水、羊水流出,产出第一头仔猪。随后每隔 5 ~25 分钟产出一头仔猪,整个分娩过程为 2 ~4 小时。仔猪全部产出后 30 ~120 钟胎盘脱出,分娩结束。

接产的技术步骤是:

1. 接产人员剪去指甲并磨平,洗净手臂,用 2% 来苏儿或 0.1% 高锰酸钾水消毒,或带上干净的塑料手套。

2. 仔猪产出后,迅速用柔软的毛巾或布将其鼻、嘴和全身的黏液擦干净,以减少体表水分蒸发。

3. 把仔猪躺卧,将脐带内血液反复向腹部方向挤压,然后距腹壁 3 ~4 厘米处掐断脐带(一般不用刀剪以免流血过多),用 5% 碘酊消毒。若断脐后血流不止,用手捏住断端,直至不出血,再涂碘酊。

4. 剪去乳牙和断尾,分别用碘酊消毒,然后称重,登记,将仔猪放入保温箱。

5. 仔猪全部产出后,迅速清洁产房和母体污物,换上干净垫草。

6. 假死仔猪急救　有的仔猪产出后不呼吸,但心脏仍在跳动,手指轻压脐带根部可摸到脉搏。急救方法:先除去口腔鼻腔内的黏液,将仔猪放在麻袋或垫草上,然后两手反复伸屈两前肢和后肢,直到呼吸为止;向假死仔猪鼻内或嘴内用力吹气,促其呼吸;用左手提起仔猪两后腿,头向下,再用右手拍胸拍背,救活仔猪。也可以用酒精、碘酊、氨水涂在仔猪鼻端,刺激鼻腔粘膜恢复呼吸。

7. 上述处理完成后,送仔猪吃奶,越快越好。吃奶前母猪奶头应用 0.1% 高锰酸钾温水擦洗消毒,然后将体重轻的仔猪放在母猪前面的乳头吃奶,全窝仔猪应固定乳头吃奶。

8. 仔猪全部产出 2 小时后,胎衣还未排除应注射催产素,促使胎衣全部排除。确认胎衣全部排除是检查胎衣上的脐带头的数目是否与仔猪数目相等,相等说明全部排除,否则胎衣未排完。胎衣排完后,应把胎衣、死仔猪全部拿走,不能让母猪吃掉,以免养成吃仔猪的恶癖。

9. 难产处理　母猪破水半小时后或上一头产下后下一头间隔 30 分钟以上仍不见产仔,反复阵痛、努喷、呼吸和心跳加快,但产不出仔猪,即为难产。难产在生产中较为常见,主要原因有母猪骨盆发育不全、产道狭窄、子宫弛缓、胎位异常、胎儿过大、死胎等导致分娩时间过长,如不及时处理仔猪可能窒息死亡。

发现母猪难产时,应马上进行助产,常用"推、拉、掏、注、剖"五字助产技术。推:接产人员用双手按住母猪的后腹部,随母猪努喷时向臀部方向用力推,但不可硬压;拉:看见仔猪的头或腿时出时进时,用手抓住头或腿把仔猪拉出来;掏:母猪用力努喷,仔猪长时间仍生不下来,术者将手并成锥形,掌心向下,趁母猪努喷间歇时,慢慢进入产道,抓住仔猪后,待母猪喷时,把仔猪拉出。如果有两头仔猪同时挤在一起,先往腹部送回一头,抓住另一头随努喷拉出,当掏出一头仔猪后,转为正产时就不要掏了;注:肌肉注射催产素 3～5 毫升,20～30 分钟见效;剖:上述方法采取后仔猪仍不下来,就应请兽医做剖腹产。

助产前,术者应剪去指甲磨平,用肥皂水洗净双手,再用消毒药液消毒手及手臂,涂上润滑剂;同时,将母猪阴户洗净消毒,再给母猪注射一次青链霉素,手术完成后还应在阴道内壁抹入抗菌素、抗菌消炎。

（四）诱发分娩 由于70%的母猪在夜间分娩,即使有专人值班接产也有一定难度,可以采取人工诱发分娩技术,将母猪分娩时间控制在白天进行。方法是:在预产期前2天(怀孕至113天,不能提前)肌肉注射氯前列烯醇0.15～0.2毫克,一般上午9点注射,第二天下午4点以前完成分娩。如果注射后24小时仍未分娩,可给母猪注射催产素,加强分娩控制的力度。

五、哺乳

母猪分娩后2～3天泌乳是连续的,母猪通过一系列柔和的叫声将仔猪吸引到乳房处,开始哺乳。可是,到第4天开始,则是仔猪通过用鼻子拱揉母猪乳房或在母猪头部周围发出声音来促使每一次放乳。当乳房被仔猪有力拱按时,母猪快速哼叫几分钟,开始排乳。每次放乳的持续时间很短,一般10～20秒钟,多的几十秒钟,仔猪吃奶大约1分钟就结束了。

同窝仔猪间的乳头顺序在头一天内就基本排定了。争夺乳头最激烈的时间是在分娩后哺乳4个小时内,以后争斗快速下降。根据以上特点,应尽量在产后2～3天固定好仔猪吸奶的奶头,避免争斗造成弱小仔猪吃不上奶。母猪泌乳量的高低,受以下因素影响。

（一）品种 一般瘦肉型和兼用型品种泌乳量高,本地脂肪型猪泌乳量低。如长白猪平均日泌乳量高达10.3千克,而内江猪等本地母猪仅6千克左右。

（二）母猪胎次 第一胎泌乳量低,第二胎、第三胎较高,第六胎、第七胎开始下降。

（三）每窝哺育仔猪头数 产仔多、乳房发育好的母猪泌乳量高,反之则低。

（四）乳头位置 第 1 对乳头泌乳量最多,第 2～4 对乳头基本相同,第 5 对次之,第 6 对以后显著减少。前 4 对乳头分泌的乳汁质量较好,第 5 对以后较差。

（五）环境因素 安静的环境有利于泌乳,夜间比白天多泌乳,炎热或寒冷的气温泌乳量降低。

（六）营养因素 饲料营养充足、全面,母猪膘情好泌乳量高,否则泌乳量低。

母猪在产后和哺乳期体重下降是正常的现象,泌乳量越高,失重越多。据观察一头 150 千克体重的母猪当饲养条件好时失重 20～30 千克,饲养条件差时达 40 千克左右。母猪在 60 天的泌乳期内产奶量一般 250～400 千克,高产母猪达 500 千克,这必然导致母猪在哺乳期间体重下降。实践证明,母猪体重下降多少,直接与日粮营养水平和母猪的采食量有重大关系,满足泌乳母猪的营养需要是降低失重的重要措施,将失重控制在 15%～20% 的范围以内,有利于缩短母猪断奶后再配的间隔时间,提高受胎率和产仔数,如果母猪过瘦将导致不发情,或发情后配种困难。

第三节 猪的繁殖障碍

猪的繁殖障碍是养猪生产中最难解决和直接影响养猪效率的难题。根据繁殖障碍的性质通常分为三类。

一、永久性不育

永久性不育是指猪永久性的、完全的丧失了生殖能力。一般造成的原因是由于遗传因素,如染色体的畸变,而导致生殖道畸形或不全。后天的疾病,长期的营养严重缺乏症,都是造成生殖器官受损的因素。

（一）卵巢紊乱、囊肿、持久黄体及短周期发情 卵巢的失调而引起母猪的不孕,最常见的是持久黄体,还有卵巢单侧或双侧的卵泡及黄体囊肿,使母猪的发情受到干扰。

卵巢囊肿通常有卵泡囊肿和黄体囊肿两种类型：

1. 卵泡囊肿在母猪经常表现为双侧卵巢，有时直径大于排卵卵泡，直径为 2~4 厘米或更大，且这些卵泡已丧失排卵的潜力，囊肿的卵泡壁较薄，而且细胞膨胀受损，特别是内细胞团染色体已固缩退化，而卵泡细胞仍具有分泌雌激素的功能，血液中类固醇水平升高，母猪则表现为发情延长或间断或持续发情的现象。

2. 卵巢黄体囊肿是指黄体化卵泡由几层黄体化细胞包囊着充满液体或血的腔，这就形成了一半卵泡一半黄体。黄体囊肿一般与乏情有关，但在很多情况下，两侧卵巢都有可能出现黄体或卵泡囊肿。这些囊肿是影响内分泌紊乱最经常出现的原因，特别是泌乳最多的时机率更大，并且一般不会自愈，必须要治疗。卵巢囊肿在一些近交系中出现较多，但卵巢囊肿往往也随年龄增加而加重，从而造成不育，这样的母猪应淘汰。

3. 持久黄体往往表现为不发情。一般只能通过激素分析才能确定，而短发情周期可能是由于没有形成一个完全成熟的黄体。发育的黄体在发情的 6~7 天就发生退化，使发情周期的时间仅为 9~12 天。这样的母猪即便是发情配种也会因孕酮分泌不足而导致胚胎早期死亡。如果出现持久黄体，并已确诊，可以用前列腺素 F_{2a} 或其类似药物处理，使黄体溶解，母猪发情，第二次发情可以配种。

（二）公猪的不育　公猪在猪群中的数量虽少，但影响较大，特别是集约化饲养条件下，更应重视此问题。

1. 阴茎的缺陷　如阴茎偏向一侧，或射精的开口位置不正。这些公猪虽可以表现为正常的性行为，但往往因有关肌肉在插入时扭曲或由于阴茎位置不正不能插入，或插入后不能拔出，因此不能正常射精，因而出现不育或低繁殖率的现象。有这样缺陷可以通过手术得到改善，但一般这类公猪应淘汰。

另一类情况是由于交配时阴茎受损而导致不育或繁殖力下降，如母猪交配时跌倒或扭转但不多见。

2. 隐睾　隐睾是指睾丸未降至阴囊,致使睾丸在体内高温下受损,细精管上皮受到破坏,造成无精症。这种损伤不可逆,隐睾有时是单侧也可是双侧。双侧隐睾尽管公猪也表现性欲及完整的性行为链,但无精子产生。单侧隐睾虽可育但精液产量明显少,往往造成繁殖力较低。公猪隐睾如果外观不能确定可通过触摸进行检查。一般公猪隐睾发生率高于其他家畜,且多数为双侧,故应引起注意,这样的公猪一旦发现应立刻淘汰。寒冷季节检查时应格外注意,因为此时公猪会提高睾丸位置。

（三）间性　间性是猪不育的重要来源之一。间性猪卵巢和睾丸可能是单侧,有的甚至可以发情排卵,还可以产生后代,但窝产仔很少。间性母猪可能有较小的阴道,突出的阴蒂,较大的包皮鞘,其发生率一般在1%~2%,有些还有阴囊发育,有些有明显獠牙,这样的猪应淘汰。有时一些公猪由于染色体异常,如多一个X染色单体,即性染色体为XXY型,多数情况,这样的猪无生育能力。染色体异常只能通过核型分析的方法确定。

二、暂时性不育和低繁殖力

（一）暂时性的不育可分为生理性的和非生理性的不育

1. 生理性的暂时不育　如泌乳乏情、季节乏情等,随着泌乳的中止及繁殖季节的到来,动物又可以重新发情,如母猪断奶后约1周又可重新发情,这是动物自我保护的天性。

2. 非生理性的暂时不育　如过冷或过热,营养不良或缺乏,疾病如子宫内膜炎,强烈的应激等因素造成的不育都属于这类不育,如果限制条件得到改善或治疗,动物又可以恢复。但如果限制条件不能得到很快的改善,有些暂时性的不育也会变为永久性的,例如:某些营养缺乏症对成熟公猪来说是暂时的,但对青年公猪往往会造成永久性的不育。

（二）低繁殖力　其造成的许多原因与暂时性不育相似,但损伤程度要轻些。

1. 热应激　尽管公母猪对热有一定的耐受能力,但高温往往引起公母猪的体温上升,使肾上腺皮质激素分泌增加,从而抑制了促性腺激素的分泌。此外对公猪来说由于高温还会造成细精管上皮受损,特别是当温度达29℃以上时往往造成精液量和质量明显下降,精子总浓度下降,头部异常精子增加。而当热应激解除之后,消除这些影响往往需要3~4周的时间,这也是夏季猪群受胎率较低的一个原因。热应激对母猪也有影响,特别是妊娠40天内的母猪影响更大,往往造成胚胎死亡率上升,妊娠率下降。

公猪的交配频率也是影响公猪繁殖力的一个因素,交配频率对初情期刚过的公猪可每周2~3次,而成年公猪以每周4~6次为宜。由于公猪间产生个体差异,公猪的使用应与精液的监测结合起来,一般发现畸形精子或未成熟精子数量增加,应立刻停止采精。

近交系数的增加往往会对生殖、窝产仔数甚至后代的正常性活动产生不利影响。因此,在进行选育时应该把遗传基因的保留及控制近交系数有机地结合起来,一般要求近交系数不应超过10%。此外,母猪过分拥挤,也会产生应激,抑制繁殖力,特别是妊娠早期的母猪会因拥挤而出现流产。另外,若母猪处于早期妊娠与公猪接触也易出现胚胎死亡。

营养水平也是影响繁殖力的重要因素,如公猪对铜、锌、锰、硒和铁等矿物质缺乏十分敏感,而且维生素A及维生素E对维持公猪的繁殖力也有重要作用。对于母猪来说有时改变日粮也会造成刺激或抑制卵泡发育、发情行为以及卵巢的活性。因此,在给予猪只饲料时,应该考虑它的生理状态及营养的需要,提供无论质和量都能满足的饲料配方,以保证猪群具有较高的繁殖力。

一般认为母猪从初情期后4~5胎随年龄增加窝产仔数也增加,此后逐渐下降。有时母猪随年龄的增长,排卵数继续增加,但由于老龄母猪排出的卵有些活力较弱,或者老龄母猪子宫不适宜胚胎存活,使产活仔数下降,这样的母猪应淘汰,以保证繁殖群的母猪处在旺盛的繁殖期内。

第五章 猪的营养需要与饲料配合

第一节 猪的营养需要

养猪生产的实质是猪将水和饲料转化为猪肉的过程,也就是说猪将从饲料和水中摄取构成猪体的全部营养,因此饲料中所含的营养素的多少将决定猪的生产效率。饲料作为生产猪肉的主要原料,占饲养成本的70%以上,如何满足猪有足够的营养物质,同时又要降低饲料费用就是生猪饲养者十分关注的重要问题。本章将讨论猪需要哪些营养,需要量多少及如何尽可能用低的价格将多种饲料原料进行配合来满足猪的营养需要。

一、饲料的消化与吸收

（一）猪的消化生理 猪通过采食水和饲料进入消化道,经过物理的、化学的、微生物的多重作用,将大分子的复杂化合物转化为小分子的可溶物质被吸收,剩余物形成粪从肛门排出的过程称为消化。

1. 口腔的消化 饲料在口腔中经咀嚼与唾液中淀粉酶对糖类中的淀粉开始分解为糊精和麦芽糖。饲料在口腔中停留时间短,很快经食道进入胃,口腔的消化作用微弱。

2. 胃的消化 胃的入口与食道相连称贲门,胃的出口与十二指肠相连称幽门。胃是贮存食物的主要场所。胃分泌胃蛋白酶、凝乳酶、脂肪酶和盐酸,这些分泌物（胃液）与食物充分混合,使食物软化形成糜状物。饲料中的真蛋白质在胃中经胃蛋白酶降解为示和胨,脂类在胃脂肪酶作用下开始分解。胃液中不含消化糖类的酶,对糖类没有消化作用。胃中糜状物经胃的收缩和蠕动,经幽门进入小肠。

3. 小肠内的消化吸收 小肠是猪消化道最长的部分,食物停留的时间最长,各种养分主要在小肠内被消化吸收。糖类在胰淀粉酶、乳糖酶、麦芽糖酶、葡萄糖淀粉酶的作用下分解为葡萄糖被吸收。胃中未被分解的蛋白质继续分解为蛋白胨和蛋白䏡，再经肠蛋白酶分解为氨基酸被吸收。脂类在胆汁、胰脂肪酶和肠脂肪酶作用下，分解为脂肪酸和甘油被吸收贮存于脂肪组织中变成体脂肪，在小肠内未被消化的物质随小肠的蠕动进入大肠。

4. **大肠内的消化**　进入大肠的物质，主要是未被消化的纤维素，以及少量的蛋白质或未被吸收的氨基酸、淀粉和葡萄糖。大肠粘膜分泌的消化液含消化酶很少，其消化作用主要靠随食糜来的小肠消化液和大肠微生物作用。蛋白质受大肠微生物作用分解为氨基酸和氨，为微生物利用转化为菌体蛋白，不再被吸收，与未消化的蛋白质一起随粪便排出。淀粉和葡萄糖经微生物作用，产生挥发性脂肪酸和气体，脂肪酸被吸收参与代谢，气体随粪便排出。纤维素在胃和小肠中不发生消化作用，主要靠盲肠和结肠内分解纤维素的微生物，将纤维素分解成挥发性脂肪酸和二氧化碳，前者被吸收，后者经氢化变为甲烷由肠道排出。水分在大肠内被吸收。大肠内未被消化和吸收的物质，逐渐浓缩成粪从肛门排出体外。

从猪对饲料的消化过程看，猪对纤维素的消化能力极其有限。猪是杂食单胃家畜，对粗纤维的消化功能弱。猪对粗纤维的消化仅靠盲肠和结肠内微生物作用，而猪的盲肠和结肠又比非反刍草食动物(马、驴)小。所以猪饲粮中粗纤维含量不能高，饲粮中粗纤维比例是影响饲粮消化率的重要因素。

(二)**猪的采食**　采食是猪摄取饲料的第一步。其采食量和采食速度受若干因素的制约。

1. **品种特性**　以生长肥育猪为例，瘦肉型猪的采食量大生长速度快，地方品种采食量少是生长缓慢的主要原因。

2. **饲料质量**　包括饲粮组成和适口性。饲料品种和比例组成不同，其能量浓度和粗纤维水平不同影响采食量。适口性无衡量指标，仅凭猪的选择，具有猪喜爱的香味的饲料可提高采食量，霉烂变质或带异味的饲料，采食量减少甚至拒绝采食。

3. 环境温度　猪在恒温动物中高低临界温度范围较窄,不同体重最适宜环境温度也不同,如生长肥育猪在 16～21℃适宜环境温度时,保持正常采食量以维持恒定的能量,以 16～21℃的采食量为100,环境温度下降到10℃和5℃时,采食量分别提高 10% 和20%以上,且日增重下降,当温度上升到25℃和30℃以上时,采食量可下降 10% 和30%以上,高温对采食量的副作用更大。

4. 生理阶段　猪在一生中并非完全随意采食,有时主动或被动限食。在配种和妊娠期人为限制,泌乳期第 1 周生理限食,以后随意采食。初生仔猪随意吮食母乳,断奶初期(1～2 周)生理限食,保育期和生长期随意采食,肥育期随意采食或人为限食。

5. 其他　如群饲与单饲、饲料调制形态等都影响采食量和采食速度。

(二)猪的消化生理　猪通过采食,水和饲料进入消化道,经过物理的、化学的、微生物的多重作用,将大分子的复杂化合物转化为小分子的可溶物质被吸收,剩余物形成粪从肛门排出的过程称为消化。

1. 口腔的消化　饲料在口腔中经咀嚼与唾液中淀粉酶对糖类中的淀粉开始分解为糊精和麦芽糖。饲料在口腔中停留时间短,很快经食道进入胃,口腔的消化作用微弱。

2. 胃的消化　胃的入口与食道相连称贲门,胃的出口与十二指肠相连称幽门。胃是贮存食物的主要场所。胃分泌胃蛋白酶、凝乳酶、脂肪酶和盐酸,这些分泌物(胃液)与食物充分混合,使食物软化形成糜状物。饲料中的真蛋白质在胃中经胃蛋白酶降解为蛋白胨和蛋白胨,脂类在胃脂肪酶作用下开始分解。胃液中不含消化糖类的酶,对糖类没有消化作用。胃中糜状物经胃的收缩和蠕动,经幽门进入小肠。

3. 小肠内的消化吸收　小肠是猪消化道最长的部分,食物停留的时间最长,各种养分主要在小肠内被消化吸收。糖类在胰淀粉酶、乳糖酶、麦芽糖酶、葡萄糖淀粉酶的作用下分解为葡萄糖被吸收。胃中未被分解的蛋白质继续分解为蛋白胨和蛋白胨,再经肠蛋白酶分解为氨基酸被吸收。脂类在胆汁、胰脂肪酶和肠脂肪酶作用下,分解为脂肪酸和甘油被吸收贮存于脂肪组织中变成体脂肪。在小肠内未被消化的物质随小肠的蠕动进入大肠。

4. 大肠内的消化　　进入大肠的物质,主要是未被消化的纤维素以及少量的蛋白质或未被吸收的氨基酸、淀粉和葡萄糖。大肠粘膜分泌的消化液含消化酶很少,其消化作用主要靠随食糜来的小肠消化液和大肠微生物作用。蛋白质受大肠微生物作用分解为氨基酸和氨,为微生物利用转化为菌体蛋白,不再被吸收,与未消化的蛋白质一起随粪便排出。淀粉和葡萄糖经微生物作用,产生挥发性脂肪酸和气体,脂肪酸被吸收参与代谢,气体随粪便排出。纤维素在胃和小肠中不发生消化作用,主要靠盲肠和结肠内分解纤维素的微生物,将纤维素分解成挥发性脂肪酸和二氧化碳,前者被吸收,后者经氢化变为甲烷由肠道排出。水分在大肠内被吸收。大肠内未被消化和吸收的物质,逐渐浓缩成粪从肛门排出体外。

从猪对饲料的消化过程看,猪对纤维素的消化能力极其有限。猪是杂食单胃家畜,对粗纤维的消化功能弱。猪对粗纤维的消化仅靠盲肠和结肠内微生物作用,而猪的盲肠和结肠又比非反刍草食动物(马、驴)小。所以猪饲粮中粗纤维含量不能高,饲粮中粗纤维比例是影响饲粮消化率的重要因素。

二、饲料中营养物质的功能和作用

(一)蛋白质　　蛋白质是一切生命的物质基础,没有蛋白质就没有生命。蛋白质是猪不可替代的必不可少的营养成分。蛋白质营养直接关系到猪的生命、生长、繁殖、生产。

1. 蛋白质的组成及其营养作用　　蛋白质由几十种氨基酸组成,其主要营养作用是:

(1)维持猪体内新陈代谢的正常活动,如组成各种酶、激素、抗体、遗传物质如卵子、精子以及细胞核中的核蛋白等。

(2)是构成猪体组织、各种组织器官如肌肉、神经、骨骼、表皮、血液的重要成分,还有畜体表的各种保护组织如皮、毛、羽、蹄、角等均由角蛋白质、胶原蛋白质等蛋白质构成。

(3)是修补体组织的必需物质。畜体内蛋白质不断通过新陈代谢更新,必须从饲料中吸收蛋白质来补偿代谢排出的部分,它是修补体内各种器官组织的主要原料。

(4)可以代替碳水化合物和脂肪产生热能。当饲料中碳水化合物和脂肪不足时,可以在体内分解、氧化产生热能维持生命。

2. 蛋白质不足和过多对猪影响 当蛋白质不足使合成的激素、酶类、内分泌腺等受到影响,从而使整个新陈代谢紊乱,出现生长发育迟缓、水肿、消瘦,种用公猪性欲不强、精液品质低,母畜不孕胎儿发育不良、流产、死胎、弱胎。当蛋白质过多时,对猪也是不利的。蛋白质过多,不仅造成浪费,而且还加重肝脏和肾脏的负担,易发生酸毒症,并因此而影响钙、磷的吸收利用,造成软骨病等。因此,蛋白质过多过少都将不利于猪生长发育和生产,蛋白质必需与其他营养物质平衡的情况下才能发挥良好效果。

3. 蛋白质代谢

(1)可消化蛋白质 饲料中的蛋白质并不能全被畜禽消化吸收,要从粪中排走一部分。可消化蛋白质是饲料中的粗蛋白减去粪中蛋白质后余下的部分。

可消化粗蛋白质(DCP)=粗蛋白(CP)-粪中蛋白质

饲料中的可消化蛋白质含量愈高,蛋白质的营养价值愈大。

(2)可利用蛋白质 消化吸收后的蛋白质并不能完全被猪有效利用,还有多余部分经肝脏分解后合成尿素通过肾脏排出体外,余下的部分才是可利用蛋白质。这种可消化蛋白质在畜禽体内的利用率,又叫蛋白质的生物学价值。蛋白质的生物学价值是衡量蛋白质营养价值高低的重要指标。

可利用蛋白质=粗蛋白(CP)-粪中蛋白质-尿中蛋白质(含氮量折算)

(3)必需氨基酸和非必需氨基酸 猪对蛋白质的需要实质上

是对氨基酸的需要尤其是必需氨基酸的需要。必需氨基酸是指畜禽体内不能合成或合成比较缓慢不能满足需要而必须从饲料中供给的氨基酸。反之，那些在畜禽体内能够合成或转化，不必由饲料供给的氨基酸称为非必需氨基酸。猪的必需氨基酸有赖氨酸、蛋氨酸、色氨酸、精氨酸、组氨酸、亮氨酸、异亮氨酸、苯丙氨酸、苏氨酸和缬氨酸。当一种或几种氨基酸不足时就限制了其他氨基酸的利用，其他氨基酸再多也无济于事，这类氨基酸称为限制性氨基酸。猪饲料中的限制性氨基酸有赖氨酸称为第一限制氨基酸，其次为蛋氨酸、色氨酸、苏氨酸。在以植物性蛋白饲料配制的配合饲料中，添加这几种氨基酸，其营养价值就大大提高。动物性蛋白饲料如鱼粉、蚕蛹等因含有的必需氨基酸种类齐全，与家畜体组织的氨基酸很接近，营养价值大大超过植物性蛋白饲料。有的饲料虽然含丰富蛋白质，但氨基酸消化利用率低，蛋白质的质量也不好，故也将氨基酸消化率作为设计饲料配方的重要依据。

（4）氨基酸互补作用　由于各种饲料原料中的氨基酸种类不一样，有的含这种氨基酸多另一种氨基酸少，有的含另一种氨基酸多而这种氨基酸少，在配合饲料中把多种饲料混合后氨基酸之间就可以取长补短，就能提高饲料的营养价值，这就是采用"理想蛋白质"模式，就是指各种必需氨基酸及供给合成非必需氨基酸的氮源之间具有最佳平衡的日粮蛋白质，这种日粮蛋白质中必需氨基酸的比例与生长猪的需要基本一致，具有最佳氨基酸模式的蛋白质。

4. 提高饲料蛋白质利用的措施

（1）合理的日粮能量水平　当能量水平能满足需要时，蛋白质才能作本身的用途，若能量不足或过低，蛋白质首先用于补充能源，用于氮沉积部分减少利用率随之下降。而高能量水平不但能提高增重，也增加蛋白沉积。粗纤维高的日粮，能量水平低，也影响日粮消化率，大致粗纤维每增加一个百分点，蛋白质消化率下降1～1.5个百分点，因此合理的日粮能量水平是影响蛋白质利用的重要因素。

（2）补加限制性氨基酸　针对饲料类型补加限制性氨基酸，是提高蛋白质饲利用率的有效措施。在猪的常用饲料中，特别要注意赖氨酸、蛋氨酸和苏氨酸的添加。

（3）科学调制饲料　豆类含抗胰蛋白酶、血球凝集素、尿酶等物质，能抑制蛋白质水解，通过加热处理破坏这些物质的活性，提高蛋白质利用率。

（二）碳水化合物

1. 碳水化合物的营养作用　碳水化合物包括单糖、二糖和多糖，在生产中有较大实际意义的是多糖。多糖包括淀粉和纤维素。碳水化合物中的营养作用可概括如下：

（1）碳水化合物是产生能量的主要来源。

（2）碳水化合物是形成畜禽体组织不可缺少的成分。

（3）是形成体内脂肪的重要原料。

（4）可合成某些非必需氨基酸。

（5）合成乳糖和乳脂。母猪泌乳期需要有充分的碳水化合物来形成乳糖和乳脂。

（6）碳水化合物还转变为肝糖原和肌糖原贮备起来，供给急需的热量。

2. 粗纤维在猪饲养中的作用　纤维素对猪来说也是重要的不可替代的营养物质，但猪是杂食单胃家畜，对粗纤维的消化功能弱，饲料中的粗纤维含量愈多，其消化率愈低，特别是纤维中含木质素较高的饲料如砻糠等，猪很难消化利用，甚至还起反作用。但饲料中有适量的粗纤维也是必需的。

（1）粗纤维不易消化，吸水量大，起到填充肠胃的作用，给予饱感。

（2）粗纤维对猪的肠粘膜有一种刺激作用，促进肠胃道的蠕动和粪便的排泄。特别是改善母猪便秘有着特殊作用。

3. 碳水化合物不足的影响　如果饲料中碳水化合物过低，如猪饲料中的淀粉、无氮浸出物等偏少,就不能满足能量需要,畜体就开始动用贮备的糖元和体脂,再不足时就动用蛋白质来代替碳水化合物放出热能维持生命,这样必然使猪消瘦,体重减轻,种畜性欲不强,母畜受孕力低。

（三）脂肪

1. 脂肪的营养作用

（1）是构成体组织的重要成分如肌肉、骨骼、神经和血液等均含有脂肪。

（2）是猪体所需热量的重要来源,脂肪含能量高,约为糖类的2.25倍,是能量的重要来源之一。

（3）提供幼猪所需的必需脂肪酸　如18碳二烯酸（亚麻油酸）、18碳三烯酸（次亚麻油酸）、20碳四烯酸（花生油酸）,在猪体内不能合成,必须由饲料中供给。缺乏时会出现生长停滞,繁殖机能下降,皮肤发生鳞片状,甚至水肿,皮下出血等。

（4）是脂溶性维生素的溶剂　维生素 A、维生素 D、维生素 E、维生素 K 只有在脂肪中溶解才能被吸收利用,在缺乏脂肪时,会出现维生素 A、维生素 D、维生素 E、维生素 K 缺乏症。

脂肪除上述营养作用外,沉积在皮下的脂肪酸能防止热散发,有保持体温的功能。沉积在器官周围的脂肪,使器官的位置固定,具有保护器官的作用。

2. 猪体脂肪的沉积　饲料中的糖类、蛋白质和脂肪,除维持正常生命活动和生产所需外,均可转化为体脂肪沉积。饲料脂肪转化为体脂肪的效率和速度均高于糖类和蛋白质。饲料脂肪含不饱和脂肪酸多,猪吸收后直接转变为体脂肪,因此猪体脂肪不饱和脂肪酸含量高于饱和脂肪酸,致使脂肪较软,可见猪体脂肪的硬度受食入饲料脂肪性质的影响。

（四）能量

1. 能量的来源与衡量单位

（1）能量的来源　猪在生命和生产活动中,能量需要量最大。

能量来源于饲料中糖类、蛋白质和脂肪三类有机物质,其中主要来源于植物饲料中的多糖体(淀粉和纤维素)的分解产物葡萄糖。猪对纤维素的消化有限,其能量主要来源于淀粉,此外还取自体内贮备的糖元和脂肪,在一定条件下,蛋白质可分解产生能量。

(2)能量的衡量单位 由于能量来自糖类、蛋白质和脂肪,他们可以相互代替,因此可用能量将三种物质概括为一个统一单位,作为衡量营养价值的指标。

因能量可转变为热,在营养学中曾以热量单位"卡"来衡量能量,为方便使用常用单位为"千卡"(1 000 卡)或兆卡(1 000 千卡)。近年来采用了较为确切的能量衡量单位"焦耳"。卡和焦耳的换算系数为 4.184,即:

1 卡(Cal) = 4.184 焦耳(Joule,缩写为 J,简称"焦")

1 千卡(kCal) = 4.184 千焦耳(kJ,简称"千焦")

1 兆卡(MCal) = 4.184 兆焦耳(MJ,简称"兆焦")

2. 饲料能量在体内的转化

(1)总能(GE) 是指饲料中三类有机物所含能量的总和。三类有机物所含能量的平均值:每克蛋白质为 23.64 千焦(5.65千卡),每克脂肪为 39.33 千焦(9.04 千卡),每克糖类为 14.36 千焦(4.15 千卡)。

(2)消化能(DE) 饲料总能减去粪能的部分。粪能主要是未被消化的饲料能,此外还有肠道代谢产物、消化道脱落细胞、微生物等所含能量。粪能损失量主要和饲料消化率有关,消化率越高粪能损失越少。

(3)代谢能(ME) 代谢能是被消化后供代谢的养分所含能量,即消化能减去尿能和可燃烧气体。对猪而言,可燃烧气体能极少可忽略不计,代谢能 = 消化能 - 尿能。尿能在一般情况下约占消化能的 4%,所以常用猪饲料代谢能占消化能的比率可认为是96%。

(4)净能(NE) 代谢能减去体增热称为净能,净能是猪维持和生产的能量,即维持净能 NEm)和生产净能(NEp)。体增热是采食后引起机体增加的产热量,也是代谢能转化为产品的代谢过程中能量损失以热的形式散失。以 60 千克体重生长猪为例,剖析代谢能转化为产品(沉积体蛋白和体脂肪)净能的转化率,大约 60% 用于维持和在转化为体蛋白和体脂肪的过程中以废热形式散失,只有 40% 左右直接沉积为产品。如下示意图:

饲料总能(GE)——燃烧能
　┃
　┗→粪能(FE)包括:①半消化饲料　②肠道微生物及其产物
　　　　　　　　　③进入肠道的分泌物　④消化道脱落细胞
可消化能(DE)
　┃
　┗→尿能(UE)
　　　甲烷气能(AM):消化过程中产生的气体
代谢能(ME)
　┃
　┗→体增热(营养物质代谢产物)
　　　发酵热(产生于瘤胃、盲肠和大肠)
净能(NE)→维持能(NEm)①基础代谢②随意活动③维持体温
生产能(Nep)①生长②肥育③繁殖

3. 提高能量利用效率的措施

(1)节省饲料投入增加产出　从宏观方面的途径主要是:减少或消灭空怀母猪;提高母猪窝产仔数和减少仔猪死亡;仔猪早期断奶,抓好断奶后饲养管理减少掉膘;提高肥育猪增重,避免肥育期死亡;采用人工授精,减少公猪饲养量;进行疾病综合防治,控制总死亡率。

(2)提高能量利用率的技术措施　概括起来是提高能量转化效率,降低代谢能量消耗,增大沉积为产品部分的比例。

①合理配合饲粮　根据猪在不同生理阶段的需要,控制合理的能量浓度、蛋白质水平和质量,提高日粮的消化率。

②注意饲料调制和饲喂技术　按需供给饲粮,提高增重速度,避免饲料浪费。

③注意猪舍温度　冬季增加保温措施,减少用于维持体温的热能消耗,增大用于产品沉积的比例,夏季防止热应激反应。

④培育生长快、瘦肉率高的品系　能有效地提高能量利用率,

生产等量瘦肉和脂肪的能量耗费约为1:3.6。

⑤应用生物技术　改变蛋白质的合成和降解比率。

（五）矿物质

矿物质是体组织和细胞的组成成分，能维持血液的酸碱平衡，调节血液和淋巴液渗透压的稳定，保证细胞获得营养，还具有活化酶和激素的作用，是猪维持健康、正常生长和繁殖所必需的营养物质。

矿物元素在猪体内不能产生能量，也不能相互转化代替。矿物元素具有营养作用，也具有毒害作用，低于最低需要量时产生缺乏症，高于最大忍受量时产生中毒症。正确的矿物质营养，不仅是满足生理过程的需要，还要注意生产力的提高。

在矿物质元素中，至少有48种为猪必需，包括钙、磷、钾、钠、氯、镁、硫、铁、锌、锰、铜、硒、碘、铬、钼、硅等。在饲料中比较容易缺乏的是钙、磷、钾、钠、氯、铁、锌、铜、硒、碘。通常按矿物质元素在饲料中的浓度和畜体的百分比相对地划为两大类：常量元素，含量在万分之一以上；微量元素，含量在万分之一以下。

1. 常量元素

（1）钙、磷的营养作用　畜体中99%的钙和80%的磷分布在骨骼和牙齿中。钙参与细胞兴奋、神经冲动传递和凝血过程。磷参与氧化磷酸化过程，维持酸碱平衡，构成核酸、三磷酸腺苷及辅酶等。钙、磷在体内处于动态平衡，在骨中钙、磷以2:1比例存在，并处于不断更新中，因此钙、磷的供给应按需要量和比例。

缺乏和过多的危害　钙、磷不足或比例不当，猪出现异嗜癖，如喜啃咬泥土、粪便、砖、木等异物，或相互舔食被毛或咬耳等。幼猪生长缓慢或停滞，公猪精液品质下降，母猪产弱胎或死胎，严重时幼猪患佝偻症，成年猪患骨质疏松症，母猪在产后甚至发生瘫痪。钙过量时引起甲状腺功能亢进，造成骨组织营养不良易产生跛行和长骨骨折。

钙和磷的补给　动物性饲料如鱼粉、肉骨粉含钙磷丰富且利用率高,油饼类钙、磷含量也较高,禾本科谷实及其副产品含磷丰富而钙缺乏。植物性饲料中的磷因受草酸和植酸的影响,其利用率低。无论是什么饲料组成的日粮都应补充钙和磷。无机钙和磷利用率高于有机钙和磷。钙、磷常用补充料主要是骨粉、磷酸氢钙、碳酸钙、贝壳粉、石灰粉等。

(2)氯和钠 氯和钠主要存在于体液中,有重要的生理功能,调节体液酸碱平衡,维持渗透压平衡,控制水的代谢,参与胃酸形成调节消化酶作用所需的 pH 值,参与维持肌肉神经兴奋及神经组织冲动的传递等。缺乏时猪喜舔食猪圈,啃食异物,生长缓慢,饲料利用率下降,母猪泌乳下降,不表现明显症状。过量会引起食盐中毒。

一般植物性饲料钠和氯含量低。鱼粉、肉粉、酱油渣中含量高。钠和氯用食盐补充,食盐也是调味剂,能增进食欲。食盐的补给量,仔猪为饲粮的 0.25%,生长猪为 0.25% ~ 0.4%,种猪为 0.4% ~ 0.5%。

2. 微量元素

(1)铁 铁几乎存在于各组织中,以血液中含量最多约占 60% ~ 70%。铁是构成血红蛋白、肌红蛋白的必需成分,作为氧的载体向体组织运送氧。铁也是多种酶的组成分,是物质代谢过程中重要的营养物质。

肌体内的铁很少排出体外,血液中红细胞更新时血红素释放出的铁,肌体可再利用,所以成年猪需铁量较少不易出现缺铁。生长猪特别是幼猪更需补铁。铁过量会引起铁中毒,主要是干扰磷、锌等元素代谢,出现类似磷缺乏症。中毒量为 5 000ppm。

铁可降低棉酚的毒性,防止棉酚在肝中积累引起中毒,铁与棉酚含量以 1∶1 预防效果最佳。

(2)铜 铜分布在各组织器官中,与多种酶的活性有关,具有广泛的生理功能。铜参与造血过程,合成髓蛋白,加速血红蛋白和细胞色素合成,在铁的代谢过程中影响铁的运送和利用。此外对被毛生长、神经功能和繁殖功能都不可缺少。

缺铜引起类似缺铁的贫血症,仔猪缺铜严重时会造成肢骨变形,关节松弛,行动困难,妊娠母猪缺铜导致死胎增多。过量会引起铜中毒,表现为血红蛋白水平下降和黄疸。

猪正常生长需要量为 5～6ppm。高剂量铜有提高食欲、抑菌、促进生长的作用。有的厂家采用 125～250ppm 作为幼猪生长促进剂,对肥育猪效果不大。采用高铜应防止铜中毒。有报道妊娠母猪和哺乳母猪铜水平提高到 60ppm 时,可提高仔猪初生重和断奶重。高铜饲料对土壤会有影响,趋势将会被其他绿色添加剂取代。

(3)锌 锌分布在各组织中,与近百种酶的活性有关,广泛参与各种物质和能量代谢,对细胞分裂和生长尤为重要,此外锌还与胰岛素、促肾上腺皮质素、味觉素的合成与释放、骨骼发育、角质生长等有关。

生长猪缺锌明显表现食欲不振,生长受阻,由于缺锌的猪味觉不正常食欲差,采食量下降,锌进食量更少,形成恶性循环。继而表现皮肤不全角质化症(又称副皮炎),其典型症状表现皮肤出现红斑,上覆皮屑,表皮细胞增厚,皮肤干燥粗糙,形成污垢状痂块,产生痒感,猪擦痒导致皮肤破溃。以仔猪发病率为高,公猪缺锌时睾丸和胸腺发育受阻,妊娠母猪缺锌产仔数减少,仔猪初生重小,还会延长分娩时间。当日粮中植酸盐多,必须脂肪酸低,高钙磷水平时,易出现缺锌症。锌过量影响铁、铜吸收,引起贫血和生长迟缓。报导饲粮 2 000ppm 锌时可能引起中毒。生长猪锌的补给量为 90～110ppm,种猪约为 50ppm。一般用硫酸锌补给。

(4)锰 锰在机体内含量很少,但分布于各组织器官。锰对多种酶有激活作用,参与许多重要新陈代谢过程,参与骨骼基质硫酸软骨素的合成,为骨骼正常发育所必需,对猪的生长和繁殖有重要影响。

缺锰的猪生长受阻,骨骼畸形,腿弯曲或粗短,附关节肿大,跛行易骨折。母猪发情周期异常或消失,胎儿被吸收或产弱仔猪,公猪精子异常。锰过量会干扰钙、磷、铁的吸收作用,还可导致碘缺乏症。生长猪对锰忍受力差,500 ppm 时可能出现中毒现象,表现为食欲下降,生长受阻,四肢僵硬。

猪主要从植物性饲料中获得锰,青绿饲料中含量丰富,禾本科谷实和动物性饲料含量较低。锰的需要量仔猪为 4ppm,生长猪为 2~3ppm,种猪为 10ppm。常用硫酸锰或碳酸锰补给。

(5)碘 碘是甲状腺素的成分,几乎参与所有代谢过程,并在控制代谢速度上起主导作用,碘是必需的微量元素。

缺碘仔猪甲状腺肿大,生长受阻,骨架矮小形成"侏儒"。母猪缺碘产无毛、弱仔或死仔猪,表现水肿,甲状腺肿大。大量饲喂十字花科植物、豌豆和某些三叶草,因其中含较多氰酸盐影响碘的吸收引起缺碘症,猪对碘的需要量约为 0.15~0.14ppm。常用碘化钾补充。

(6)硒 硒是有毒元素,但又是必需的微量元素。硒是谷胱苷肽过氧化酶的重要成分,保护细胞不受过氧化酶破坏,与维生素 E 共同完成抗氧化作用,此外对畜禽还有促生长作用。

饲料硒水平低于 0.05ppm 会引起缺硒症,0.02ppm 引起严重缺硒。缺硒表现症状与缺维生素 E 相似,但高维生素 E 不能代替硒的需要。硒水平达 5~7ppm 会引起中毒,症状表现为厌食,消瘦,被毛脱落,蹄壳变形甚至脱落,肝脂肪样浸润,肝肾萎缩性蜕变等。

近年不少研究证明,硒的需要量生长猪为 0.2~0.3ppm,未开食的仔猪在生后 3~5 日龄时注射 0.2% 亚硒酸钠维生素 E 制剂 0.5 毫升,2 周龄再注射 1 毫升,开食后用亚硒酸钠添加在饲料中补给。

我国从东北、西北到西南,分布着大面积缺硒地带,华东地区也有缺硒报道。四川农业大学对四川省 78 个县(区)973 个饲料样本测定,有 73 个县(区)饲料含硒量低于 0.05ppm。凉山、甘孜、阿坝、达县、南充、雅安、内江和涪陵的全部或大部分县属严重缺硒地区。适量的硒营养对养猪生产极为重要。

（六）维生素

1. 维生素的概念和作用　维生素是不同于蛋白质、糖类、和脂肪的一类需要量很少的有机物，维生素不是构成体组织的原料，也不能提供能量，但它是构成养分代谢中辅酶的组成成分，参与各种物质代谢，调节体内各种生理机能的正常进行。缺乏时会出现代谢紊乱，引起各种维生素缺乏症。维生素缺乏引起的障碍，常常不是局限在某一器官，而是影响到肌体一系列与生命活动有关的机能。由于维生素缺乏往往表现不明显，容易被忽视而使生产力下降，甚至出现死亡。所以维生素对维持健康、生长、繁殖有极为重要的作用。

2. 维生素的分类

（1）脂溶性维生素　是指维生素 A、维生素 D、维生素 E、维生素 K 四种，这类维生素与脂肪相联，随脂肪一起吸收被利用。脂溶性维生素能大量贮存于体内，不从尿中排出，可通过胆汁和粪便排出，因此短期供给不足，不致出现缺乏症。

（2）水溶性维生素　是指 B 族维生素、维生素 C 和胆碱。水溶性维生素不与脂肪相联，除维生素 B_1 外，都不能在体内贮存，过量时很快从尿中排出。

（3）各种维生素的营养功能、缺乏症及来源　生产实践中容易缺乏的维生素及其营养功能、缺乏症见列表 5-1。

表 5-1　　　　各种维生素主要营养、缺乏症、来源

名称	特性	主要功能	主要缺乏症	来源
维生素 A（抗干眼病）	易氧化，高温和阳光破坏，无氧条件下耐热	维持上皮组织的健康，促视紫质形成，预防夜盲症，促进生长发育及骨的生长	生长缓慢，食欲丧失，夜盲症，干眼病，公母猪不育，产死胎，神经不协调	动物性饲料，植物中维生素 A 无转化，青绿饲料，胡萝卜合成维生素 A、鱼肝油

名称	特性	主要功能	主要缺乏症	来源
维生素 D（抗佝偻病）	耐热，不易被氧化	参与钙、磷代谢调节，增加钙、磷的吸收，促进骨骼和牙齿正常发育	生长缓慢，佝偻病，软骨症	鱼肝油，蛋黄，日光下植物麦角固醇转化为 D_2，动物在日光下 $\gamma-$ 脱氢胆固醇转化为 D_3
维生素 E（生育酚）	极易氧化破坏，对光不稳定	维持正常生殖机能，防止肌肉萎缩，是抗氧化剂，与硒有协同作用	生长缓慢，白肌肉，繁殖机能障碍，肝坏死	自然界广泛存在，青绿饲料，干草，谷实饲料，蚕蛹等
维生素 K（凝血维生素）	耐热，但易被光破坏	形成凝血酶原，是凝血所必需	延缓凝血时间，皮下肌肉广泛出血，严重时死亡	多种青绿饲料和谷实、苜蓿、鱼粉。合成维生素 K
维生素 B_1（硫黄素）	酸条件下耐热，碱性条件下易破坏	能量代谢中辅酶的主要成分，维持神经系统机能，增进食欲，有助繁殖	生长缓慢，食欲不振，肠胃机能障碍	整粒谷实，米糠、麦麸，青绿饲料，优质干草，酵母，胚芽饼，合成的盐酸硫胺素
	中性、弱酸性溶液中稳定，碱性溶液中易破坏	几种酶系统中的辅酶，促进胆碱、核酸合成，促进红细胞成熟，预防恶性贫血	幼猪生长受阻，行动不协调，产生恶性贫血，母猪繁殖障碍	动物性饲料，发酵产物，合成维生素 B_{12}。植物性饲料不含维生素 B_{12}
维生素 B_2（核黄素）	热性强，易被光或碱溶液破坏	促进生长，是参与糖类与蛋白质代谢中某些酶系统的成分	生长缓慢，猪下痢，腿病，母猪繁殖机能障碍	奶、鱼粉、肉粉、酵母、青绿饲料、苜蓿
烟酸（尼克酶）	不易被子酸、热、氧化破坏	是糖类、脂肪、蛋白质代谢过程中几种辅酶的组成成分，维持皮肤及神经健康促进消化系统功能	生长缓慢，食欲减退，癞皮病、皮肤炎、猪下痢，肠溃疡等	动物性副产品，酵母、花生、苜蓿、三叶草，合成尼克酸

名称	特性	主要功能	主要缺乏症	来源
泛酸（偏多酸）	在酸碱中水解加热过久不稳定	为辅酶 A 的组成成分,参与糖类、脂肪蛋白质代谢	生长迟缓,脱毛与肠炎,四肢行动失调	广泛存在于植物性饲料中,花生饼、酵母、肝粉含量丰富,谷实中缺乏
维生素 B_6（吡哆醇）	耐热、酸、碱	蛋白质代谢的辅酶,与红血球形成有关	痉挛,猪贫血,生长迟缓	谷实及加工副产物,青料、酵母、奶、肝
胆碱		参与脂肪代谢,抗脂肪肝,在神经传导中起重要作用	生长迟缓,脂肪肝,肾出血,猪步履不正常,繁殖力	青绿饲料、谷物、酵母、日粮蛋白质低时易出现缺乏症

表 5 - 2　　　　　　猪的各个时期对维生素的需要量表

维生素/单位	哺乳及断乳猪（每千克日粮需要量）	生长及育肥猪（每千克日粮需要量）	母猪及公猪（每千克日粮需要量）
维生素 A（IU）	7 500	5 000	7 500
维生素 D（IU）	500	500	1000
维生素 E（IU）	40	40	60
维生素 K（IU）	2	2	2
维生素 B12（IU）	30	25	5
核黄素（mg）	12	12	12
烟酸（mg）	40	30	30
泛酸（mg）	25	20	20
胆碱（mg）	600	300	600
生物素（μg）	250	250	250
叶酸（mg）	1.6	0	4.5

（七）水

1. 水的生理功能　水是一切细胞和组织的构成成分,在化学成分中以水的比例最高。水在物质代谢中有特殊功能,养分的消化吸收和转运,代谢过程和代谢产物的排泄,血液循环、体温调节都需要水分。缺水或饮水不足危害极大,体内水分减少8%时出现严重干渴感觉食欲丧失,消化作用减慢,减少到10%时导致严重代谢紊乱,减少20%时会导致死亡。

2. 水的需要量　猪从饮水、饲料中水分和养分代谢过程中产生的代谢水三个来源获得水分。水分经四个途径排出,依次是肾脏泌尿、粪便排出、肺脏呼吸和皮肤蒸发。

猪的需水量随体重、采食量、饲料性质和环境温度不同而异。猪的需水量一般是考虑饮水量。冬季约为采食饲料干物质的2~3倍或体重的10%左右,春秋季分别为3~4倍和16%左右,夏季分别为5倍和20%左右。保证饮水质量,饮水卫生指标应达到人的饮水标准,最好采用自动饮水器供水。(见表5-3)

表5-3　　估计猪在各生长阶段每日对水的消耗量

猪的不同阶段	日消耗量(升)
哺乳仔猪	适当数量以保证满足补饲量
断奶仔猪(5~10千克)	1.3~2.5
生长猪(10~35千克生长猪)	2.5~3.8
育肥猪	3.8~7.5
断乳母猪、后备母猪及公	13~17
哺乳母猪及后备母猪	18~23

三、猪的营养需要

养猪生产过程中,将猪划分仔猪、生长猪(肥育猪和后备猪)、妊娠母猪、哺乳母猪和种公猪。不同生理阶段的猪营养需要不同。

（一）仔猪的营养与饲养　　现代养猪业将猪分为几个阶段

进行饲养。大多数国家将猪的饲养分为三个阶段，即从断乳至 20 千克为仔猪阶段(或称小猪阶段)，20～60 千克为中猪阶段(或称中猪阶段)，60～100 千克为肥育猪阶段(或称大猪阶段)。在传统的饲养方式中仔猪达到 20 千克之前还未断乳故又称为乳猪，也有将从出生到 20 千克的饲养过程分为三个阶段的，1～5 千克、5～10 千克、和 10～20 千克。我国传统的仔猪断奶时间在 8 周龄左右，体重约达 18 千克。但发达国家或在我国饲养水平较高的地区和猪场都采取早期断奶的饲养制度，一般在 3～5 周龄时断奶，以提高母猪繁殖能力，尽量增加年产窝数。这就要求按断奶日龄、母猪泌乳能力、窝产仔数以及其他因素考虑如何配制猪的诱食料、开食料和仔猪日粮。采取早期断奶，可缩短母猪产仔间隔，从年产 2 窝争取年产 2.5 窝，5 年可提高母猪的生产效率 25%，早期断奶已成为提高母猪生产性能的关键技术，也是整个养猪业提高效率的重要环节之一。然而，由于仔猪生理上的特点，采取早期断奶给仔猪生长发育带来一系列不良后果，表现为食欲差、消化不良、生长缓慢、饲料利用率低、抗病力差、下痢、死亡率高和精神抑郁等症状，这些也统称为早期断奶综合症。通过改变环境条件，合理搭配饲料成分以适应仔猪的生理状况，避免或减少上述症状的发生，可以早期断奶获得成功。健康生长的仔猪到达 10 周龄的体重应该是 25 千克，从出生到 10 周龄的平均日增重应该是 360 克。

仔猪生长的标准体重

3 周龄	6 千克
6 周龄	12 千克
8 周龄	18 千克
10 周龄	25 千克

1.断奶前后仔猪消化系统的变化　仔猪在 3 周龄之前消化发育不成熟、消化酶分泌不足，致使消化能力很有限，只能靠母乳提供生长所需的营养物质。但是仔猪消化道生长发育的很快，10 天内肠道的吸收面积增加一倍。初生仔猪胃重只有 8 克，容积 30～

40 毫升,3 周龄胃的重量达 35 克,容积达 100～150 毫升。断乳时小肠的长度可增加 5 倍,容积增加 50～60 倍。大肠的长度增长 4 倍,容积增加 40～50 倍。

仔猪的胃分泌盐酸的能力较成年时差。由于缺乏盐酸,胃中的 pH 值较高,在 4 左右,抑制了胃蛋白酶的活性,成年猪胃内的正常 pH 值是 2～3.5,是胃蛋白酶作用的最佳 pH 值。仔猪要到 8～10 周龄的时候胃内的 pH 值才能达到成年猪的水平。断奶的仔猪,由于 8 周龄前一直吮吸母乳,乳中含有大量的乳糖。乳糖在胃乳酸杆菌的发酵作用下转化为乳酸,使胃中的 pH 保持在 4 左右,可弥补胃酸分泌的不足。所以,尽管吮乳仔猪分泌盐酸的能力很弱,但仍然消化良好。早期断乳则引起仔猪的消化不良,对于固体食物的蛋白质,如大豆、鱼粉等,胃蛋白酶需要更低的 pH 值来激活,此时胃内 pH 值应达到 2 或 3 以下。大肠杆菌、沙门氏菌、葡萄球菌的生存的适宜 pH 值 6～8,在 pH 值 =4 或以下时生存力很小。

为提高早期断乳仔猪的消化能力,采取的措施是向日粮中添加酸化剂。饲料中酸化剂的添加量是根据不同饲料酸结合力而发定的。蛋白质本身即是一种酸碱缓冲剂,不同饲料原料所含蛋白质和各种酸性和碱性物质不同,在仔猪猪胃内引起 pH 值的变化幅度也有较大的差异。因此,把饲料对胃酸的影响定义为饲料的酸结合力:即是 100 克饲料中的水溶液中,用 1mmol HCl 滴定,当 pH 值下降到 4 时所消耗的 pH 值上升的就高,该饲料酸化所需要的酸就越多。应用常规饲料配制的早期断奶仔猪料酸结合力大约是 35,即要使胃内的 pH 值降到 4 时,100 克该饲料需要加 35ml,1mmolHCl,28 日断奶仔猪每天能分泌约等于 20ml 1mmolHCl。

表 5－4 不同饲料的酸结合力

饲料名称	酸结合力
脱脂酸奶	3.07

饲料名称	酸结合力
脱脂鲜奶	7.12
小麦	8.99
酵母	30.10
豆粕(或饼)	50.68
鱼粉	60.38
全脂奶粉	66.37
矿物质混合料	1260.50
断奶仔猪开食料	35.00

因此,在仔猪断奶后第一天它能消化的饲料不超过 57 克,多采食就不能被仔猪很好地利用。但可以通过添加有机酸降低饲料酸的结合力。或改变饲料原料的配比来改变日粮的酸结合力,仔猪酸结合力降到 20,那么采食 100 克饲料就可以保证其消化了。随着消化道的生长,消化酶的分泌量和活性也发生了显著的变化。仔猪出生第 1 周。消化酶的分泌量和活性应消化母乳的需要,乳糖酶的活性最高,其次是脂肪酶(母乳中含脂肪约为干物质的 40%)。胃蛋白酶、胰蛋白酶和淀粉酶和蛋白酶的活性上升。受断乳前后食物的改变和消化酶合成障碍,断乳的应激可引起仔猪消化道中各种酶的活性均有不同程度的短期下降。大约持续一周后消化酶的活性开始回升,恢复到到断前的水平,以后逐渐上升。在酶活单位相同条件下,pH 值是影响消化率的关键因素,如表 5-5。

表 5-5 pH 值对胃蛋白酶活性的影响

酶活性单位(U/ml)	pH 值	消化率(鱼粉)	
		干物质(%)	粗蛋白(%)

酶活性单位(U/ml)	pH 值	消化率(鱼粉)	
11.40	1.00	90.6 ± 0.99	90.6 ± 0.40
11.40	1.25	90.4 ± 0.81	91.25 ± 0.99
11.40	1.50	89.4 ± 1.06	93.4 ± 0.19
11.40	2.00	78.1 ± 0.72	84.3 ± 0.69
11.40	3.00	73.1 ± 1.11	74.2 ± 0.85
11.40	5.00	45.8 ± 1.58	37.3 ± 1.81

2. 仔猪蛋白质营养　仔猪营养特点是生长发育较快和生理上不成熟性,因此仔猪需要的食物营养水平高,并且质量要好。断乳前仔猪的营养物质来源主要依靠母乳。母乳是仔猪最好的食物,它不仅给仔猪生长发育提供高质量的蛋白质、脂肪、乳糖和矿物元素、维生素等营养物质,而且含有仔猪抵抗疾病的抗体。

仔猪出生时,不具备自身免疫能力,在胚胎期间,母体血管与胎儿血管之间被几层组织隔开,限制了母体抗体通过血液转移到胎儿的体内。初生仔猪可以通过母乳获得免疫球蛋白,所以,初乳是仔猪不可替代的食物。从牛的初乳中提取的免疫球蛋白,喂给仔猪后,可以提高 3 ~ 4 倍周龄早期断奶仔猪的成活率和抵抗病源菌的能力。3 周龄仔猪断乳之后的 4 ~ 7 天内,使用含有牛初乳或其他来源的免疫球蛋白的代乳料,可提高断乳后 28 天的生长速度和成活率。

然而,这种获得免疫力的方式也给早期断奶带来的一些麻烦。饲料的抗原性蛋白也可被 3 周龄的仔猪肠道吸收,而 6 周龄仔猪则不能,即所谓的暂时对这种抗原蛋白可产生过敏性反应。目前研究得比较清楚的是大豆所含的球蛋白是引起仔猪过敏反应的抗原。在断奶期仔猪中使用豆粕比使用脱脂奶粉对仔猪肠绒毛的损伤要严重。3 周龄仔猪肠道仍可以吸收抗原蛋白,引起仔猪腹泻。

此乃大豆蛋白质存在两种抗原蛋白所致即大豆蛋白(Glycinin)和大豆聚球蛋白(βConglycinin)。动物性蛋白质饲料如脱脂奶粉、血浆蛋白粉(SDPP)、肠道膜蛋白粉、乳清粉和鱼粉等的抗原性较弱,是早期断乳仔猪较好的饲料来源。但由于价格的问题,仔猪日粮中比例较大的原料还是大豆蛋白。

3. 微量元素对仔猪生长发育影响　　铁元素是制约仔猪成活率的重要因素之一。妊娠期仔猪从母体获得的铁较少,母乳中铁的含量也较低,每头仔猪每日从母乳中得到的铁不足1毫克,是仔猪生长需要的1/10。仔猪出生后的头3周铁的总需要量是300毫克,其中12毫克是仔猪体内储备,23毫克来源于母乳,50毫克来源于周围的环境,15毫克通过补饲,还有200毫克的缺口,每头每日尚需铁8~9毫克。如果不及时给仔猪补铁,其体内铁贮将一周内耗完,仔猪就会患贫血症。缺铁性贫血的主要症状是精神委靡,皮肤和可视粘膜苍白,被毛蓬乱无光泽,下痢,生长停滞。病猪逐渐消瘦衰弱,严重者死亡。给母猪补铁不能提高乳中含铁量,但仔猪可通过添食母猪粪便获得一部分。一般采用直接给仔猪补铁。补铁的方法有口服或肌肉注射。仔猪生后2~3天内注射铁制剂,显著提高成活率和促进生长,由于仔猪的体重不同,补铁的效果有一些差异(见表5-6)。每头仔猪一次颈部肌肉注射:德国推荐剂量200毫克,而国内一些试验表明100毫克剂量可保证仔猪正常生长。仔猪开食后,可在饲料中补铁。见表5-6。

表5-6　　　哺乳仔猪补铁对日增重和死亡率的影响

出生重	低于1.2千克		1.2~1.4千克		高于1.4千克		平均	
补铁方式	口服	注射	口服	注射	口服	注射	口服	注射
死亡率(%)	13	10.6	5.1	6.7	1.3	2.4	5.4	5.9
日增重(g/d)	143	166	173	189	204	203	179	190

铜对仔猪有特殊的促进作用,关于这一问题已经做了大量的研究工作。研究结果肯定:在日粮营养物质平衡的基础上,添加

100～250毫克/千克的铜,对仔猪有明显的促进作用,铜的促进作用与抗生素的作用相似,通过影响肠道内微生物群落而提高饲养营养物质的吸收。并且已有试验证明,日粮添加250毫克/千克铜,使仔猪的粪中细菌数降低60倍。铜的作用与铜是否能被仔猪吸收有关,有试验证明结合在肽或氨基酸上的铜效果更明显(WAPNIR1990)。这些结果说明:铜的促进作用不仅仅是发生在肠道中,可能也存在动物体内的代谢过程中。因为,铜在体内作为几种酶的必需成分和许多酶的辅助因子而发挥生理作用。例如,铜可显著提高仔猪小肠肪酶和磷酯酶的活性。高铜日粮显著地提高了饲料脂肪的消化率。也有报道证实:静脉注射或口服高铜,能促进仔猪体内蛋白质的合成。在31日龄仔猪日粮中添加100毫克/千克、150毫克/千克和200毫克/千克的铜,铜来源于硫酸铜和赖氨酸铜螯合物,随着日粮中铜元素的增加仔猪日增重和饲料效率都有显著的提高,硫酸铜和赖氨酸铜螯合物来源的铜得到了同样的效果。但是,肝中铜的贮留赖氨酸铜螯合物组显著地高于硫酸铜组,日粮含200毫克/千克铜在肝中含量分别是279毫克/千克。肾、骨和血清中的含量有差异。添加硫酸铜和赖氨酸铜对仔猪生长的影响见表5-7。

表5-7　添加硫酸铜和赖氨酸铜对仔猪生长的影响

	对照	硫酸铜 毫克/千克			赖氨酸铜毫克/千克		
Cu用量	0	100	150	200	100	150	200
日增重个 g	296	324	321	345	312	330	348
1～5周日采食量 g	516	582	565	582	557	583	607
1～5周饲料效率 g/kg	577	563	569	596	559	566	576

　　锌与铜一样对仔猪也有特殊的促进作用,而且比铜作用更显著。锌在动物体内是200多种酶的组成成分或激活因子,锌离子对胰岛素分子有保护作用,对蛋白质合成、脂肪和碳水化合物的代

谢、骨骼和上皮组织的发育等发挥着重要的作用。近年来许多研究工作证实了锌的促进作用,有人认为锌的作用与铜相似,通过抑制肠道病原微生物的生长(Holm1988),从而提高消化道对饲料营养物质的吸收。关于铜和锌的作用的机制目前还不十分清楚,总之它们促进猪生长的作用是肯定的。在仔猪日粮中添加 3000 毫克/千克锌(ZnO);日增重提高了 17%,采食量提高了 14%。有报道,日增重比对照组提高了 25%。研究铜与锌的促进生长作用,铜与锌单独添加在日粮时,都使仔猪的日增重、采食量和饲料效率得到显著地提高。但高铜 + 高锌组并没有使日增重得进一步的改善,说明铜与锌没有互助作用。

(四)仔猪早期断乳综合症　仔猪早期断乳综合症主要表现为:断奶后消化道功能紊乱,出现腹泻症状,死亡率上升。仔猪正常的粪便中含 60% 水分,腹泻时的粪中水分含量高于 80%。3 ~ 8 周龄健康的仔猪每天饮水 2 千克左右,从肠腔吸收入血,同时有相应水分从血液进入肠腔,保持相对平衡。如果某些因素致使肠壁通透性增大,食糜的渗透压升高,肠粘膜发炎,导致体内的水流向肠腔,粪中水分含量上升,最终导致腹泻。引起腹泻的因素很多,如前面所谈到的因素有:①早期断奶使仔猪过早的采食固体饲料,胃内 pH 值上升,胃蛋白酶活性受到抑制,蛋白质消化率下降;②受早期断乳的应激,仔猪消化道中各种消化酶活性的下降,也会使蛋白质的消化率下降,消化道内渗透压升高,体内水流向肠腔引起腹泻;③日粮抗原反应,日前研究比较清楚的是大豆所含的球蛋白引起的仔猪的过敏反应,在断奶期仔猪日粮使用豆粕引起肠道绒毛萎缩和腺窝增生,吸收不良;④大肠杆菌、沙氏门菌、埃氏杆菌、寇状病毒和轮状病毒也是引起仔猪腹泻的原因之一。环境污染,仔猪抵抗力下降造成病原微生物大量繁殖。胃的 pH 值上升也给大肠杆菌等的繁殖提供了有利条件。

为使仔猪早期断乳获得成功,应当根据仔猪的生理特点,配合一种消化率高的饲粮。针对仔猪胃内 pH 值较高,可在仔猪料中加入酸化剂,应用较多的有机酸有富马酸、乳酸、柠檬酸和甲酸。在仔猪的日粮中加入 1% ~3% 的有机酸,使胃蛋白酶的活性提高,改善了饲料蛋白质的消化。并且抑制了病原微生物的繁殖,是控制仔猪下痢有效措施之一。近年来由于发酵工业的发展,在早期断乳仔猪料中添加复合酶制剂或蛋白酶,以提高仔猪对饲料蛋白质的利用。

最先了解引起仔猪下痢的原因是病原微生物,所以,在仔猪日粮中加入抗生素至少防止大肠杆菌等病原微生物,所以,已成常规工作。

在仔猪日粮中减少豆粕的用量,可用部分蒸气挤压膨化全脂大豆或豆粕取代。经过膨化的大豆或豆粕可降低大豆蛋白质的抗原性。减轻仔猪肠道的过敏反应。提高肠道消化的吸收饲料蛋白质的能力。经过热乙醇处理的大豆或豆粕(65% ~70% 的乙醇,在 70~80℃ 处理 30 分钟,在 70℃ 烘干,CP 降低 3%),也会使抗原降低,缓解仔猪过敏反应和腹泻程度。在仔猪日粮中使用部分动物性蛋白质饲料,降低豆粕的使用量也是改善肠道过敏反应的途径。例如:使用血浆蛋白粉(SDPP)和肠道蛋白粉(DSP),对肠道的损伤较小,肠粘膜绒毛发育良好,还能提供免疫球蛋白。脱脂奶粉、乳清粉含乳糖较高,易消化,能在胃中发酵产生大量乳酸,有利于保护仔猪免受病原微生物,如大肠杆菌的侵袭,促进胃肠道内微生物群的迅速稳定,有效地防止仔猪腹泻(Kadecki,1990:Veum,1991)。

如采取以上措施,加强管理,严格防疫,控制环境,科学酸制早期断乳仔猪料,会减少仔猪早期断乳综合症的发生。

乳猪的断乳时间与乳猪料的配制有密切关系,所以,一般将乳猪料分为前期和后期料。乳猪阶段是生长最快同时也是最容易遭受影响的阶段,要求饲料原料质量较高,含易消化的蛋白质、氨基酸、碳水化合物、脂肪、钙、磷、微量元素和维生素。配制前期乳猪料应根据母乳的特点,饲料的性质尽可能与母乳相似,所以,前期乳猪料中含有较多的乳清粉、油脂、进口鱼粉、葡萄糖和脱脂奶粉等高质量的原料。防止腹泻和下痢日粮中应添加抗生素和合成的药物。

（二）生长猪和肥育猪的营养特点　我国猪的品种多为脂用型或肉用型，肌肉生长较慢，生长时间较长，传统的养猪方式用"吊架子肥育法"，采取"两头精、中间粗"的饲养方式，饲养期长达6~8个月，而出栏体重仅达到80千克。这种饲养方式在生长阶段能量和蛋白质供给不足，限制了肌肉生长。肥育阶段给予高能量日粮，结果脂肪沉积增加，商品猪瘦肉率低，脂肪过多，不能满足当前消费者的要求。另外吊架子肥育法饲养期长、日粮能量较低不利于饲料的利用，例如：体重50千克的猪，日增重740克，每天总消化能需要量为25.3兆焦，每天维持需要9.6兆焦（相当于0.7千克玉米），维持占需要的38%，用于生产的消化能占62%。吊架子肥育法生长期的饲料消化含量较低，每天采食2千克饲料进食的消化能也只有18兆焦，维持的能量需要不变，但所占的比例提高到53%，这时消化能用于生长的比例只有47%了。造成饲料中能量用于维持的比例较大，而用于生长的比例较小。饲养水平低，肥育期长，很多饲料消耗于维持生命上，浪费很大，经济效益较低。

现代养猪的规模化发展使得猪的出栏时间缩短到4~5个月，要求商品猪生长发育整齐平均日增重达到550克，传统的吊架子肥育法已不适合现代化的养猪业。在工厂化的养猪过程中，饲养的各个阶段都应充分供应营养物质，使猪能够充分发挥它的遗传潜力，相应而产生的饲养方法就是直线饲养方式。直线饲养方式是根据猪的生长需要给予相应的营养物质，精料的分配主要是随着猪体重的增加而增加。这种方式能缩短肥育期，减少维持消耗，节省饲料，适应现代化的大规模养猪场应用。按照猪生长的各个阶段对各种营养物质的需要，配合全价日粮，仔猪日粮含有13.5兆焦/千克的消化能，18%的粗蛋白质，0.95%的赖氨酸和4%以下的粗纤维；生长猪日粮含14.0兆焦/千克的消化能，15%的粗蛋白,0.75%的赖氨酸和低于8%左右的粗纤维。

对饲料原料的加工有利于猪对饲料的利用,谷物类饲料适当粉碎是必要的,粉碎或压片;不仅可减少咀嚼,而且能够提高饲料的消化率。但玉米等谷实粉碎过细也有不利的一面,对食道和胃粘膜有损害,胃粘膜糜烂和溃疡等。一般以颗粒直径 1.2~1.8 毫米的中等粉碎程度为好。猪吃起来爽口采食量大,增得快,饲料利用率高。

较老的饲养方式大多将饲料煮熟后饲喂,玉米、高粱、大麦、小麦等饲料及其加工副产物糠麸类,煮熟会破坏维生素,降低氨基酸的有效率,使其利用率比生喂降低 10%。因此,谷物饲料及其加工副产物应当生喂,不要煮熟粥。但对豆科植物性饲料而言,必须煮熟或经过其他的加热方式,因为豆科植物籽实中含有许多抗营养物质,这些物质不仅阻碍猪消化道对饲料的消化,而且还能够引起一些消化道的疾病,造成生产上的损失。

(三)繁殖母猪和公猪的营养 养猪业的发展与繁殖母猪的饲养密切相关,能够培育出既多又壮的仔猪,这是提高生产效率的先决条件。目前有 20%~25% 的初生仔猪在断奶前死亡,母猪营养不良是造成这种损失不可忽视的原因之一。仔猪的窝产头数、初生重量和健康关系密切,育成率、断奶重也取决于繁殖母猪的营养水平,不适当的饲养制度会给予商品猪的培育与生产带来损失。从而应重视繁殖种猪的饲养管理。

1. 后备种猪的饲养 一个猪场繁殖制度成功的基础在于后备种猪的培育。合格的后备种猪应具有良好的体况、达到种用的体重(第一次配种的平均体重为 110~120 千克)、膘情适中、适时发情、性欲旺盛。从断奶到配种阶段的营养水平会影响其受胎、妊娠与哺乳等繁殖性能。饲粮营养水平超过一定界线,如过高或过低都会延迟后备母猪的初情期。正常的生长速度为体重在 30~120 千克期间日增重保持在 600 克/天。在生长期喂以品质较优良的饲粮并适当限食控制体重,保证后备母猪生殖系统的正常发育。

后备种猪的饲养可按照生长猪的饲养管理进行。

2. 配种期的饲养　初产母猪与经产母猪发情前对营养物质的要求不一样,初产母猪在配种前进行短期优饲能增加排卵个数,但对经产母猪却没有效果。在配种前 10 ~ 15 天,提高初产母猪饲养水平,在原饲料的基础上每天增加 20.0 兆焦的能量,可增加排卵个数 1 ~ 2 个,配种后应使饲养水平降到原来水不,因为在配种期间给予过高水平和过长进食闪电战的能量会增长受精卵的死亡率。经产母猪在发情或配种前应喂以营养丰富的优质饲粮,在饲料中搭配青饲料或青贮饲料特别重要,可增加母猪的排卵数,提高卵子品质。在母猪发情或配种前如饲粮中含有大量的可溶性碳水化合物而缺乏蛋白质、维生素和矿物质,会导致母猪过肥、内分泌失调、卵巢脂肪浸润、母猪不发情或发情而排卵数减少。配种前饲喂与妊娠期相同的日粮只需适当增加饲料量即可,对于膘情中等、身体健康的母猪,配种前日增重达到 0.45 千克即可。过肥的公母猪应逐渐减少料量。膘情较差的母猪应喂给较多的饲料,每天喂3 千克全价料,以保证正常的繁殖性能。

3. 妊娠母猪的饲养　妊娠母猪的营养与胚胎发育、仔猪出生重、生活力和生长期的体增重等指标密切相关。仔猪的成活率和断奶体重对猪场的经济效益有较大影响,妊娠母猪对饲养中营养物质的利用高于空怀母猪和生长猪,例如:给予妊娠母猪与空怀母猪相同维持水平的饲粮。妊娠母猪除可生产一窝仔猪并增加胎膜和乳房组织外母体的体重也有所增加,这种现象被称为"妊娠合成代谢",其机理目前还不清楚,有可能同步于妊娠期甲状腺和脑下垂体内分泌机能的增强,促进了母体合成新组织的能力。

在妊娠期,初产母猪比经产母猪需要更多的营养物质。因为初产母猪不仅要供给胚胎生长发育所需的营养物质。同时自身还在生长。母猪妊娠期有 108 ~ 120 天,平均 114 天。胚胎在妊娠的前 6 周绝对生长量很小,大约 50% 的蛋白质和 50% 以上的能量是在妊娠期的后 1/4 沉积的。因此,应根据妊娠的不同时期合理配制日粮。

同时注意妊娠期营养对哺乳期的影响。母猪在妊娠期的采食量与哺乳期采食量呈显著的负相关，妊娠期营养过于丰富。则在体内沉积大量的脂肪，影响母猪哺乳期的采食量，哺乳能力下降，体重损失较大，并影响到仔猪的断奶体重。妊娠期沉积的营养物质虽可供哺乳期用，但营养物质在体内储备过程以及储备物质在转化利用过程中都需消耗大量能量，及不经济。同时，母猪在妊娠期采食量越大，体重越大，哺乳期失重亦越大。但如果饲料能量水平过低，不仅影响仔猪初生重，且母猪淘汰率亦会上升，因此，为保证母猪具有长期最佳繁育性能。在妊娠期间应合理供给能量。目前提出的方法是，妊娠期控制能量供给，尽量减少哺乳期母猪失重和体脂损失，这样可使母猪在下一次妊娠期很快恢复体重。经研究证明，母猪在一个繁殖周期中的能量供给以妊娠期各占 1/3 和哺乳期占 2/3 较为合理，饲料利用率较妊娠期和哺乳期各占 1/2 时提高 8% 左右。所以，繁殖母猪的饲养制度采用"低妊娠——高哺乳"，而在妊娠期采取"前低后高"的饲养方式。根据这一原则，母猪在妊娠期采取限制饲喂，而在哺乳期采取自由采食的饲养方式，以达到控制妊娠母猪体重增长的目的。建议无论头胎或经产母猪在妊娠全程每天喂料 2.0 千克，在配种期每日饲喂 2.27 ~ 2.72 千克，妊娠期的头 1 ~ 3 个月减为 2 千克。然后临分娩前 3 ~ 4 周增加到 2.5 千克，实际喂量要看母猪体况而定。如发现母猪过肥，要适当减量，使妊娠母猪既不肥又不瘦，膘情适中而健康。随饲粮中能量浓度的变化，饲料给量也应适当调整。后备猪妊娠期增重应控制在 36 ~ 50 千克为宜，因为它的增重除子宫内容物外还有其自身的生长。经产母猪因其本身不再增长，仅保持原体重即可，所以只需净增重 25 ~ 35 千克，这足以弥补分娩期与哺乳期失重，使母猪在仔猪断奶时体重相近。仔猪提早断奶的母猪还可低于此数。一般来说，哺乳仔猪数多的母猪，失重也多。饲粮含不同能量水平时妊娠母猪的限制日采食量见表 5 - 8。

表 5-8　饲粮含不同能量水平时妊娠母猪的限制日采食量(kg)

妊娠期	饲粮消化能含量(MJ/kg)			蛋白质含量(%)	
	11.1	12.0(12)	12.8(12.5)	13.6(13)	14.5(14)
1~3 个月	2.45	2.30	2.15	2.00	1.85
4 个月~产仔	2.85	2.65	2.45	2.30	2.15
哺乳期					
8 个仔猪	5.30	4.90	4.6	4.30	4.00
10 个仔猪	6.30	5.80	5.45	5.10	4.80
12 个仔猪	7.10	6.55	6.10	5.70	5.40

　　间歇饲养法是限制母猪妊娠期采食量的一种措施。该法是每隔 2 天让母猪自由采食 2~8 小时,每 3 天喂 1 次共吃 6 千克饲料,相当于平均每日给料 2 千克。为控制妊娠母体增重的变化应根据母猪的体况,喂给予其生产力相称的最少饲料,达到一个标准体重。一方面初产母猪自身还需要生长以达到成熟的体格,另一方面初产母猪与经产母猪一样需贮备适当的养分以供哺乳的需要,并保证它自身在哺乳结束时有良好的体况,以便再次配种。提高能量水平可使母猪和仔猪的初生重增加,但是每天采食的消化能超过 25.5 兆焦时,对仔猪的增重意义不大,反而会导致母猪过肥,影响正常的繁殖。如果每天消化的采食超过 30 兆焦,可造成产仔数的下降。以较少的饲料维持母猪的正常繁殖,减少应激,补充铬尤为重要。在怀孕后期便秘将会造成死胎、难产、子宫炎、少乳等要及时调整饲料配方。解决便秘的措施有增加饲料纤维素,可喂甘薯鲜酒精糟、青绿饲料,饲喂轻泻性饲料如养猪乐,添加糖蜜,添加脂肪,满足干净饮水。

　　妊娠期母猪对蛋白质的需要是前期低后期高。氨基酸的比例和数量应满足需要,最好采用可消化氨基酸指标。对蛋白质和氨基酸需要量见表 5-9。

表 5 - 9　　　　　　　　妊娠期母猪对蛋白质和氨基酸需要量

	前期	后期
蛋白质	11% ~ 13%	12% ~ 14%
赖氨酸	0.35%	0.40%
蛋氨酸	0.19%	0.22%
苏氨酸	0.28%	0.30%
色氨酸	0.08%	0.10%

　　4.分娩前后的饲养　妊娠母猪在产前一周转入产房,这时即要逐渐喂给哺乳料。膘情好的母猪临产前几天应减少饲喂量或喂给予容积大而能量低的原料,如小麦麦麸(为轻泻饲粮),可代替原饲粮的一半。分娩前5~7天应逐渐减少喂料量,到分娩前1~2天应减少到原喂料量的1/2,产前10小时之内最好不再喂量。但应供给充足的饮水,冷天水要加温。如母猪表现饥饿,可投给小量饲料。

　　母猪产前暂时不宜喂料,分娩后自由采食日粮有可能引发消化不良、乳房炎、乳房结块、仔猪下痢。分娩当天可喂给1.0千克湿拌料,2~3天后逐渐加量。在母猪增料阶段应注意母猪乳房变化与仔猪排粪情况,从而断定是否加料太快。5~7天后达到标准喂量或自由采食,喂一些优质平衡饲粮,以促进今后的哺乳量。哺乳期饲粮应加入一些容积大的饲料,如小麦、甜菜渣、柑橘渣、亚麻饼等轻泻饲料。

　　5.哺乳期的饲养　哺乳期母猪每日营养物质的需要量大大超过妊娠期,一头猪在哺乳期间平均产乳为300千克,平均日哺乳5千克。猪乳中的干物质、蛋白质及脂肪含量均超过其他家畜,常乳的蛋白质含量达4.5%,脂肪4.6%,初乳的含量大约是常乳的2~3倍。母猪乳汁的营养成分高于牛乳,见表5-10。

表 5 – 10　　　　　　　　　　　　　母猪乳汁的成分

成　份 ＼ 乳　类	牛乳	猪乳
干物质(%)	12.8	20.0
乳脂(%)	3.7	7.0
乳蛋白(%)	3.4	6.0
矿物元素(%)	0.7	1.0
乳糖(%)	5.0	4.8

　　产后 30 天泌乳量达到高峰,40 天内的泌乳量占全期的70% ~ 80%,以后逐渐下降。要想获得健康、有活力和高断奶体重的仔猪,母乳是否充足是关键因素。繁殖母猪饲养的基本原则是"低妊娠,高哺乳",对哺乳期的母猪实行高水平的饲养,采取自由采食的饲养制度,给母猪提供大量哺乳所需营养物质,做到提高母猪的哺乳能力,促进仔猪的发育,经济有效地利用饲料,减少母猪哺乳期的失重,有利母猪下一个繁殖期的正常发情配种。初产母猪在哺乳期平均每日喂料 5 千克,经产母猪头平喂 5.5 千克。仔猪数量决定母猪的采食量,带仔猪少于 6 头,应限制料量,带 8 头以上的母猪应不予限量,尽可能提高哺乳量。仔猪早期断奶会影响母猪采食量。哺乳期母猪体重损失应控制在体重的 15% ~ 20%。

　　饲粮能量水平直接影响哺乳母猪的哺乳量。当体内能量储备和饲料采食量不能满足需要时,产乳量大幅度下降,哺乳后期的母猪很可能出现这种情况,在饲料能量供给不足的情况下,维持哺乳的能力就要降低。饲料能量对于哺乳的影响,在较长时期内特别显著,日粮采食还会导致母猪第二胎和以后胎次哺乳量下降。哺乳母猪带 8 头以上仔猪时,常常不能摄入足够的营养物质来生产充足的猪乳以满足仔猪的营养需要。妊娠期增重和哺乳体重损耗是繁殖母猪饲养的一般规律。

哺乳母猪需要大量的蛋白质用以合成母乳,如饲粮蛋白质不足则直接影响乳的形成。例如,猪乳中含有 6% 的蛋白质,每日产乳平均为 6~5 千克,每日乳蛋白质的分泌量是 390 克。日蛋白质食入量的变化并不会立即引起泌乳量的改变,乳腺组织可利用血浆氨基酸代谢合成乳蛋白质。乳腺利用血液氨基酸合成蛋白质的效率约 65%。但母猪降解自身蛋白质储备的能力是有限的。当饲粮蛋白质严重短缺或长期不足时,乳中蛋白质分泌减少。用含 14% 粗蛋白的饲粮饲喂时,体蛋白质的损失一般是可以避免的。

哺乳母猪营养需要较高,随体重大小和带仔多少有差别,带仔猪多的母猪泌乳量多。母猪泌 1 千克乳需消化能 8.37 兆焦,以每头仔猪每日吃乳 0.5 千克计,母猪每天 5 千克就需消化能 41.84 兆焦,母猪还需维持正常生命活动的营养,所以哺乳母猪营养需要由泌乳和维持两部分需要组成。体重 150~180 千克带仔猪 10 头的瘦肉型母猪,每日需消化能 62.76 兆焦,一般体重地方品种母猪约需 46 兆焦,粗蛋白质 14.5% 能满足需要。

泌乳母猪饲粮需要量 = 维持需要 + 泌乳需要
= (1.5~2.0 千克 + 0.4~0.5 千克) × 哺育仔猪头数

自由采食的缺点往往是因采食过多而变肥。可通过调整饲料的营养成分含量控制母猪增重速度。诸如饲粮中适当搭配粗纤维含量高、容积大的粗饲料如苜蓿、麦麸与甘薯鲜酒糟、青绿饲料、玉米青贮等。

表 5-11   瘦肉型母猪建议营养水平

	能量 (兆焦/千克)	粗蛋白 (%)	赖氨酸 (%)	钙 (%)	磷 (%)
后备母猪 (90 千克 - 配种)	12.97	15	0.8	0.8	0.7
怀孕母猪	12.55	14	0.6	0.9	0.8

	能量 （兆焦/千克）	粗蛋白 （％）	赖氨酸 （％）	钙 （％）	磷 （％）
哺乳母猪 （低采食量）	13.81	18	1.0～1.1	0.9	0.8
哺乳母猪 （高采食量）	12.97	16	0.9	0.8	0.7
哺乳母猪 （单一采食量）	13.38	16～18	0.9～1.0	0.8～0.9	0.7～0.8
断奶－发情间隔	13.38	16～18	0.9～1.0	0.8～0.9	0.7～0.8

6. 种公猪的饲养　在种猪群中,公猪的营养常被忽视。公猪与其他动物一样,营养对其生长发育起着非常重要的作用。营养是保持公猪体质健壮,性机能旺盛和精液品质良好的重要因素。由于公猪不同于其他类别的猪。它主要是用于生产精液。因此,在饲养上要严格遵循个体饲养,所提供的日粮应能全面满足公猪对能量、蛋白质（氨基酸）、矿物质和维生素的需要。

能量水平对公猪的饲养有重要作用。能量不足可使性成熟推迟,并降低配种能力。但能量过高又会导致公猪过肥,同样会降低配种能力。所以,对于未成年的公猪,尤其要重视能量的合理供应。公猪的年龄和体重是决定其能量需要的重要因素,未成年公猪因处于生长发育阶段,能量供应多于成年猪,大约多 25%。除年龄和体重外,影响公猪能量需要量的因素还有:生长率、交配频率及过量的活动。另外,温度对能量的需要也有影响。公猪如饲养于寒冷环境中,就必须调整饲料以使公猪能产生足够的体热以保持自身的温暖。不同体重公猪的每日消化能需要量是不相同的。能量的用途分为生长、维持、精液生产和交配活动。种公猪总的每日消化能需要量随体重增加而增加。对同一体重的猪来说,能量主要消耗在维持上。维持可耗去消化能总摄入量的 60%～90%,精液生产仅能耗用 5% 左右。蛋白质水平是影响精液品质的重要因素之一。培育期公猪、青年公猪和配种期公猪,饲粮粗蛋白质水平应保证14%,成年公猪和非配种期公猪为12%,每千克饲粮消化能在12.55兆焦,特别注意动物蛋白质和维生素 A、维生素 D、维生素 E 和微量元素锌、铬等营养素的供给。

第二节　常用饲料的特点及使用原则

饲料的种类很多,分布也广,按营养成分和饲料性质可以分为八大类:即粗饲料、青饲料、青贮饲料、能量饲料、蛋白质饲料、维生素饲料、矿物质饲料和添加剂。

下面着重介绍能直接用来生产配合饲料的各类饲料原料。

一、粗饲料

凡是干物质中粗纤维含量在18%及18%以上的饲料称为粗饲料。包括干青草、草糠、干薯藤、干花生藤以及稻草、玉米秸、麦秆、蚕豆秆及树叶之类的农林副产品。

(一)粗饲料的营养特点

1.粗纤维含量高,无氮浸出物,难消化。在秸秆类粗饲料的粗纤维中,木质素含量高,消化率低。特别是谷壳中,木质素含量高,其消化率仅为6%左右。在无氮浸出物中主要成分是半纤维及戊糖类,其消化率比淀粉和糖都差。

2.粗蛋白质的含量差异很大。豆科类干草含蛋白高,易于消化,秸秆及禾本科干草含蛋白质较低。某些树叶如槐叶、构树叶、桑叶、松针也含有较高蛋白质,也可适量进入后备猪、母猪、生长猪的日粮配方,是降低饲料成本的有效措施。

3.含钙较高,含磷低。豆科粗饲料和糠壳含钙较高,禾本科粗饲料含钙较低。一般含磷都低,含钾较高。

4.维生素 D 含量高,特别是豆科粗饲料含量更高。

(二)粗饲料的利用　根据粗饲料的营养特点和猪对粗纤维消化机能弱的生理功能,养猪饲养中特别是瘦肉型猪饲养中使用粗饲料要适量。

二、青饲料和青贮饲料

南方养猪的优势之一,是一年四季均有青绿饲料,这对广大农村小规模养殖户尤为重要。青饲料的种植品种繁多,栽培季节各异,由于青饲料不宜长距离运输,要根据养猪的数量调整种植面积和选择种植品种,做到周年均衡供应,才能降低生产成本。对一次收获量大的青饲料可采用青贮饲料方式贮存。小规模养猪场结合青绿饲料生产不仅能大大降低饲养成本,还能将养猪产生的粪尿污物变成资源,是一种很有前途的"猪-沼-种的绿色生态养猪法"。

(一)青饲料

1. 红薯藤,红薯又称红苕藤、地瓜秧,适于 15~30℃,pH 值 5~6 的土壤生长,其地上部分的藤蔓含水分 86%,粗蛋白质 2.2%,粗脂肪 0.85%,粗纤维 1.95%,无氮浸出物 6.82%,地下部分的块根含粗蛋白 1.1%,粗脂肪 0.2%,无氮浸出物 21.7%,均是南方各省最常用的优质青饲料。

2. 牛皮菜 适于 15~25℃ 生长,也耐 -10℃ 低温,30℃ 时停止生长。在水肥条件好时亩产可达 4 000~8 000 千克。牛皮菜柔嫩多汁,适口性好营养丰富,是冬春优质青饲料。

3. 聚合草 亩产鲜草 1 万~1.5 万千克,折合干草 2 000 千克。其粗蛋白在 22%,亩产粗蛋白约 400 千克。鲜草每年可割 6 次以上,可用机械收割打浆饲喂,极耐肥水。

4. 饲用甘蓝 秋冬高产青饲料,亩产 3 000~4 000 千克,干叶含粗蛋白 20% 以上,适口性好。

5. 菊苣 亩产鲜草 1~2 万千克,产量高营养丰富,供应期长,适口性好,是优良青绿饲料。

常用的高产青饲料还有红花苕子、红萝卜缨、青玉米苗、胡豆苗、花生藤、天星苋、莲花白等。

(二)青贮饲料

青贮饲料又称乳酸菌发酵饲料,它长期保存了青绿多汁饲料的营养特性。青贮饲料气味酸香,柔软多汁,适口性好,易消化,是猪喜爱的一种饲料。通过乳酸菌的发酵作用,将青饲料中碳水化合物转化为乳酸,降低了 pH 值,又在厌氧条件下抑制了其他微生物生长,从而达到长期保存青绿饲料目的。青贮饲料成功的条件是原料选择,如青玉米苗、甘薯藤容易青贮;控制合适水分,一般要青贮的饲料含水在 65% ~75% 较适宜;青贮设备要能密闭不透气,青贮的青绿饲料要切断压实;青贮时温度在19 ~37℃为宜过高过低都不宜青贮。

三、能量饲料

能量饲料是粗纤维含量在 18% 以下,粗蛋白含量20% 以下的饲料。其中每千克干物质含消化能在 12.55 兆焦以上的称为高能量饲料,在 12.55 兆焦以下的称为低能量饲料。属于能量饲料的有谷实类籽实及其加工副产品,块根、块茎类饲料及其加工副产品。

(一)禾本科籽实及其副产品 这类饲料的干物质中含无氮浸出物(淀粉)丰富,约占干物质的 70% ~80%。粗纤维含量低,一般在 6% 以下。粗蛋白含量较低,一般在 10% 左右。蛋白质中缺少色氨酸和赖氨酸,因此蛋白质利用率不高,一般在 50% ~70%。脂肪含量少,缺乏钙、磷,含维生素 B_1 和维生素 E 较多,缺乏维生素 D。这类饲料畜禽爱吃,适口性好,易于保管贮存,是生产配合饲料的最主要原料。

1. 玉米 玉米是禾本科籽实中能量最高的饲料,也是栽培面积大、亩产较高的一种饲料,被称为"饲料之王"。玉米中含有约 65% ~70% 的淀粉,粗纤维含量很低,消化率很高。黄玉米中还有一种隐黄素,对产蛋鸡的蛋黄着色很有利。玉米蛋白质含量低,约为 8.5%,且缺少蛋氨酸、赖氨酸、色氨酸,蛋白质品质很低。钙和磷的含量也低。一般畜禽要求粗蛋白质含量 13% 以上,单喂玉米不能满足猪对蛋白质和矿物质的营养需要,所以饲喂价值不如同等数量的配合饲料。高水分玉米贮藏保管不当易产生黄曲霉素,该霉菌有强烈毒性,容易造成母猪流产或死胎,生长受阻直至肝功受损导致死亡,因此不要图价低去购买高水分的霉变玉米。

2. 小麦　小麦含能量高,易于消化,其粗蛋白质含量高于玉米,可达 13% 左右。近年来育成高蛋白质的小麦新品种,粗蛋白质含量高达 22%。

麦麸和次粉是小麦加工中的副产物,是重要的一种能量饲料。麦麸是小麦的种皮、糊粉层与少量胚和胚乳组成,能量低于籽实类,消化能可达 11.16 兆焦,粗蛋白质 12.5% ~17%,粗纤维含量 8.5% ~12%,次粉能量高于麦麸,粗纤维含量低于麸皮。麸皮中含 B 族维生素较为丰富,是猪配合饲料中的重要原料。麦麸中含钙低,为 0.16%,含磷高,为 1.31%,钙磷比例极不平衡,在使用麦麸为主的饲料中要注意添加钙。

3. 稻谷　南方各省是稻谷的主产区,有些地区直接用稻谷粉碎后作饲料。稻谷有一粗硬外壳,粗纤维含量 8.2%,可消化能量每千克可达 11.19 兆焦,粗蛋白 6.8%。稻谷去壳后的糙米,含粗纤维低,是很好的高能量饲料。

细米糠又叫洗米糠、油糠,是糙米加工成白米时分离出来的种皮、糊粉层与胚,每 100 千克糙米可出细米糠 5 ~6 千克。细米糠营养价值很好,能量高于小麦,粗蛋白质含量也较高,B 族维生素含量丰富,是很好的猪配合饲料原料,其营养价值可以相当于籽实饲料。但米糠也含有抗营养因子,大量饲喂也将引起蛋白质消化障碍,同时含植酸和不饱和脂肪高,前者将影响磷及部分矿物质的吸收和利用,后者很容易酸败和霉变,因此使用的米糠一定要新鲜并进行合理搭配。另外还要提防在米糠中掺杂稻壳细粉(砻糠),这将大大降低米糠的使用价值。如将米糠榨油后饲喂效果会更好。米糠是稻谷碾出大米后余下的部分,包括细米糠和谷壳,其中谷壳(砻糠)占 60% ~70%,营养价值大大低于细米糠,可作粗饲料。

其他还有大麦、高粱、燕麦等也是重要的能量饲料。

（三）块根、块茎类饲料　这类饲料包括胡萝卜、甘薯、马铃薯、瓜类等。它们的风干物无氮浸出物多，容易消化，可消化能量高，粗纤维含量少，蛋白质含量一般很低，比籽实类饲料还低，一般为3%～5%。含维生素较多，特别是胡萝卜，含胡萝卜素较高。含钙、磷少。它们的风干物是一类较好的高能量饲料。

1.甘薯（红苕）　产量高，含无氮浸出物高，干物质能量高。每千克风干物的可消化能为13.9兆焦，蛋白质含量低，仅3%～4%，粗纤维2.7%。红苕是一种较好的肥育饲料。成都力源农牧科研所引进培育的"力源一号"甘薯藤蔓生长十分旺盛，在水肥充沛土壤中可亩产薯藤3 000千克，产鲜薯2 000千克，亩产消化能达到15 400兆焦，亩产蛋白质94千克，分别是同面积玉米的3倍和1.7倍，是理想的高能高蛋白作物，是优良能源作物和饲料作物。

表5-12　　　　　高能甘薯与大春作物比较表

有效单产	力源甘薯	普通甘薯 （四川省均产）	普通玉米 （四川省均产）	水稻 （四川省均产）
亩产（风干物） （千克）薯干、籽粒	800	415	297	481
亩产鲜薯藤 或干秸秆（千克）	2800	1700	350（干物）	300（干物）
合计亩产 消化能（兆焦）	15400	7673	5056	6795
合计亩产蛋白质 （千克）	94	54	53	52

2.马铃薯（洋芋）　马铃薯属于块茎，干物质中以淀粉为主，易于消化吸收，是一种高能量饲料。蛋白质中含赖氨酸较谷实类多，缺少蛋氨酸、钙、磷等。

3.南瓜　南瓜富含淀粉和糖，还有丰富的胡萝卜素，单位面积产量高，是优质猪用饲料。

四、蛋白质饲料

干物质中粗蛋白质含量在 20% 以上的饲料称为蛋白质饲料。蛋白质饲料包括三类:植物性蛋白质饲料、动物性蛋白质饲料和工业蛋白质饲料(单细胞蛋白质饲料)。

(一)植物性蛋白质饲料 植物性蛋白质饲料包括各种豆类、油饼、加工副产物等。

1. 豆类 黄豆、胡豆、豌豆等含蛋白质 20% ~ 40%,消化能量较高,特别是黄豆,含脂肪多,消化能超过了玉米,粗蛋白质含量达到 35% 以上,是很好的蛋白质补充饲料。

豆类蛋白质含赖氨酸较多,但蛋氨酸之类的含氨基酸不足。在使用时要注意平衡这两种限制氨基酸。豆类还含有一些抗胰蛋白酶、皂素、尿酶、血球凝集素等不良物质,影响适口性、消化性,生黄豆直接饲喂不仅消化吸收差,甚至造成拉稀影响生长,因此豆类最好加热(110℃,3 分钟)处理后使用,正确加热的大豆消化率为 100%,加热过度只有 91%,加热不足的消化率为 75%,不加热仅有 40%。

2. 饼粕类 油饼类是油类籽实经机械或土法压榨油后的残余部分。用浸出法提取油后的残渣称粕,用压榨法生产的称饼。饼粕类包括豆饼、棉籽饼、菜子饼、芝麻饼、花生饼、葵籽饼及其粕类。各种饼粕含蛋白质丰富,数量大,是重要的蛋白质资源。

饼粕类的营养特点是可消化蛋白质含量高,可达 31% ~ 40%,必需氨基酸含量差异大,去壳后压榨的油饼粗纤维含量 6% ~ 8%,带壳的如葵籽饼、棉籽饼等粗纤维含量高达 20% 以上。饼类含 B 族维生素丰富。所含矿物质中磷比钙高。部分饼粕有一定毒性,使用时要注意

(1)菜子饼 我国年产菜子饼(粕)约 500 万吨,菜子饼蛋白含量也很丰富。过去有相当部分没有充分利用作饲料而直接下田作了肥料,这是一种很大的饲料浪费。菜子饼含粗蛋白质 32% ~ 38%,可消化蛋白质为 27.8%,含消化能每千克 12 兆焦左右,尼克酸、胆碱含量丰富,是我国十分重要的一种蛋白质饲料资源。

菜子饼内含有毒素—芥籽素,在芥籽酶的作用下分解为异硫氰酸盐和恶唑烷硫酮等有毒物质,过量饲喂适口性差,对畜禽消化器官有一定刺激作用,能引起下痢及肠道、肾脏、尿道炎症,对甲状腺、肾上腺、肝脏等器官也有一定损害。我省油菜大多属于甘蓝型,含毒中等,经高温压榨后的渣称菜子饼,菜子饼内残存约5%左右的菜油,经浸提后的渣称为菜子粕,菜子粕含毒素比菜子饼低,控制在一定比例下使用可不去毒处理。但在小油厂用95型等小机型压制的片饼,其含毒量大,适口性差,最好经脱毒处理后再使用。菜子饼一般在猪的配合饲料中使用量最好不超过10%。繁殖母猪配合饲料中不宜超过8%。

(2)棉子饼　棉子饼是仅次于菜子饼的另一蛋白质饲料资源,每年约产650万吨,其粗蛋白质含量仅次于豆饼。去壳后的棉子饼粗蛋白质含量41.6%,每千克消化能12.54兆焦左右。蛋白质中赖氨酸含量偏低,蛋氨酸含量较高。过去棉籽饼也有很大部分下田作了肥料,造成很大浪费。棉籽饼中含有游离棉酚,对畜禽有害,可危害血管及神经细胞,对繁殖也有一定影响。使用机器压榨的棉子饼时,猪饲料中用量在15%以下,蛋鸡饲料中在5%以下为宜。在牛、羊饲料中可以适当增加一定比例。

棉子饼去毒的方法很多,如用清水泡、1%～2%的碱水泡、煮沸、添加硫酸亚铁等,简单、方便。其中添加硫酸亚铁的方法效果更好,即用浓度为2%～2.5%的硫酸亚铁水溶液浸泡棉子饼,24小时后就可取用。

(3)豆饼　豆饼是黄豆榨油后的残渣,粗蛋白质含量可达44.5%,赖氨酸含量达2.5%～3%,蛋氨酸含量达0.5%～0.7%,消化能13.51兆焦比玉米稍低,是一种理想的蛋白质饲料。豆饼经浸提后称豆粕,目前在饲料加工中用量最大的是豆粕,豆粕的品质主要看加工过程中的加热程度,如加热不足大豆粕过生,则有如上述生黄豆的副作用,如加热过度,则破坏赖氨酸,降低消化率。一般用尿素酶来测定其生熟度,尿酶活性在pH值0.05～0.2之间为正常,超过 0.2 则偏生,低于 0.02 则过熟。豆饼(粕)是目前猪料中最常用的蛋白饲料。

此外还有花生饼,含蛋白质高,适口性好,无毒性,但容易发生霉变感染黄曲霉毒素,这是一种致癌物质,使用时要注意。其他如芝麻饼、葵籽饼也是较好的蛋白质饲料,无毒性。

3. 加工副产物 这类副产物种类很多,主要有豆制品加工副产物、酿造副产物等。

豆制品加工副产物干豆渣含蛋白质 25% 左右,是仔猪、乳牛的优良饲料。酒糟的营养价值与原料密切相关,由于大量的可溶性碳水化合物被提取,余下的粗蛋白质、粗纤维、粗脂肪、粗灰分等含量相对提高,干物质中粗蛋白质含量可达 20% ~ 30% ,如玉米酒糟达到 29.6% ,大麦酒糟 31.9% ,高粱酒糟 42.6% ,醋糟 12% ~ 24% ,豆粉渣(豌豆粉)19% ,酱糟 22% ~ 30% ,但无氮浸出物较少,粗纤维含量较高,能量偏低。

(二)动物性蛋白质饲料

1. 动物性蛋白质饲料的营养特点 这类饲料含粗蛋白质高,必需氨基酸齐全,畜禽消化利用率高,动物蛋白质饲料含有较多的钙、磷及其他矿物质元素,比例适当。含维生素 A、维生素 D 和维生素 B_{12} ,有利于畜禽生长发育。我省动物蛋白质饲料中除缺鱼粉外,其他资源较丰富。

2. 几种主要的动物蛋白质饲料

(1)鱼粉 鱼粉是用全鱼或下脚料经蒸煮,压榨干燥后的粉状物,进口鱼粉含蛋白质 62% ,国产鱼粉 50% 左右,鱼粉消化率高(90%),蛋白质的氨基酸比较平衡,是养猪的优质饲料,能促进生长对种畜能提高精液品质。但也要注意组织胺的含量,其脂肪多贮存时过长容易氧化,另外鱼粉掺假现象严重,如羽毛粉、皮革粉、尿素、棉子饼、钙粉等掺入。

(2)蚕蛹 四川省是全国著名的蚕桑之乡,蚕蛹产量较多。蚕蛹含粗蛋白质 50% 以上,其中各种氨基酸较齐全,营养价值高。

蚕蛹含脂肪高,能量高,但容易腐败变质,产生恶臭,对乳、肉品质有一定影响。

(3)血粉 血粉是猪、牛、羊屠宰时的血干制而成。含粗蛋白质高达80%,赖氨酸含量特别丰富,含维生素 B_2 和维生素 B_{12} 也多,但缺乏维生素 A、维生素 D。血粉用量一般不超过3% ~5%,过量后会出现消化吸收不好甚至拉稀等。我省年屠宰猪几千万头,除少部分猪血人吃和少量的血粉加工外,大部分丢弃,没有得到有效利用。

(4)蛋白胨 动物骨或皮(包括制革业的下脚料)经高压蒸煮将骨髓或皮蛋白水解为水溶性的蛋白胨和部分氨基酸,再经浓缩后干燥为蛋黄色的粉状物,也有称为水解蛋白粉。该品含粗蛋白75% ~90%,水分4% ~6%,黏性好,易消化,在饲料中添加2% ~4%制粒后成型好,不易粉化。不足是赖氨酸及蛋氨酸含量比例偏低。

此外,屠宰场生产的下脚料,经高温高压后除去脂肪,剩下的骨和肉经干燥粉碎后骨肉粉。骨肉粉含蛋白质40% ~60%,矿物质10% ~25%,是一种很好的蛋白质补充饲料。还有水解羽毛粉,水解猪鬃粉,人工养殖蚯蚓、蝇蛆等都是较好的动物蛋白质饲料。

(三)单细胞蛋白质饲料 单细胞蛋白质饲料是用工业方法生产的一类蛋白质饲料。包括饲料酵母、石油酵母以及一些藻类。

1. 饲料酵母 饲料酵母是利用酸性造纸废水、粮食酿废水、制药厂的黄浆水等为原料培养的各类酵母菌如白地霉等。

2. 石油酵母 石油酵母是以柴油、正烷烃、甲醇、天然气等为原料培育的酵母菌。

3. 藻类 包括小球藻、蓝藻、螺旋藻等。

这些单细胞蛋白质饲料含粗蛋白质和消化能都高,氨基酸平衡,蛋白质生物学价值较高,是十分有前途的工业蛋白质饲料。饲料酵母有一定苦味,适口性较差,生产成本高,一般在配合饲料中用量不超过 10%。

五、矿物质饲料

用于补充畜禽常量矿物质营养的饲料叫矿物质饲料。在一般植物性饲料中缺乏氯、钠元素,钙、磷也不平衡,这就需要用各类矿物质饲料来补充平衡。

（一）常用的含钙矿物质饲料

1. 碳酸钙　碳酸钙是化工产品,又称为轻质碳酸钙或沉淀碳酸钙,含钙 40% 左右。

2. 石灰石　粉碎后可作饲料,也叫重质碳酸钙,一般含钙 38%,适口性差,用量不宜过大。

3. 蛋壳粉　蛋壳粉是蛋壳经高温消毒后磨成的粉,含钙 37% 左右。

4. 贝壳粉　贝壳经消毒、干燥、磨碎而成贝壳粉,含钙 38% 左右,适口性较好。

（二）常用钙、磷矿物质饲料

1. 骨粉　牛、猪骨经脱脂、脱酸、烘干、粉碎而成。农家也可把人吃剩下的各种骨头砸碎后喂猪、鸡。工业上生产的骨粉一般含钙 30%,含磷 13%。

2. 磷酸氢钙　是由磷矿石加盐酸生产的,含钙 23%,含磷 18%。畜禽对磷酸氢钙中的磷和钙吸收利用较好。

3. 脱氟磷矿石　一般磷矿石含氟 3.29% ~4%,这种剂量的氟对畜禽是有害的。采用化学方法处理把含氟降到 2% 以下后,即可作饲料使用。脱氟磷矿石一般含钙 30% ~34%,含磷 18%,含钠 5%。

此外用于钙、磷补充饲料的还有饲用过磷酸钙、硅藻钠土等。

（三）食盐　食盐是畜禽钠和氯的主要来源,一般含钠 39.3%,含氯 60.7%,有调味、增进食欲的作用。猪一般用量 0.5%,鸡用量 0.4% 左右。

六、添加剂

添加剂是全价配合饲料的核心成分,添加剂用量虽小,作用却很大。用作添加剂的原料种类,按其作用有下面几类:

(一)营养物质添加剂 这类添加剂是弥补基础日粮中的氨基酸、维生素、微量矿物元素不足的部分。

1. 维生素添加剂 目前用作添加剂的有维生素 A、维生素 D、维生素 E、维生素 K_3 和维生素 B_1、维生素 B_2、维生素 B_6、维生素 B_{12}、氯化胆碱、烟酸、泛酸钙、叶酸、生物素等。

2. 微量元素添加剂 目前生产上使用的各种微量元素都属化工产品或化学试剂,使用量因猪的品种、年龄不同而不同,具体用量后面将详细介绍。

3. 氨基酸添加剂 目前用于补充配合饲料中限制性氨基酸的不足部分的氨基酸有蛋氨酸和赖氨酸及苏氨酸、缬氨酸。在猪饲料中容易缺乏的是赖氨酸,添加 0.1% ~0.3% 的赖氨酸其经济效果十分明显。具体添加数量应按基础日粮中赖氨酸的不足部分计算。近来苏氨酸作为新型氨基酸添加剂加以使用也有一定作用。

4. 营养性添加剂发展方向

(1)在猪饲料中普遍使用多种维生素制剂。

(2)在使用赖氨酸、蛋氨基酸基础上开始使用苏氨酸、色氨酸、缬氨酸等。

(3)微量元素从无机盐到有机微量元素,现大量推广第三代螯合物,如氨基酸铁、铜、锰、锌,蛋氨酸硒,烟酸铬,蛋氨酸铬等。

(二)生长促进添加剂 能促进猪生长和提高饲料利用率的一类添加剂,目前有的单位也正积极研究一些中草药添加剂,如成都力源农牧科研所十多年来研制了一系列的复方中药添加剂,其中肥猪宝,就有明显促进生长节约饲料的作用。中药添加剂不含抗生素和人体有害物质,对增进食欲、帮助消化、促进生长、均有明显作用是值得发展的添加剂。

1. 有机铬 强化胰岛素功能促进糖代谢和蛋白质代谢,从而提高繁殖率和抗应激能力,达到提高饲料利用促进生长作用。

(1)主要机理:有机铬离子是 GTF 的重要成分,是胰岛素增强剂,促进醣的吸收和利用,促进胆固醇合成与清除,降低脂肪沉积,提高氨基酸利用率,促进瘦肉增加,降低血清皮质醇含量有效抵制应激。

(2)作用 增大眼肌面积,降低背膘,提高瘦肉率;提高免疫能力和抗应激能力,提高耐运输能力,降低饲料消耗,加快生长;提高繁殖率和仔猪存活率;无副作用,无残留是绿色饲料添加剂。

2.有机复合酸化剂 有机复合酸化剂是由乳酸、甲酸、富马酸、柠檬酸等多种有机酸和磷酸等组成的复合酸化剂。

(1)机理 降低饲料 pH 值和酸结合力(BC),激活提高消化酶改善消化环境。保持肠道微生态平衡,抑制大肠杆菌(pH 值 6~8)、链球菌(pH 值 6~7.5)、葡萄球菌(pH 值 6.8~7.5),促进乳酸杆菌活力。

(2)作用 直接参与代谢如柠檬酸、乳酸等,并与铜铁锌钙镁等元素络合提高饲料利用率;增强动物免疫功能,提高抗应激能力;酸化剂+抗生素+铜效果有增强作用。

3.中草药添加剂 中草药中的多糖、有机酸、生物碱、甙类及挥发油等有促进生长提高免疫功能等多种作用,是发展绿色食品的具有广阔前景的添加剂。

4.微生态制剂,益生素微生态制剂 又称为微生态调节剂,是一类根据微生态学原理制成的含有大量对动植物正常有益的活菌制剂及其产物,可调节动植物微生态平衡,提高健康水平。目前微生态制剂主要由生物工程和微生态工程制备,能通过动物胃酸、胆液、胰液、肠液等屏障而存活,最后在消化道定植并繁殖,对动物机体产生某种生理生态作用。常用的菌种有干酪乳杆菌、植物乳杆菌、粪链球菌、乳酸片球菌、枯草芽孢杆菌、乳链球菌、啤酒酵母菌、产朊假酵母等多种,有益菌复合的微生态制剂,促进肠道健康,防止仔猪拉稀,减少应激有奇特作用。

5. 酶制剂:蛋白酶,淀粉酶,酵母等。

6. 天然矿物添加剂 如沸石、膨润土、麦饭石等。

其他如小肽、半胱氨酸、异黄酮等新型添加剂也在试验推广。

(三)饲料品质改善剂 抗氧化剂如乙氧基喹啉(EMQ),二丁基羟基甲苯(BHT);防霉剂如丙酸钙,黏结剂如次粉、蛋白胨、褐藻酸钠、膨润土等;防结块剂如沸石粉、白炭黑等。

(四)调味着色剂 香味剂,甜味剂,味精,辣椒,加丽红,金盏花粉等。

其他添加剂种类很多,但使用时一定要按国家饲料法规中规定的种类使用,不能用违禁添加剂。

表 5 – 13 农业部允许使用的饲料添加剂品种目录

类别	饲料添加剂名称
饲料级氨基酸7种	L 赖氨酸盐酸盐,DL 蛋氨酸,DL 羟基蛋氨酸,DL 羟基蛋氨酸钙,N 羟甲基蛋氨酸,L 色氨酸,L 苏氨酸
饲料级 维生素26种	β – 胡萝卜素,维生素 A,维生素 A 乙酸脂,维生素 A 棕榈酸脂,维生素 D_3,维生素 E,维生素 E 乙酸脂,维生素 K_3(亚硫酸氢钠甲萘醌),二甲基嘧啶醇亚硫酸甲萘醌,维生素 B_1(盐酸硫酸),维生素 B_1(硝酸硫胺),维生素 B_2(核黄素),维生素 B_6,烟酸,烟酰胺,D 泛酸钙,DL 泛酸钙,叶酸,维生素 B_{12}(氰钴胺),维生素 C(L 抗坏血酸),L 抗坏血酸钙,L 抗坏血酸 – 2 – 磷酸酯,D 生物素,氯化胆碱,L 肉碱盐酸盐,肌醇
饲料级矿物质、 微量元素43种	硫酸钠,氯化钠,磷酸二氢钠,磷酸氢二钠,磷酸二氢钾,磷酸氢二钾,硫酸钙,氯化钙,磷酸氢钙,磷酸二氢钙,磷酸三钙,乳酸钙,七水硫酸镁,一水硫酸镁,氧化镁,氯化镁,甘氨酸铁,蛋氨酸铁,五水硫酸铜,一水硫酸铜,蛋氨酸铜,七水硫酸锌,锌,无水硫酸锌,氧化锌,蛋氨酸锌,一水硫酸锰,氯化锰,碘化钾,碘化钙,六水氯化钴,一水氯化钴,亚硒酸钠,酵母铁,酵母锰,酵母硒

类别	饲料添加剂名称
饲料级 酶制剂 12 类	蛋白酶(黑曲霉,枯草芽孢杆菌),淀粉酶(地衣芽孢杆菌,黑曲霉),支链淀粉酶(嗜酸乳杆菌),果胶酶(黑曲霉),脂肪酶,纤维素酶(reesei 木霉),麦芽糖酶(枯草芽孢杆菌),木聚糖酶(insolens 腐质霉),β聚葡糖酶(枯草芽孢杆菌,黑曲),甘露聚糖酶(缓慢芽孢杆菌),植酸酶(黑曲霉,米曲霉),葡萄糖氧化酶(青霉)
饲料级微生物 添加剂 12 种	干酪乳杆菌,植物乳杆菌,粪链球菌,尿链球菌,乳酸片球菌,枯草芽孢杆菌,纳豆芽孢杆菌,嗜酸乳杆菌,乳链球菌,啤酒酵母菌,产朊假酵母,沼泽红单胞菌
饲料级 非蛋白氮 9 种	尿素,硫酸铵,液氨,磷酸氢二铵,磷酸二氢铵,缩二脲,异丁叉二脲,磷酸脲,羟甲基脲
抗氧剂 4 种	乙氧基喹啉,二丁基羟基甲苯(BHT),丁基羟基茴香醚(BHA),没食子酸丙酯
防腐剂、电解质 平衡剂 25 种	甲酸,甲酸钙,甲酸铵,乙酸,双乙酸钠,丙酸,丙酸钙,丙酸钠,丙酸铵,丁酸,乳酸,苯甲酸,苯甲酸钠,山梨酸,山梨酸钠,山梨酸钾,富马酸,柠檬酸,酒石酸,苹果酸,磷酸,氢氧化钠,氯化钾,氢氧化铵
着色剂 6 种	β–阿朴–8′–胡萝卜素醛,辣椒红,β–阿朴–8′–胡萝卜素酸乙酯,虾青素,β,β–胡萝卜–4,4–二酮(斑蝥黄),叶黄素(万寿菊花提取物)
调味剂、 香料 6 种(类)	糖精钠,谷氨酸钠,5′–肌苷酸二钠,5′–鸟苷酸二钠,血根碱,食品用香料均可作饲料添加剂
黏结剂、抗结块剂 和稳定剂 13 种(类)	α–淀粉,海藻酸钠,羧甲基纤维素钠,丙二醇,二氧化硅,硅酸钙,三氧化二铝,蔗糖脂肪酸脂,山梨醇酐脂肪酸酯,甘油脂肪酸酯,硬脂酸钙,聚氧乙烯 20 山梨醇酐单油酸酯,聚丙烯酸树脂Ⅱ

类别	饲料添加剂名称
其他 10 种	糖萜素,甘露低聚糖,肠膜蛋白素,果寡糖,乙酰氧肟酸,天然类固醇萨洒皂角苷(YUCCA),大蒜素,甜菜碱,聚乙烯聚吡咯烷酮(PVPP),葡萄糖山梨醇

饲料添加剂的合理科学地使用是动物营养科学发展的必然结果,是促进畜牧业发展的重要保证。对在饲料中使用违禁抗生素及兴奋剂、镇定剂等都将严重影响猪肉品质,危及人的健康,饲料生产者和饲养者都应遵守有关规定,生产出绿色猪肉,才有可能参与市场竞争。

(三)驱虫保健剂及其他添加剂　在配合饲料中还有可以添加一些预防疾病、驱虫的药物等。在配合饲料贮存过程中,为了防止油脂及脂溶性维生素氧化,还可加入一些抗氧化剂如三道喹等。为了防止饲料腐烂还可以加入丙酸钠等。使用药物时一定按农业部有关规定添加。

第三节　饲料配合技术

一、配合饲料

(一)什么叫配合饲料　凡是能用来饲喂畜禽,对畜禽有一定营养作用的物质叫饲料。根据畜禽营养需要和各种饲料的营养成分,将多种饲料原料按科学配方均匀混合后的产品叫配合饲料。配合饲料是将各种饲料原料进行精密称量、高效粉碎、充分搅拌混合而成的一类饲料。它能满足不同种类,不同生产目的,不同生产水平,不同发育阶段的各类畜禽的营养需要,能最大限度地发挥畜禽生产力,提高饲料报酬,降低生产成本,使饲养者取得最佳经济效益。

(二)使用配合饲料的好处

1. 配合饲料是按畜禽营养需要配制的,能够满足畜禽在生长发育、生产过程中的能量、蛋白质、矿物质等各种营养物质的需要。在这种最佳营养条件下,畜禽长得快发育好,把饲料转变为畜产品的能力大大提高。另一方面使用配合饲料避免了使用单一饲料时由于营养物质之间的不平衡而造成的饲料浪费。比如玉米是高能量饲料,但蛋白质和钙、磷含量较低,单独喂玉米就会造成蛋白质不足,生长缓慢,能量浪费等。菜子饼是一种蛋白质饲料,但含能量偏低,并含有一定毒素,如只喂菜子饼不但蛋白质造成浪费,而且对畜禽不利。骨粉是一种理想的钙、磷矿物质饲料,但不含能量和蛋白质,单独饲喂就不能维持畜禽的生命。要是把玉米、菜子饼、骨粉三种饲料按一定比例混合后再来饲喂,它们的营养成分互相取长补短,达到营养的相对平衡,营养价值和饲喂效果就会远远超过其中任何一种。不同蛋白质饲料之间,所含的氨基酸种类不一样,同时使用几种蛋白质饲料也能达到氨基酸互补作用而提高蛋白质的利用价值,这样就能提高饲料效率、节约饲料。

2. 在配合饲料中使用各类添加剂,是饲料科学化的重要标志。添加剂用量虽然很小,但作用很大。添加剂的使用弥补了传统饲料中维生素、矿物质、氨基酸的不足,提高了饲料利用率。如在含粗蛋白12%的猪日粮中添加0.15%的赖氨酸,其效果与蛋白质为18%的日粮效果一样。每用1吨赖氨酸,就可以节约上100吨饲料。还有其他添加剂的使用,能促进生长发育,预防疾病,对改进畜产品品质起到良好作用。

3. 配合饲料用工业化生产,能把万分之几的微量元素均匀混合,能按时按量供应,消除了传统饲料的季节性,使畜禽均衡生产。配合饲料便于贮藏、运输,直接饲喂,不再蒸煮,使用方便,省燃料、省劳力,很适合专业户及规模养殖场使用,是现代畜牧业发展的必备条件。

4. 能充分利用各种饲料资源。畜牧业在农业中存在的合理性和必要性是把大量人类不能利用的光合作用副产物和其他食品加工下脚料通过配合饲料转化为能被人类利用的畜产品,同时为种植业提供大量优质肥料。配合饲料的这一优势,为保障国内30年来不断增长的肉蛋奶鱼需求作出了不可替代的历史性贡献,还将是解决我国21世纪国民营养源的重要保证之一。

我国粮食总产量约5亿吨,进口粮食不到2 000万吨,除去口粮、种子粮、工业用粮约3.2亿吨,饲料用粮最多也只有2亿吨,牧草不到1 000万吨,但却生产出6 000万吨肉类,2 200万吨蛋类,4200万吨水产品,粮肉比约为1.61。美国1999年生产3700万吨肉类,490万吨蛋类,550万吨水产品,耗粮也是2亿多吨。还耗3亿吨优质牧草,粮肉比在4.2左右。为什么我们能用很少的粮食生产出如此多的畜产品?这是因为我国养殖场分散,采用了大量非常规饲料和配合饲料的使用,再加上品种的改良和动物保健科学的发展及政策引导,中国畜牧业才有今天的辉煌。

二、猪用配合饲料配方设计

前面介绍了饲料营养原理和生产配合饲料的原料,在这部分里将重点讨论各类配合饲料及其配方制定。

(一)配合饲料的种类 配合饲料的种类很多,可以按照营养成分不同,饲喂对象不同,饲料的形态不同来进行分类。

1. 按营养成分可分为下面几类:

(1)添加剂预混料 将各种不同功能的添加剂如营养添加剂(包括氨基酸、矿物质、维生素等)、保健助长添加剂、驱虫保健剂、中草药添加剂等进行预混合,然后加入到配合饲料中。它是配合饲料中用量很少、作用却很大的一类特殊功能的不可缺少的成分。用量一般在0.5%~4%,目前中大型猪场为降低成本、保证饲料质量采用自配料,一般都选用这类添加剂预混料。

(2)蛋白质浓缩料 它也称为平衡用混合料,是由蛋白质饲料、矿物质饲料、添加剂预混料按一定比例混合后的饲料,因此不能直接饲喂,而要按说明加入粮食、糠麸之类饲料后才能饲喂。养殖户用自己的青饲料和部分粮食糠麸加上蛋白质浓缩料混合后喂猪是降低饲养成本的最好途径,值得大力推广应用。

（3）全价饲料　能满足畜禽所需要的全部营养的配合饲料叫全价饲料。这种能直接用来饲喂畜禽的配合饲料又可称为饲粮。全价饲料由能量饲料、蛋白质饲料、矿物质饲料和维生素氨基酸等组成，适用于猪和各种动物等。

2. 按饲养对象又可分为下面几种：

（1）猪用配合饲料　包括仔猪，肥育猪前期、中期、后期，怀孕母猪，种公猪等用配合饲料。

（2）其他畜禽饲料。

3. 按配合饲料形态可分为以下几种：

（1）粉料　粉料是目前大多数饲喂采用的形式，细度一般在2.5毫米以下。粉料生产工艺简单，耗电少，加工成本低，适用于农村搭配青粗饲料的饲喂方法。

（2）颗粒料　颗粒料是用全价粉状饲料加蒸气或水用高压压制而成，其优点是避免畜禽择食，保证采食的全价性，在贮运过程中能保证均匀性，同时增加了密度和空透性。在制粒过程中的加温有一定的杀菌作用，有利于贮藏运输，减少霉变发生，是一种理想的配合饲料。但加工耗电多，成本较高。有的农户将颗粒料粉碎或用水泡开后再喂猪，这就失去了颗粒饲料意义。

（3）碎粒料　把颗粒料破碎成 2～4 毫米的碎粒饲料。这种饲料具有颗粒饲料的优点，可直接饲喂乳猪等。生产这类饲料要求工艺较复杂，所需机械设备较多。

（二）配合饲料配方的制定方法

1. 制定配方的依据　组成配合饲料的各种原料的比例叫配合饲料配方。制定配方的主要依据是饲养标准。饲养标准就是按畜禽的不同种类、性别、年龄、体重、生产目的和生产水平，根据严密的饲养试验和长期生产实践中积累的经验，科学地规定一头家畜或一只家禽每天应给予的各种营养物质的数量，这种规定的标准称为饲养标准。一个完整的标准还包括饲料营养成分表。饲养标准是科学饲养的主要依据。按饲养标准饲喂畜禽可以避免盲目性,提高饲料利用率,节约饲料。同时饲养标准也是制定饲料生产计划和供应计划的重要依据。饲养标准由国家科学管理机构正式发布。随着科学的发展,饲养标准也在不断补充,修订,完善,使其科学性不断提高。

2. 制定配方的原则

(1)根据不同畜禽、不同发育阶段和生产目的选用适宜的饲养标准。因条件限制不能达到饲养标准上规定的所有营养指标时,也必须满足能量、粗蛋白、钙、磷、食盐、蛋白能量比或能量蛋白比等指标。对三种限制氨基酸(蛋氨酸、赖氨酸、色氨酸)也应尽量满足。

(2)选用原料时,应立足当地饲养资源,因地制宜,尽量选用营养成分高、含粮低、价格低、来源有保证的饲料原料。

(3)注意适口性,有些饲料有异味,适口性差,畜禽不爱吃,也不能保证营养水平。此外还要注意有一定体积,即在单位重量时,其体积不能过大过小。体积过大,畜禽吃不下,体积过小畜禽又缺乏饱感。按100千克体重计算,猪每日需要的干物质大致2.5~4.5千克。

(4)要求饲料多样化。为了发挥各种饲料原料之间的营养互补作用,在可能的情况下多采用几种饲料。猪的配合饲料最好是6种以上原料组成。

(5)保证饲料安全卫生。这是目前倡导生产绿色猪肉的前提和保证。选用的原料要质良好,没有生霉变质,不含违规药品,没有受到农药及环境物质所污染。

3. 制定配方的方法步骤　目前大型饲料厂和饲养场已普遍采用电子计算机进行配方设计,如成都力源农牧科研所研制的饲料配方软件已广泛的推广应用,因该软件包含了数百种饲料营养成分和几十种畜禽的饲养标准,只要具备中学文化程度能简单使用电脑,一般1~3小时就能进行饲料配方设计。其他方法有解方程法、四方形法、试差法、电子计算器法、线性规划法,最简单学的还是试差法和电子计算器法。

用试差法制定配方的步骤：

（1）查出饲喂对象的饲养标准。

（2）选出可能使用的饲料原料，并查出营养成分和单价。

（3）初步确定各种原料的大致比例。

（4）按大致比例进行试算。

（5）反复调整比例，直到计算结果与饲养标准相近。

（三）猪用配合饲料的配方制定

1. 猪用饲料配方制定实例　用试差法为体重 20～60 千克肉猪制定初级配合饲料配方。

（1）查出体重为 20～60 千克瘦肉型猪的饲养标准。　每天采食量 1.69 千克饲粮，要求每千克饲粮含消化能 12.97 兆焦，粗蛋白 16%，赖氨酸 0.75%，蛋氨酸加胱氨酸 0.38%，钙 0.6%，磷 0.5%，食盐 0.23%。

（2）确定使用的饲料种类，并查出饲料营养成分和价格。

（3）草拟出配方进行试算。一般猪的饲粮中能量饲料占 65%～85%，蛋白质饲料占 15%～30%，矿物质饲料占 1%～3%。也可参考相同类型的饲料方法进行适当调整，或用本地饲料替换其中营养成分相近的饲料，然后把这个初步草拟的配方比例乘上相应的含量，再把各自相加的和与饲养标准进行比较，能量过低就提高籽实类饲料的比例，蛋白质过低就提高蛋白质饲料的比例，钙、磷过低可提高矿物质饲料比例，反之亦然。这样经过反复多次调整运算基本上接近饲养标准为止。具体办法可参考"配方计算示例"表。

通过计算示例表计算出 20～60 千克肥育猪饲料配方为：玉米 60%，麦麸 6.8%，洗米糠 10%，菜子粕 8%，豆粕 12%，磷酸氢钙 1.8%，赖氨酸 0.1%，食盐 0.3%，复合微量元素维生素 0.1%。这个配方的饲料每千克含消化能 12.96 兆焦，粗蛋白 16.17%，钙 0.568%，有效磷 0.457%，赖氨酸 0.754%，蛋氨酸加胱氨酸

0.56%，每吨饲料原料价 1278.9 元，上述数据配方基本上达到饲养标准要求。

（4）饲料配方的评定。评定一个饲料配方是否可用时，可先从下面几个方面评定：

①是否接近饲养标准规定的各项指标。一般认为误差范围最好是：能量 ±0.5%。上例中能量超过 0.01 兆焦蛋白超过 0.05%，钙略偏高一点，都接近饲养标准，误差很小。

②使用的原料是否能保证。

③配方价格是否适宜。

④是否符合卫生标准。

然后进行饲养试验，通过实践来验证配方适口性、体积、营养如何，通过试验证明能达到预期效果后，这个配方就可以固定下来使用。

（5）其他各个类型猪的饲料配方。小猪、肥猪、母猪、种猪的饲料配方都可以按上例方法进行计算。现列举一些各类猪的饲料配方，供实际使用时参考。在实际生产中，猪的生长情况、品种等不一样，环境条件和原料等不完全一致，不要生搬硬套，可结合实际情况进行修改。现举例几个猪料配方供参考：

下面介绍的猪饲料配方实例，因饲料来源不一样，计算结果可能有一定差异，参考时请注意。

表 5－14　　　　　　　　　生长猪配方计算示例表

饲料	种类	用量 (%)	消化能 (兆焦/千克)	粗蛋白 (%)	钙 (%)	有效磷 (%)	赖氨酸 (%)
能量饲料	玉米	60	0.6×14.27=8.562	0.6×8.7 =5.22	0.6×0.02 =0.012	0.6×0.12 =0.072	0.6×0.24 =0.144
	麦麸	6.8	0.068×9.37=0.637	0.068×15.7 =1.068	0.068×0.11 =0.0075	0.068×0.24 =0.0163	0.068×0.58 =0.0394
	洗米糠	10	0.1×12.64=1.264	0.1×12.8 =1.28	0.1×0.07 =0.007	0.1×0.1 =0.01	0.1×0.74 =0.074
蛋白饲料	菜子粕	8	0.08×10.59=0.847	0.08×38.6 =3.088	0.08×0.65 =0.052	0.08×0.42 =0.0336	0.08×1.3 =0.104
	豆粕	12	0.12×13.74=1.649	0.12×46 =5.52	0.12×0.32 =0.0384	0.12×0.31 =0.0372	0.12×2.45 =0.294

续表 5 - 14

饲料	种类	用量（%）	消化能（兆焦/千克）	粗蛋白（%）	钙（%）	有效磷（%）	赖氨酸（%）
添加剂	磷酸氢钙	1.8			0.016×23.2 $=0.3712$	0.016×18 $=0.288$	
	赖氨酸	0.1					0.001×98.5 $=0.0985$
	食盐	0.3					
	预混料	1			0.01×8 $=0.08$	0.01×4 $=0.04$	
合计		100	12.96	16.17	0.568	0.457	0.754
饲养标准			12.97	16	0.6	0.5	0.75

表 5 – 15　　　　代乳料配方实例表

饲料成分		1	2	3	4	5	6	7
玉米	(%)	36.94	36.18	47.4	45.18	31.60	38.93	32.33
豆饼	(%)	27.00	6.93	8.43	6.87	13.28	18.92	10.72
膨化大豆	(%)		10.40	7.37	9.62	11.07		12.37
炒小麦	(%)		12.91		21.18	11.88		12.61
脱脂奶粉	(%)	11.74		9.48		11.07	18.10	11.55
乳清粉	(%)	8.23	16.13	18.96	15.45	12.74	11.59	
鱼粉(CP60%)	(%)		4.85	5.79	5.50	3.32	5.76	5.77
喷雾鱼粉	(%)		2.77		3.23			1.65
饲料酵母	(%)		2.08		2.06			
蔗糖	(%)	12.95	4.83	1.01	2.17	0.37	3.23	0.04
油脂	(%)		1.10	0.23	1.72	0.34	0.79	0.01
碳酸钙	(%)	0.41	0.53	0.38	0.64	0.49	0.35	0.47
磷酸氢钙	(%)	1.44	0.65	0.35	0.99	0.54	0.14	0.27

续表 5-15

饲料成分		1	2	3	4	5	6	7
食盐	(%)	0.25	0.25	0.25	0.25	0.25	0.25	0.25
预混料①	(%)	0.30	0.30	0.30	0.30	0.30	0.30	0.30
复合多维④	(%)	0.03	0.03	0.03	0.03	0.03	0.03	0.03
赖氨酸	(%)	0.53	0.04	0.04		0.20		
蛋氨酸	(%)	0.17	0.01		0.01			0.03
生长促进剂②	(%)	0.01	0.01	0.01	0.01	0.01	0.01	0.01
营养指标								
消化能③	(MJ/Kg)	14.21	14.21	14.21	14.21	14.21	14.21	14.21
粗蛋白	(%)	20	20	20	20	20	20	
钙	(%)	0.8	0.8	0.8	0.8	0.8	0.8	0.8
磷	(%)	0.65	0.65	0.65	0.65	0.65	0.65	0.65
赖氨酸	(%)	1.58	1.20	1.30	1.20	1.30	1.58	1.46
蛋氨酸	(%)	0.45	0.30	0.32	0.30	0.33	0.40	0.40
色氨酸	(%)	0.25	0.23	0.23	0.23	0.26	0.28	0.29

表 5 - 16　　　　　　　　　仔猪饲料配方实例表

饲料成分		1	2	3	4	5	6
玉米	(%)	62.40	59.31	59.85	65.25	56.62	43.20
炒小麦	(%)						13.18
麦麸	(%)	6.54	10.23	10.97		6.84	
豆饼	(%)	16.21	24.27	19.57	9.35	16.13	11.68
膨化大豆	(%)	5.40			17.01		6.34
乳清粉	(%)				3.23	9.77	10.85
鱼粉（CP60%）	(%)	1.89	4.04	4.66	2.55	6.15	6.34
蚕蛹	(%)	1.35					
菜籽饼	(%)	2.16					3.50
饲料酵母	(%)						1.81
油脂	(%)	1.44		2.70		2.65	1.25
碳酸钙	(%)	0.58	0.65	0.59	0.45	0.46	0.51
磷酸氢钙	(%)	1.30	0.91	0.89	1.34	0.54	0.21
食盐	(%)	0.10	0.20	0.30	0.30	0.30	0.20

续表 5－16

饲料成分		1	2	3	4	5	6
预混料①	(%)	0.30	0.30	0.30	0.30	0.30	0.30
复合多维④	(%)	0.03	0.03	0.10	0.03	0.03	0.03
赖氨酸	(%)	0.08	0.02	0.02			
蛋氨酸	(%)	0.01	0.02	0.01	0.03		
生长促进剂②	(%)	0.01	0.01	0.01	0.01	0.01	0.01
碳酸氢钠	(%)	0.25				0.20	0.20
调味剂⑤	(%)	0.04	0.05		0.15		
营养指标							
消化能③	(MJ/Kg)	14.21	14.21	14.21	14.21	14.21	14.21
粗蛋白	(%)	18.00	18.00	18.00	18.00	18.00	18.00
钙	(%)	0.70	0.70	0.70	0.70	0.70	0.70
磷	(%)	0.60	0.60	0.50	0.50	0.50	0.65
赖氨酸	(%)	0.95	0.95	0.95	0.95	0.95	1.08
蛋氨酸	(%)	0.25	0.25	0.25	0.25	0.25	0.29
色氨酸	(%)	0.20	0.19	0.22	0.19	0.21	0.24

表 5 – 17

生长猪饲料配方实例表

饲料成分		1	2	3	4	5	6
玉米	(%)	61.58	31.48	36.01	56.45	58.50	57.65
大麦	(%)		41.87				
高粱	(%)			30.75			
小麦	(%)	7.17	8.37				
稻谷	(%)				11.27		
细米糠	(%)				12.40	9.74	7.43
麦麸	(%)	10.25		13.25		13.31	13.20
							73
豆饼	(%)	4.64	5.85	6.85	6.94	4.39	5.49
膨化大豆	(%)	5.41				4.83	4.94
棉子饼	(%)			5.71			3.28
鱼粉（CP60%）	(%)	3.09	3.30			2.63	
蚕蛹	(%)			4.77	4.63		
菜子饼	(%)	1.79	1.56		5.78	3.35	4.40
油脂	(%)						
碳酸钙	(%)	0.73	0.58	0.87	0.97	1.05	1.06

续表 5-17

饲料成分		1	2	3	4	5	6
磷酸氢钙	（%）	0.51	0.54	0.75	0.60	0.05	0.42
食盐	（%）	0.30	0.30	0.30	0.30	0.30	0.20
预混料①	（%）	0.30	0.30	0.30	0.30	0.30	0.30
复合多维④	（%）	0.03	0.03	0.03	0.03	0.03	0.03
赖氨酸	（%）	0.11	0.13	0.18	0.12	0.11	0.17
蛋氨酸	（%）	0.01	0.01	0.02			0.02
生长促进剂②	（%）	0.01	0.01	0.01	0.01	0.01	0.01
碳酸氢钠	（%）	0.20	0.20	0.20	0.20	0.20	0.20
营养指标							
消化能③	（MJ/Kg）	14.21	13.38	13.38	13.20 79	13.38	13.38
粗蛋白	（%）	15.00	15.00	15.00	15.00	15.00	15.00
钙	（%）	0.60	0.60	0.60	0.60	0.60	0.60
磷	（%）	0.50	0.50	0.50	0.50	0.50	0.50
赖氨酸	（%）	0.75	0.75	0.75	0.75	0.75	0.75
蛋氨酸	（%）	0.22	0.22	0.22	0.22	0.22	0.22
色氨酸	（%）	0.17	0.17	0.20	0.20	0.17	0.17

表 5 - 18　　　育肥猪饲料配方实例表

饲料成分		1	2	3	4	5	6
玉米	(%)	73.31	57.41	36.30	57.68	70.91	74.75
大麦	(%)		20.13				
高粱	(%)			40.35			
小麦	(%)				8.50		
统糠	(%)					7.40	
细米糠	(%)	5.02	4.02		9.71		5.11
麦麸	(%)	4.09		5.19	10.12	6.07	
豆饼	(%)			5.25			
膨化大豆	(%)	2.92	5.82				6.72
棉子饼	(%)	6.43	5.45	5.67			5.11
蚕蛹	(%)					3.03	
菜子饼	(%)	5.85	4.77	4.72	11.24	9.86	4.21
油脂	(%)						1.63
碳酸钙	(%)	0.53	0.43	0.53	0.67	0.75	0.39
磷酸氢钙	(%)	0.86	1.02	0.96	1.03	0.98	1.13

续表 5-18

饲料成分		1	2	3	4	5	6
食盐	(%)	0.30	0.30	0.30	0.30	0.30	0.30
预混料①	(%)	0.30	0.30	0.30	0.30	0.30	0.30
复合多维②	(%)	0.03	0.03	0.03	0.03	0.03	0.03
赖氨酸	(%)	0.16	0.12	0.19	0.21	0.17	0.12
蛋氨酸	(%)			0.01	0.01		
碳酸氢钠	(%)	0.20	0.20	0.20	0.20	0.20	0.20
营养指标							
消化能③	(MJ/Kg)	13.38	13.38	13.38	13.38	13.38	14.21
粗蛋白	(%)	13.00	13.00	13.00	13.00	13.00	13.00
钙	(%)	0.52	0.52	0.52	0.52	0.52	0.52
磷	(%)	0.50	0.50	0.50	0.50	0.50	0.50
赖氨酸	(%)	0.60	0.60	0.60	0.60	0.60	0.60
蛋氨酸	(%)	0.19	0.19	0.19	0.19	0.19	0.19
蛋氨酸+胱氨酸	(%)	0.61	0.53	0.50	0.67	0.68	0.53
色氨酸	(%)	0.13	0.13	0.13	0.13	0.13	0.13

表5-19

种猪配方实例表

饲料种类及营养水平	母猪饲料				公猪饲料		
	后备期		怀孕期	哺乳期	后备期		配种期
	20~50千克	50千克以上			20~50千克	50千克以上	
玉米	55.0	53.90	63.00	63.50	55.00	56.52	67.15
麦麸	12.00	12.60	15.00	16.00	10.47	13.30	12.00
细米糠	6.00	8.00	4.00	4.00	8.00	10.00	6.00
统糠	3.10	6.85	7.36	2.42	/	/	3.11
豆粕	15.00	11.50	7.10	8.00	16.00	12.90	7.65
菜子粕	5.00	4.00	/	2.50	7.00	4.00	/
骨粉	1.41	0.89	1.94	1.90	1.70	1.20	1.98
碳酸钙	0.12	0.30	0.10	0.15	0.20	0.015	0.10
赖氨酸	0.04	/	/	0.06	/	/	/
食盐	0.15	0.30	0.30	0.30	0.32	0.30	0.35

续表 5－19

饲料种类及营养水平	母猪饲料				公猪饲料		
	后备期		怀孕期	哺乳期	后备期		配种期
	20~50千克	50千克以上			20~50千克	50千克以上	
胆碱	0.18	0.16	0.15	0.12	0.13	0.13	0.16
维生素类预混料	0.50	0.50	0.05	0.05	0.50	0.50	0.50
微量元素预混料	1.00	1.00	1.00	1.00	1.00	1.00	1.00
营养水平：							
消化能(兆焦/千克)	12.94	12.66	12.99	13.11	13.14	13.30	13.20
粗蛋白	16.00	14.50	12.00	13.00	17.00	15.00	12.00
钙	0.65	0.55	0.75	0.75	0.70	0.60	0.75
有效磷	0.28	0.20	0.35	0.35	0.33	0.25	0.35
赖氨酸	0.80	0.68	0.45	0.60	0.85	0.72	0.50
有效赖氨酸	0.60	0.50	0.37	0.47	0.60	0.53	0.38

第六章　猪的饲养管理

猪具有性成熟早、多胎高产、繁殖力强;生长发育快、育肥期短;杂食、对粗纤维消化力差;群居性好、位次明显;对环境温度敏感,小猪怕冷、大猪怕热;嗅觉、听觉、味觉灵敏等生物学特性。根据这些特性,结合猪只不同生长、生产阶段的营养生理特点,针对性地采取有效的饲养管理措施,才能获得预期的效果。

第一节　饲养管理的一般原则

一、合理分群

公猪单圈喂养,不能与母猪同圈混养,以免造成种公猪配种能力降低。母猪在空怀期和怀孕后 2~3 个月可以每圈饲养 2~4 头,但在产前 1 个月和哺乳期要实行单圈喂养。生长育肥猪每圈可饲养 8~12 头。

同圈饲养的猪只要求体重大小基本相似,分娩日期相近,怀孕与空怀母猪不能关在一起,生长育肥猪不能随便撤群合群。

二、饲喂配合饲料

要根据猪只不同生长发育和生产阶段的营养需要配合和供给日粮,在饲料配合时,能量、蛋白质、维生素、矿物质等饲料要合理搭配,营养全面、充足,特别要控制日粮粗纤维的含量(仔猪 3%~4%、生长育肥猪 6%~8%、种猪 10%~12%),日粮适口性好,容易消化,使猪吃得下,吃得饱,不浪费。

目前,农村养猪在日粮配合和供给上普遍存在以下四个问题,必须引进高度重视,认真解决,才能发挥猪的生产潜力,提高养猪经济效益。

1. 力图省粮,饲养水平过低。一是加粗饲料,二是加水,这种料营养价值低,猪的消化利用率和生产效率低。

2. 母猪哺乳期饲养水平过低。只供给需要量的 1/3 或 1/2,

造成仔猪生长慢、育成率低，母猪掉膘太多，断奶后延长再配时间。

3. 哺乳仔猪早期补饲差。一般农户要在仔猪出生后 20 多天才开始喂料，主要使用玉米、小麦等，日粮饲料种类较单一，营养不全，还要煮熟稀喂，影响生长发育，窝重小。

4. 饲料配合不平衡。特别是蛋白质和维生素及矿物质饲料不能保证，因而浪费了大量饲料。

这里需着重指出的是，农村散户养猪主要用精饲料、青饲料和粗饲料搭配，当精饲料不足时多数用粗饲料来补充，这是错误的。缺乏精饲料需要弥补其不足的主要途径不是粗饲料，而是靠青饲料。这是由猪的营养生理特点决定的。首先猪是单胃动物，不能有效利用粗纤维。猪能有效地利用精饲料和较好地利用青饲料，而对粗纤维的利用能力很差，这是因为猪的胃既不能分泌消化粗纤维的酶，也没有能够产生粗纤维分解酶的共生微生物；猪的盲肠虽然存在有能分解粗纤维的共生微生物，但只有 20 多厘米长，很不发达，对利用粗纤维的能力也很有限，这是猪与草食动物的重大差别。牛、羊具有发达的瘤胃，马、驴、兔有发达的盲肠，都能通过共生微生物有效利用粗纤维。其次，猪对蛋白质品质要求高。由于猪是单胃动物，不能通过共生微生物合成菌体蛋白，所需的 10 种必需氨基酸，必须从饲料中供给才能满足需要，因而对饲料蛋白质的品质要求高，而牛、羊等草食家畜可以利用粗饲料（甚至尿素）合成高品质的菌体蛋白，因而对饲料蛋白质的品质要求不苛求。其三，猪不能自身满足维生素 B 族的需要。草食家畜可利用瘤胃微生物合成维生素 B 族，满足自身需要，但猪是单胃动物，自身满足能力有限，必须从饲料中摄取。

利用青饲料喂猪节省饲料，潜力最大的是母猪，母猪妊娠期可多喂优质的青饲料，临产前 1 个月增加精饲料补喂量。但是，生长育肥猪要按一定比例投喂，如果添加比例过大，会延长育肥期，也不省料。除青饲料外，补充精饲料不足，还有豆制品、淀粉、糟渣等农副加工产品，这些都是猪的好饲料。

三、饲料生喂

饲料生喂可大大降低饲料因蒸煮而造成的营养物质损失（如维生素），提高增重，避免亚硝酸盐和氰化物中毒；节省大量燃料和人工费；保持圈舍清洁卫生。除豆类（黄豆、豌豆等）、块根类（马铃薯、红薯）和可能有污染或有毒的饲料需要炒或煮熟喂外，一般饲料都宜生喂。归纳起来生喂有四种方法。

1. 生粥料　把配合饲料与青饲料按1:1~1:2的比例搭配，掺入3~4倍的水，拌匀，每天喂3~4次。不提倡用这种方法喂猪。

2. 生湿拌料　把配合饲料，加入适量的青饲料拌匀，再按1:0.8~1:1.5的比例加入水。每天喂3~4顿，另给充足饮水。这种方法适用于喂仔猪（最好不加糟渣饲料）、育肥猪和种猪。

3. 生干料　把配合饲料放入食槽，另设水槽（最好用自动饮水器），让猪自由采食和饮水。如果饲料中未加多种维生素，每天应补充青饲料1~2次。这种方法多用于喂生长育肥猪。

4. 颗粒饲料　把配合饲料压成颗粒，直接放入食槽投喂，不加水，另设水槽或饮水器。这种方法主要用于喂仔猪。

生喂饲料易感染寄生虫（主要是蛔虫），应定期驱虫。一般仔猪断奶上圈前驱1次虫，上圈育肥2个月再驱1次，种猪每年驱虫2次。

四、实行"四定"

定时：每天固定饲喂时间和次数，不要轻易变动，一般早、中、晚喂3次或早、晚喂2次较适宜。

定量：猪只采食受饲料适口性、气温高低、饲喂技术等因素影响而有差异，饲养人员应灵活掌握每头猪的采食量，定量供给。一般以喂后槽内不剩食也不舔槽，猪只较安静地休息为猪吃饱了的标志。

定质：饲料的品种和配合比例，不宜变化太大，品种需变换时，新旧饲料必须逐步增减，使猪只有一个消化适应过程，避免暴食或食量下降，影响猪只健康和增重。

定温:特别是寒冷天气,食料温度太低,往往会造成猪只拉稀,母猪还有可能流产,对饲料利用也不经济。因此,在冬季猪食内应加入适量温水,或加热后再喂。

五、做好防暑降温和防寒保暖工作

猪只在圈舍里最适宜的温度是:仔猪体重1~5千克的,温度30℃;6~20千克的,温度28~25℃;其他猪只体重50千克的,温度21℃;100千克的,温度16~21℃。温度过高或过低都会影响猪只的生长发育和健康。

在防暑降温方面,一般采取猪舍开地脚窗,打开窗户和开天窗,安装风扇,加强通风和散热;最热的天气在猪舍地面洒凉水,也可给猪体泼洒冷水(先泼猪体下部,再泼全身),有条件的猪场可安装自动喷水器,给猪只淋浴降温,用凉水降温必须打开所有窗户和门,通风除湿;还可在猪舍周围栽植果木、蔬菜绿化,或搭凉遮阴等方法降温。

在防寒保暖方面,常用方法是在母猪产仔舍建仔猪保温箱或保温窝,关闭猪舍地脚窗、窗户和天窗(中午暖和时应打开窗户除湿和有害气体),猪床加垫草;如果南北墙是半截墙应挂上草帘或钉塑料布。

六、搞好猪只调教

猪只上圈或调新圈头几天,饲养人员要认真做好调教工作,让猪只养成在固定地点采食、睡觉、饮水和排便的习惯。方法是把圈舍打扫干净,在猪床铺垫少量垫草,食槽放些饲料,水槽放些水(有自来水的地方,最好用自动饮水器),排泄地点堆放少量粪便,然后把猪放进去。在开始训练阶段,若有的猪只不在固定地点排粪,应把散拉粪便及时铲到排粪区堆上。这样经过2~3天调教,猪很快就能养成"四定位"的习惯。

七、建立良好的管理制度

特别是猪场、养猪大户要制定好切实可行的日常工作管理制度,主要有日常饲养管理规程(饲养、繁殖配种、生产计划、防疫保健等技术规程)和工作人员岗位责任制。这些制度一经建立,就要严格执行。只有给群猪建立了良好的生活管理制度,才能使人、猪、环境三者良好结合,发挥整体养猪效益。

第二节　种公猪的饲养管理

四川省从国外引进的瘦肉型良种长白猪、大约克猪、杜洛克猪等猪种,在杂交繁育体系中一般作为杂交父本,如果实行本交,一头公猪一年可配种 30 头母猪,实行人工授精一年可配 500 头甚至更多的母猪,一年可提供商品猪 500 ~ 20 000 头。因此,种公猪饲养好坏,对养猪效益影响很大,俗话说:"母猪好,好一窝;公猪好,好一坡",所以要养好种公猪。

种公猪的饲养,要求体质健康,性欲旺盛,生产优良的精液,精子活力强、密度高,配种后受胎率高;性情温驯,不产生恶癖。在饲养管理上主要采取以下技术措施。

种公猪一般 1 次射精量达到 150 ~ 500 毫升,平均 250 毫升。日粮应营养丰富、全面,富含蛋白质、维生素、矿物质,能量适量。每千克饲料含可消化能 12.6 ~ 13.0 兆焦,粗蛋白质 14% ~ 15%。日粮组成玉米不宜过多,有一定数量的动物性饲料(如鱼粉、鸡蛋),加喂多种维生素和青饲料,提高公猪精液质量和性欲。日粮体积不宜太大,以免造成公猪腹围过大,影响配种。

种公猪每头每日喂配合饲料,外种成年公猪 2.2 ~ 2.8 千克,本地成年公猪 1.5 ~ 1.8 千克。青料比例控制在 1:1 ~ 1:1.5 的范围,配种旺季每天加喂鸡蛋 2 ~ 3 个或加动物性饲料 200 ~ 250 克。日喂 2 ~ 3 次,每次不宜喂得过饱,供应新鲜清洁饮水。总之种公猪不宜过肥,保持稍瘦的体况并能积极工作即可。

公猪单圈饲养,圈舍面积不低于 2 米 × 2 米,设运动场,若无运动场每天上、下午驱赶运动各 1 次,每次 40 ~ 60 分钟,行程 2 000 米,夏天应采取降温措施。建立良好的生活制度,每天饲喂、采精、配种、运动、刷拭等各项作业,都应在大体固定的时间内进行。保持圈舍凉爽,受热应激的公猪精液品质降低、受胎率低、产仔数少,可搭凉棚、洒凉水、加强通风。定期刷拭猪体,经常修整蹄子。饲养人员不能随意打骂公猪,如果公猪脾气变坏了,可每6个月锯1次獠牙。

在配种利用上,2~4岁的壮年公猪每日可配1~2次,若配2次,应间隔8~10小时,可连配2~3天,休息1~2天;1~2岁和5岁以上的公猪,每日配种1次,连配2~3天,休息1天。配种时间宜在早晨或傍晚喂料前1小时进行。定期检查精液的品质(人工授精每次采精后检查、本交每月检查1~2次),若发现问题,应及时处理。

第三节　种母猪的饲养管理

一、营养对母猪生产的重要性

全价营养能最大限度地发挥母猪的生产力和获得最好的利润。

(一)高质量的日粮提高繁殖性能　降低日粮质量来减少饲料成本是错误的;饲喂单一饲料,期望发挥母猪的繁殖潜力更是一个极大的错误。因为怀孕及泌乳期是整个养猪生产周期中的关键时期,高质量的饲料为胎儿生长、子宫生长、乳房发育、身体生长、产奶等提供足够的营养。

(二)营养不足和过剩都会影响繁殖性能　营养中能量和蛋白质不足很难鉴别,经常与维生素、矿物质等不足起联合作用。营养不足的日粮会导致母猪受胎率降低、产仔数减少、仔猪初生重低、泌乳量减少、增加断奶至配种的时间、缩短繁殖寿命。

(三)种母猪对营养的要求　建议日粮营养含量为:妊娠母猪消化能12.5兆焦/千克、粗蛋白质13%~14%、钙0.9%、磷0.7%、赖氨酸0.6%;哺乳母猪消化能13.4兆焦/千克、粗蛋白质14%~15%、钙0.9%、磷0.7%、赖氨酸0.65%。另外,添加多维和微量元素。

二、后备母猪的饲养管理

培育后备母猪的目标是,国外引进品种及其杂种在 8～9 月龄体重达 110 千克左右进行初配,并能顺利受胎。因此,在饲养上必需供给足够的营养物质,以满足其生长发育的需要,创造良好的提早初情期的饲养管理条件。

1. 小母猪 60 千克前不限食,尽可能的自由采食,日喂 3 次,适当供给青饲料;60 千克后,根据母猪膘情供给配合饲料,日喂 2 次。

2. 在 65～75 千克时,根据生长发育情况选择有潜力的母猪在 120 千克左右根据最早配准的情况,选留受孕青年母猪作种,淘汰发情不明显不易配上的母猪作商品猪销售。

3. 在初配前 10～14 天,每天在原日粮供应的基础上多喂1～1.5 千克饲料,进行催情。

4. 配合饲料的营养含量为消化能 13.4 兆焦/千克、粗蛋白质 14～15%、钙 0.95%、磷 0.7%、赖氨酸 0.8%。

5. 为提早初情期,母猪可采取换圈、混养、用成年公猪诱情(每天 20～30 分钟)、适当户外运动等方法刺激性成熟。

6. 圈舍光线充足,通风良好,清洁卫生。

三、妊娠母猪的饲养管理

(一)造成母猪死胎、畸形、弱仔的主要营养因素 近亲交配造成死胎、畸形、弱仔;某些疾病如细小病毒、乙型脑炎、弓形体、猪瘟等可引起母猪流产、死胎、畸形和弱仔;母猪年龄太大,或产仔时间太长、产仔时产房温度太高可能引起死胎、弱仔。除了这些因素外,最重要的还是母猪妊娠期营养缺乏或不足。

近年来大量研究证明,母猪妊娠期能量和蛋白质水平不影响产仔数和产活仔数,能量和蛋白质水平不够只降低仔猪初生重,但不会引起死胎、畸形。造成死胎、畸形、产活仔数少、弱仔多的主要原因是母猪日粮缺乏维生素 A、维生素 B_{12} 等和矿物质(Ca、P 不足或 Ca 多 P 少,缺 Se、Zn 等)。因此,必须在日粮中添加多种维生素和矿物饲料。

（二）饲喂方式　母猪在怀孕期内一般体重增加 25～30 千克,初产母猪可达 40～50 千克。妊娠增重主要是母猪本身增长、子宫及子宫内胎儿增长的重量。母猪为泌乳贮备能量现在认为并不重要,因为以脂肪形成贮存要经过 2 次能量转化,很不经济,提倡在泌乳期内多喂,不贮存在体内,可提高饲料转化效率。大量的实践证明,妊娠期采食量过多,母猪过肥,则泌乳期采食量减少,失重大,影响再次发情配种。如果在配种后 3 周内,饲喂高能高蛋白饲料,将大大增加胚胎的死亡数。同时,母猪妊娠 1～90 天,胎儿增长很慢,母猪采食后将营养转化成自身物质再供给胎儿转化为胎儿物质,其转化效率很低,没有必要饲喂大量饲料,但母体内胎儿在怀孕到 90 天以后增长加快,饲料转化效率也较高,应增加母猪饲喂量。综上所述,母猪在妊娠期间采取限食饲养方式,饲养程序为:

1. 配种后当天减少配合饲料喂量。

2. 配种后 1～21 天,特别是 1～3 天饲养管理要稳定,不能有太大的变化,避免热应激,保持环境相对安静。不能喂高能高蛋白饲料,以免引起肾上腺素分泌增加,导致孕激素水平下降,从而影响胚胎着床。日喂量配种后头 3 天 1.8 千克、4～21 天稳定在 1.8～2.0 千克。

3. 妊娠后 22～60 天,日喂量仍然保存在 1.8～2.0 千克,母猪处于维持饲养阶段;61～85 天,日喂量 2.0～2.3 千克。

4. 妊娠后 86～111 天,胎儿增长转快,每日喂量增加至 2.5～3.0 千克,并在产前 1 周供应 1 千克动物脂肪。

5. 产前 2 天,日供料 2 千克,产前 1 天日供料减至 1.5 千克,产仔当天减至 0.5～1 千克或不喂料。加喂抗菌素,青饲料、饮水不限。

6. 妊娠期日喂 2 次,时间为上午 8 点,下午 5 点。

7. 母猪圈舍温度 16～21℃较适宜,过高、过低都应采取降温或防寒措施,并要求通风良好。母猪在整个妊娠阶段可以饲喂大量优质青绿饲料,但禁喂发霉变质、有毒和有刺激性的饲料,特别在配种后3周内和产前3周内不能随便大比例更换饲料。耐心管理,不能打骂、惊吓母猪。经常触摸腹部,便于将来接产管理。每天供给充足的清洁饮水,但不能喂冻水。注意健康观察,驱除易传染给仔猪的内外寄生虫。

但是,妊娠期(包括哺乳期和空怀期)母猪,每天配合饲料供应量并不是固定不变的,它受很多因素的影响,例如母猪体格大小、健康状况、圈舍环境、生产水平、青饲料投喂量等,应综合考虑确定日喂量。生产中常用肉眼观察母猪尾根部、臀部、肋骨来确定母猪的日喂量(见图6-1),过瘦或过肥都会招致发情推迟、受胎率和产仔数降低。通过妊娠、泌乳和空怀期评定母猪体况膘情就可调整饲料供给量,减少这些潜在的问题。

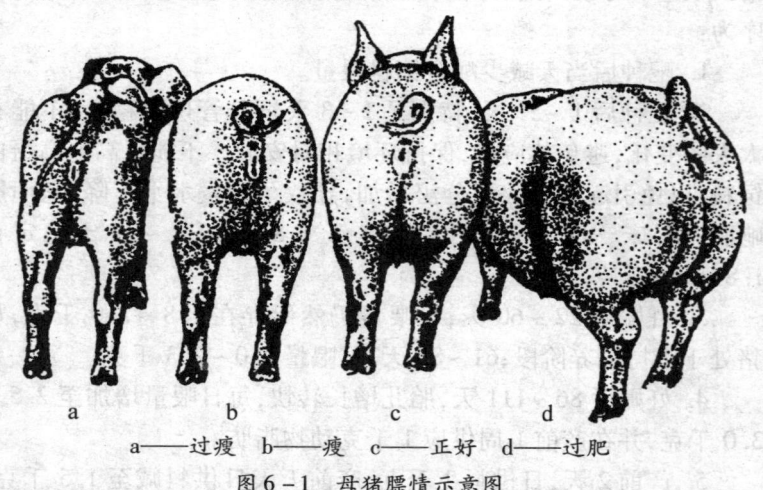

a——过瘦 b——瘦 c——正好 d——过肥

图6-1 母猪膘情示意图

四、哺乳母猪的饲养管理

哺乳母猪的饲养重点是:饲喂足够的配合饲料,并供给优质青饲料和充足的清洁饮水,提高母猪产奶量和减少掉膘,确保仔猪正常生长发育和母猪断奶后正常发情配种。

（一）哺乳母猪饲养管理方法

1. 产后当天母猪缺水口渴，应及时喂温豆浆水、麸皮水或其它调得较稀的汤料，日喂料上午 0.5 千克、下午 0.8 千克，内加少许食盐和抗菌素。

2. 产后 2 ~ 5 天，母猪仍然很虚弱、疲劳、吃得少可在第 1 天的基础上逐渐增加配合饲料的喂量。一般产后第 2 天上午和下午各喂料 1 千克，第 3 天上午和下午各喂 1.5 千克，以后逐渐增加喂量，日喂配合饲料 4.5 ~ 7.0 千克，或按母猪维持需要每天 1.8 千克加上每头仔猪按 0.5 千克投料，例如一头母猪产活仔 10 头，母猪每天应喂料 6.8 千克。如果中途有仔猪死亡，应扣减相应喂量。如果上午给的料吃不完，下午应适当减料，保持每次给新鲜饲料。

3. 母猪日喂 3 ~ 4 次，其中夜间 1 ~ 2 次。产后 1 ~ 3 天喂稀料，以后湿拌料，生饲料。全期优质青饲料和清洁饮水不限。

4. 保持圈舍平坦、清洁、干燥、冬暖夏凉。

（二）母猪缺乳和乳房炎的解决办法

1. 妊娠期营养不良造成产后无奶，或产奶量少的母猪，饲料中应富含蛋白质、矿物质和维生素；搭配有催乳作用的饲料，如豆渣、豆浆、酒糟、南瓜、红苕、萝卜及其他新鲜青饲料，特别注意晚上饲喂 1 ~ 2 次。

2. 对膘情较好而奶量不足的母猪，可采取饲喂具有催乳作用的饲料，并采用药物催乳。常用药物有催乳灵和中药，当归、王不留行、漏芦和通草各 30 ~ 50 克，水煎，与小麦麸混合饲喂，每日 1 次，连喂 3 天。

3. 对分娩后发生乳房炎的母猪，可采取以下措施治疗：

（1）调整配合饲料与青饲料的比例，多喂青饲料，适当减少配合饲料喂量。

（2）对产仔数少的母猪，适当降低能量和蛋白质的浓度，增加麦麸等的喂量，如果产仔数太少，可让其他母猪代养仔猪。

（3）产后 2 ~ 3 天内固定好仔猪奶头，增加哺乳次数或人工挤乳 3～4 次,保持乳导管的畅通。

（4）按摩、热敷发炎乳房,注射抗菌素。

（5）对产仔发烧、不食、产后产道感染的母猪,请兽医治疗。

五、空怀母猪的饲养管理

母猪从仔猪断奶到配种妊娠开始,这段时间称为空怀期。在正常的饲养管理条件下的哺乳母猪,仔猪断奶时母猪应有 7～8 成膘,断奶后 7～10 天(早的 3～5 天)就能发情配种。因此,此期饲养的关键是使母猪在断奶后能早发情配种。饲料供给量主要根据母猪体况和膘情而定,配种后立即减少饲料喂量到维持水平。

1. 断奶时母猪不停料、不断水,让母猪的奶在乳房中积存,增加乳房的压力,反射性快速地停止奶的分泌,刺激发情。

2. 断奶时,最好母猪换圈,仔猪留圈饲养。如果是规模养猪,应将母猪赶入配种舍饲养(每圈 4～6 头),仔猪放入保育舍饲养。

3. 根据母猪膘情供给日喂量。一般在断奶前 3 天和断奶后 3 天减少配合饲料喂量,多给一些青饲料和适量粗料充饥,断奶 3 天后喂量根据母猪膘情合理供给。初产母猪经过带子体重下降太多,掉膘严重的,日喂 2.5～3 千克配合饲料;对掉膘不多,体重下降少的母猪,日喂 2～2.3 千克配合饲料;经产母猪,如果体况正常,日喂 1.8～2.0 千克配合饲料,对于体况较差的每天可增加0.5 千克饲料。

（四）日喂 2 次,添加维生素和抗菌素,可以加喂适当动物性饲料和优质青绿饲料。圈舍采光、通风良好,清洁卫生。

（五）每天上、下午 2 次仔细观察和记录母猪发情状况,及时配种。

第四节　仔猪培育

一、哺乳仔猪的生长发育和生理特点

（一）生长发育快、物质代谢旺盛　仔猪出生时只有 1 千克左右,到 4～5 周龄时体重可达 6～8 千克,生长发育很快。仔猪物质代谢很旺盛,特别是钙、磷和蛋白质比成年猪高得多,这就要求供应仔猪全价饲料。

(二)消化器官不发达,消化机能不完善　这就要求仔猪饲料质量和适口性好、容易消化,饲料体积小,每日饲喂次数多。

(三)缺乏先天免疫力,容易得病　仔猪出生 10 天以后才开始产生免疫抗体,28～31 天后免疫抗体也很少,这期间仔猪容易发生黄痢、白痢等疾病。仔猪生后应尽快吃上初乳,保持环境干燥卫生。

(四)调节体温能力差,怕冷　仔猪出生时大脑皮层发育不健全,调节体温能力差,加之皮下脂肪少、被毛稀疏,保温能力差,特别怕冷,容易导致疾病,甚至死亡。因此,对初生仔猪要做好保温工作。

二、养好仔猪的关键措施

(一)提高泌乳母猪饲养水平　带仔猪 10 头以上的母猪,要敞开饲养,但产仔后头几天不能喂得太多,逐渐加料,到 6 天以后尽量做到吃多少给多少,使其多产奶、少掉膘。

(二)抓好哺乳

1. 产后尽快吃足初乳　产后 3 天的乳,一般称为初乳。初乳中含有大量的免疫抗体、蛋白质、维生素、酶、磷脂质等营养物质,仔猪吃后几乎全部被吸收利用,对抵抗疾病和提高成活率起关键作用。仔猪接产完成后,应在 1 小时内开始吃上初乳。产后 36 小时内的初乳营养价值和仔猪吸收效率特别高,母猪排乳也是连续的,要尽量多喂几次。喂初乳前应对母猪乳房仔细清洁、消毒。

2. 固定乳头　先让仔猪自选,记住每头仔猪占据的乳头位置,然后个别调整,把弱小仔猪放在前面的乳头,强壮仔猪放在后面的乳头,要特别控制个别好抢乳头的仔猪,持续 2～3 次。最好在仔猪生后 2～3 天将母仔分开,间隔 1 小时哺乳 1 次,仔猪放入哺乳时就把体小的放在前面乳头,体大的放在后面乳头,其他仔猪放在中间乳头,这样仔猪既能吃足初乳,又能固定好乳头。

3. **仔猪寄养** 在生产上有以下几种情况需给仔猪找"奶妈"：一是母猪产仔较多，超过可以哺乳的有效乳头数，把多余的仔猪寄养出去；二是有两头或两头以上母猪产仔数少，把仔猪合并成一窝哺乳，让未哺乳母猪提前配种；三是母猪产仔多，但奶水不足，分几头仔猪给产奶多的母猪哺育；四是有些母猪产后死去，把这一窝仔猪寄养出去哺乳。

为使寄养成功，必须注意以下几点：

（1）两窝仔猪的产期要尽量接近，产仔时间前后相差不超过3天。以免母猪已熟悉仔猪气味难寄养和防止仔猪间大欺小。

（2）要挑选性情温顺、产奶多的母猪来承担寄养任务。

（3）寄养出去的仔猪要吃上1～3天初乳，才容易养活。

（4）寄出去的仔猪与"奶妈"所生仔猪先混在一起，或两窝仔猪涂上"奶妈"的乳汁或尿液、白酒，扰乱母猪的嗅觉，然后趁母猪不注意放到身边喂乳。

如果没有寄养条件，可以实行人工哺乳，把几种营养品配制成代乳品喂仔猪。家庭制作代乳品配方：1 000毫升鲜奶＋150克鲜鸡蛋（3个蛋）＋15克葡萄糖＋适量庆大霉素（或其他抗下痢药物）；或250克脱脂奶粉＋温开水1 000毫升＋150克鲜鸡蛋＋15克葡萄糖＋适量庆大霉素。饲喂方法：饲喂温度保持在37～38℃，开始每小时每头喂5毫升，以后逐渐加大到30毫升，最好混在饲料中投喂；当仔猪体重达到6～7千克能采食含有硬质的饲料时断奶，断奶后7～10天继续喂给易消化的饲料，保证清洁饮水。

另外，有个别母猪产后不愿给仔猪哺乳，应剪掉仔猪尖牙，还不哺乳可捆住母猪四只脚，强行母猪给仔猪每天喂2～3次奶。

（三）**保温防冻** 在母猪栏的一侧或一角，用木栏、铁栏或砖墙隔成一个1.2～1.5平方米的仔猪保育补饲间，留一个仔猪出入口。在保育补饲间的一端铺上稻草或麻袋供仔猪卧睡，上挂150～250W红外线保温灯，灯的高度产后第一周距地面25厘米左右，以后根据实际情况逐步调高（见图6－2）。有出入口的另一端可供仔猪补料用。这样母仔分开睡觉和休息,可起到较好的保温防压效果。仔猪适宜的温度是 1～7 日龄 32～28℃、8～30 日龄 28～25℃、31～60 日龄 25～23℃。保温的效果如何,以仔猪不打堆或散卧为原则,上下调整保温灯悬挂高度,也可选用仔猪电热保温板来给仔猪保温,效果亦很好。

有的猪场在母猪栏的一角设置仔猪保温箱,另设补饲栏。保温箱有木制、水泥制和玻璃钢制等多种,箱内悬挂红外线保温灯,通过调整保温灯的高度来控制温度。这种方法保温效果较好(见图 6－3)。

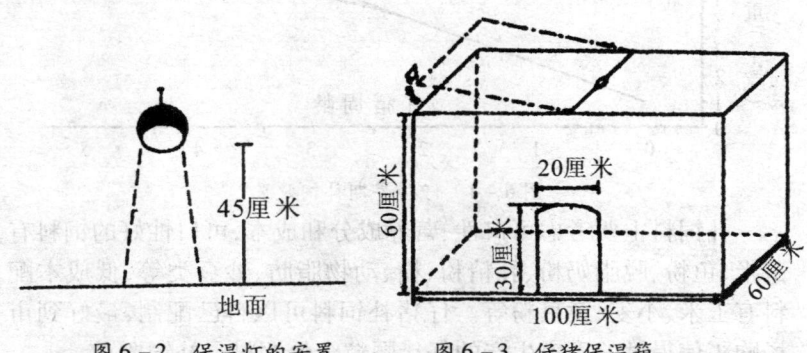

图 6－2　保温灯的安置　　图 6－3　仔猪保温箱

(四)仔猪补铁　仔猪出生后每天需铁 7～8 毫克,而从母乳中只能获得 1 毫克,相差很大,若不补铁,仔猪将出现下痢、生长慢、断奶重小等问题。一般在仔猪生后 2～3 天 1 次肌肉深部注射铁剂 150～200 毫克,市场上可以购买到的铁剂有"富铁力"、"血多素"、"铁钴针剂"、"牲血素"等产品。缺硒的地方,出生后 3 日内还应肌内注射 0.1% 亚硒酸钠、维生素 E 合剂,每头 0.5 毫升。

(五)早期补饲　母乳中含的营养成分和消化利用率与其他饲料比较是最高的,除铁以外,仔猪能够得到母猪提供的所需要的养分。但是,母猪产仔后第 3 周产奶量达到最高峰,以后逐渐下降,而仔猪生长发育速度加快,母猪产奶难以满足其营养需要,必须从饲料中供给。

仔猪早期采食适当数量的饲料,可刺激消化道增长成熟,消化酶生成,以及免疫系统的形成,降低断奶后对饲料的敏感性。早期补饲的最大好处在于断奶体重大、仔猪生长停滞减少,母猪体况好。据报道,仔猪体重3周龄一般可达5千克,哺乳加补料4~5周龄达7~9千克,不补料为6~7千克(见图6-4)。

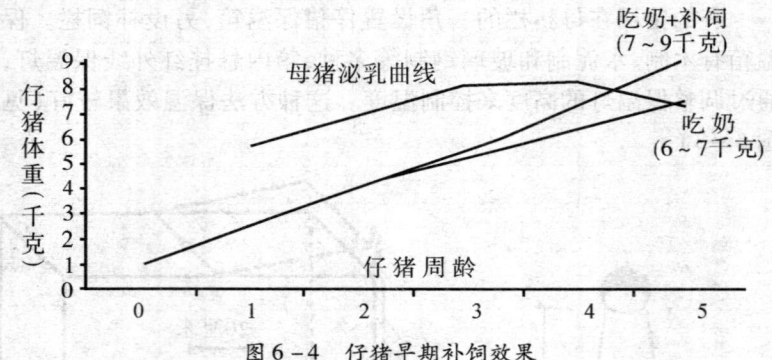

图6-4 仔猪早期补饲效果

补饲料主要考虑可口性、营养成分和成本,可口性好的饲料有玉米、鱼粉、脱脂奶粉、乳精粉、糖、动物脂肪、炒豆类等,低成本配料有玉米、小麦、黄豆粉等。仔猪补饲料可以自己配制,最好到市场购买信得过的厂家生产的仔猪颗粒全价饲料。补饲要点:

1. 仔猪生后3~5天开始训练饮水,可在仔猪饮水器上再加一个垫圈,使其经常有水滴出,诱导仔猪舔食滴水,也可用其他器具放上水让仔猪舔食。

2. 6~7日龄开始诱食,将香甜饲料撒在清洁、干燥和坚硬的地面上,每日4~6次,每头每次5~10克。每天清扫未吃完的饲料,换上新的饲料。地面饲喂持续3~4天,直到进食饲料。

也可向母猪圈内撒喂乳猪料(地面要清洁),让仔猪跟随母猪学会吃料。2周左右还不吃可一天几次将仔猪关入补饲栏1~2小时强制吃诱食料。还可以在仔猪饲料中加入糖水,调成稀糊状,挑取少许在仔猪嘴内,任其舔食,进行3~4次诱食就会成功。

3. 学会吃料后,过渡到饲喂仔猪全价料,将全价料放入饲槽内,槽高 10 厘米,以免浪费和污染饲料。白天喂 4 ~ 5 次,晚上 9 点钟左右再补 1 次。

4. 饲料要新鲜,颗粒料比粉料更好,保证每天清洁饮水。

5. 每日观察仔猪健康状况,注意黄、白痢的防治。

(六)正确断奶 仔猪由吃奶过渡到独立生活的开始,叫断奶。抓好断奶可减少仔猪断奶后掉膘,生长发育受阻、下痢等问题。仔猪断奶的时间可根据母猪的膘情、仔猪的大小和市场需要等因素灵活掌握。一般仔猪断奶时间以 28 ~ 35 日龄为宜,一般仔猪体重达 6 ~ 7 千克或日采食饲料 150 克以上就可断奶。

断奶时采取"迁母留仔"的方法,仔猪在原栏留养 7 ~ 10 天。断奶的方法可采用一次断奶法,即断奶时将母仔一次分开饲养;如果一窝仔猪强弱不均,可采取分批断奶法,即强壮的仔猪先断奶,弱小的仔猪隔 5 ~ 7 天再断奶。

仔猪断奶后逐步改变饲料,断奶后前第 2 周继续喂断奶前的饲料,并加入适量抗菌素、维生素,第 3 周开始每天按 20% 的比例递增加入小猪料,直到第 5 ~ 7 天全部喂小猪料。断奶仔猪喂料的次数也要由断奶前日喂 4 次向 2 次逐渐过渡,断奶后 1 周日喂 4 次,2 ~ 4 周可日喂 3 次,以后日喂 2 次。断奶后还要适当控制饲料喂量,一般断奶当天仔猪减食,2 ~ 3 天后由于饥饿而暴食,就要控制喂量,只喂 7 ~ 8 成饱,日喂料 160 克左右,防止暴食引起的拉稀,7 ~ 10 天后恢复到正常供料。

仔猪断奶后,更应注意提供充足的清洁饮水,添加垫草,防贼风,保持圈舍清洁干燥。断奶后 3 周驱一次体内蛔虫,如果发现仔猪拉稀或水肿病应及时治疗。

三、仔猪饲养管理一般技术

(一)剪牙 仔猪出生后剪短每头 8 个门齿和尖齿,可以减少对母猪乳头的损害,当发生争斗时也可降低对同窝仔猪的伤害。剪牙方法:剪牙钳用 75% 酒精消毒,打开初生仔猪的嘴,用小而尖的剪牙钳在齿龈的稍上处平剪掉牙齿(注意不要把牙齿剪得太短,以免损伤齿龈和舌头造成感染),然后用5%碘酊消毒。

(二)断尾　断尾可避免断奶、生长、育肥猪阶段咬尾。仔猪出生后不久就要断尾,这时伤口较小、出血少、恢复快。断尾方法:断尾钳消毒,将尾巴距乳母猪阴门末端或乳公猪阴囊中部剪掉,然后用碘酊消毒。

(三)常见仔猪死亡原因和解决办法(见下表)。

仔猪断奶前常见死亡原因和解决办法

死亡原因	仔猪表现	方　　　法
挤　压	仔猪来不及从母猪身边离开压死 母猪烦躁不安、踩死	尽快吃上初乳 圈舍温暖、干燥 母猪不安时不要让仔猪吃乳
仔猪虚弱	仔猪出生后处于昏睡状态	将仔猪放入单独的乳头下喂养
饥　饿	初生重低于1千克不易吃上乳 仔猪长时间停留在母猪乳房周围 消瘦 仔猪发出声音、不安、连续睡觉、不活动	帮助弱仔猪吃上奶 弱仔猪进行胃管饲喂
寒　冷	仔猪发抖 拥挤在一起	使用保温灯 擦干身上黏液 提供温暖干燥的补饲区
疾　病	拉稀等症状	提供清洁温暖的圈舍环境 药物治疗或请兽医诊治
母猪攻击仔猪		加强分娩护理 将仔猪拿开,产仔结束后,放入吃奶 给母猪注射镇静剂

第五节　猪的育肥

一、育肥前的准备

（一）圈舍消毒　进猪之前清除圈栏、过道、饲槽等内外的粪便和污物，然后进行消毒。方法是：清除粪污后，用清水冲洗圈栏、过道、地面→晾干→用 2%～3% 烧碱水喷洒或其他消毒药液消毒、墙壁用 20% 石灰乳粉刷→一天后圈舍再用清水冲洗干净→晾干后 2～3 天进猪。也可用火焰消毒器（液化气作燃料）火焰消毒，消毒更加彻底。

（二）选购（选择）优良育肥仔猪　选择生长快、饲料利用率高、瘦肉多的二、三元杂交瘦肉型仔猪及配套系杂优仔猪、体大健壮的仔猪育肥。

（三）去势　去势应在哺乳期内进行（出血和感染少、愈合快、增重快）。一般仔猪在 30～35 龄断奶时，去势应在 20～25 龄进行。公、母猪去势后育肥的优点在于性情安静、食欲增加、生长速度和饲料利用率提高，肉的品质有所改善。

（四）预防接种　仔猪出生后 20～35 日龄应做好猪瘟、丹毒、肺疫、副伤寒等传染病的免疫。市场选购的猪只最好再补打 1 次防疫针，特别是猪瘟。

（五）驱虫　主要驱除体表疥癣和体内蛔虫，一般仔猪上圈育肥驱 1 次蛔虫，2～3 个月后再驱 1 次。外购猪只驱 2 次蛔虫，上圈 1 次，间隔 10～14 天再驱 1 次蛔虫。常用药物有阿维菌素、敌百虫、左旋咪唑等。

二、环境控制

（一）组群　按猪只体质强弱、体况大小和杂交组合分圈组群，一圈中个体间体重不超过 5～8 千克，避免以强欺弱。组群后要一竿子养到底，不要轻易变动，以免引起排位争斗而造成损失。

（二）圈养密度及头数　每头猪只占圈栏面积 0.8～1.1 平方米为宜，每圈可养 8～12 头。一圈内饲养密度太大和饲养头数过多,容易引起呼吸、消化道等疾病,猪只好斗,降低增重。

（三）调教　猪只上圈时在卧睡处铺上垫草、饲槽内投入饲料,水槽装上水,排便处堆少量粪便并泼点水,上圈后头几天要专人调教,做到采食、饮水、卧睡、排便四定位。

（四）温度、湿度、光照及空气新鲜度　生长育肥猪最适宜的环境温度为 16～21℃,猪只生长快、饲料利用率高,当温度高于 30℃或低于 10℃时都将影响猪只的增重,甚至发生疾病。气温太高时要进行防暑降温,常用简易方法有绿化遮阳、房上加稻秆、清水冲圈、猪体洗澡、电扇吹风等;气温低时进行防寒保暖,常用方法有关闭窗户、添加垫草、悬挂草帘、钉塑料布等。

猪只允许的相对湿度为 75%～80%,当气温适宜时,湿度对生产的影响不大,但高温高湿和低温高湿对猪只生产影响严重。除湿的有效办法是加强通风、湿拌料饲喂,使用自动饮水器和降低猪只密度。

光照的强弱对生长育肥猪的生产影响不大,但要避免太阳光辐射,圈舍采光良好。对阴暗的圈舍、墙壁应增开窗户,房顶安装亮瓦。

猪舍内有害气体主要有三种:二氧化碳、氨气和硫化氢。如果这些气体超过一定浓度,猪只眼结膜和呼吸道发炎,严重的发生呕吐、腹泻、生长和饲料转化率下降。减少有害气体保持空气新鲜的方法有:及时清除粪污、圈舍干燥、通风良好、阴沟和贮粪池加盖等。

三、饲料搭配

（一）营养浓度　猪体瘦肉的生长取决于日粮蛋白质和必需氨基酸水平,脂肪的生长取决于能量水平。根据生长育肥猪 60 千克以前瘦肉增长快,脂肪增长慢;60 千克后瘦肉增长慢,脂肪大量沉积的生长规律,在生产中主要采取二阶段饲养。配合饲料营养浓度要求:前期消化能 13.4 兆焦/千克、粗蛋白质 15%～16%、钙 0.6%、磷 0.5%、赖氨酸 0.7%;后期消化能 13.0 兆焦/千克、粗蛋白质 13%～14%、钙 0.6%、磷 0.5%、赖氨酸 0.6%。

（二）饲料搭配　饲料搭配要求营养全面,猪只吃得下、消化好、成本低。

1. 饲料多样化搭配　猪的饲料一般由能量饲料（包括谷实类、糠麸类和糟渣类）、蛋白质饲料（包括豆类、饼粕类、酵母、动物性饲料）、矿物质饲料（包括石粉、贝壳粉、骨粉、食盐和添加剂）、维生素饲料（包括酵母、优质草粉、青饲料及添加剂等）四类组成,配合饲料时各类尽可能多用几种,以提高饲粮的全价性和利用效率。

2. 饲料体积适当　每千克饲料含能量浓度要适宜,过高猪吃了浪费,甚至达不到饱腹感,过低饲料体积过大,吃不下那么多,能量和营养物质就得不到满足。因此,把高能量饲料与低能量饲料适当搭配,猪吃得下利用高。

3. 控制粗纤维含量、适口性好易消化　许多农户养猪至今还在用高粗纤维饲料喂猪,吃亏不小。粗纤维是影响适口性、消化吸收、饲料转化的重要因素,饲粮中粗纤维每增加 1 个百分点,则有机物消化率降低 1.29～1.35 个百分点。生长猪饲粮粗纤维含量最多不超过 6%～8%,不能用高纤维饲料喂猪。

4. 尽可能采用本地饲料,必要时在外选购饲料,降低成本。

5. 添加微量元素、维生素和抗菌生长剂。

（1）在关闭饲养不接触外界的情况下,必须添加铁、铜、锌、锰、钴、硒、碘微量元素。

（2）在不喂青饲料的情况下,要添加维生素 A、维生素 D、维生素 B_{12}、维生素 E 等,通常在 100 千克配合料中加 15～25 克多维。

（3）在饲料中加入土霉素粉、杆菌肽锌等抗菌生长剂,可预防一些细菌性疾病,促进猪只生长。

四、饲料调制与饲喂方法

（一）饲料调制

1. 粉碎细度　谷物有壳、颖（稻谷、大麦等）细粉;无壳的玉米、小麦细度适当,一般 1.4~1.8 毫米。

2. 生熟喂 一般饲料生饲。豆类炒熟喂,其他饲料如有苦麻味的饲料、有毒的饲料、城镇收来的餐馆饲料和块茎根类饲料要煮熟喂,可显著提高饲料的适口性、消化率和猪只的增重。

3. 生湿拌料 有尘埃的饲料或很细的粉料生湿拌料较好,以免饲料进入呼吸道,掺水量 1:0.5~1:1.5。拌湿的程度以手捏成团,放手落地即散为宜。青饲料切细,与配合料混合起来投喂。青饲料比前期 1:0.5~1:0.7,后期 1:0.8~1:1.5。

4. 颗粒饲料 颗粒饲料有利于提高猪只增重和饲料利用率,减少饲料浪费,缺点是成本高,有条件的可以采用。

(二)饲喂方法

1. 饲喂量 饲料喂量前期不限量,后期可适当增加糠麸和青饲料喂量。一般二、三元杂交瘦肉猪每头全期育肥(体重 20~100千克)耗配合饲料 250 千克左右,需要 4 个多月,每日每天耗料为:第一个月 1.2~1.6 千克,第二个月 1.7~2.1 千克,第三个月2.2~2.6 千克,第四个月 2.7~3.0 千克。

2. 饲喂温度 湿拌料饲喂,另给清洁饮水。饲喂温度仔猪18℃、生长育肥猪 12~16℃。

3. 饲喂次数 前期每日 3 次(早、中、晚各 1 次),后期 2 次(早、晚各 1 次)。如果大容量饲料多,适当增加饲喂次数,提高增重。

五、适时出栏

适时出栏体重,应从增重速度、料肉比、胴体肥瘦度和生产成本(饲料和猪价)等方面考虑。根据我省养猪生产情况和消费者对猪肉肥瘦度的要求,适宜的出栏体重为:外×本二、三元杂交猪90 千克出栏,外×外二、三元杂交猪 100~110 千克出栏。

第七章　猪场建设与设备

猪场的设计和建造,本着科学、实用、经济的原则,充分考虑我国的社会经济和自然条件,结合当地的特点,因地制宜,就地取材,灵活应用新的先进技术。既要尽量满足猪的各种生理需要,又要提供良好的生产环境,充分发挥猪的遗传潜力,取得最大的生产性能,又要注意节约资金和能源,获得好的经济效益,还要注意解决好环境保护的问题。

第一节　猪场的规划

一、猪场建设的一般原则

场址选择是猪场建设第一工作环节,应根据猪场生产规模、生产特点、饲养管理方式以及生产集约化程度等方面的实际情况,对地势、地形、土质、水电、交通、物质供应、居民点和屠宰点的位置、排污及环境保护、当地气候条件等进行综合考虑。

(一)地形地势　地形地势是指猪场场地形状和倾斜度。猪场应选择在地势稍高、干燥、平坦、排水良好、背风向阳的地方,要求场地四周开阔,形状整齐,狭长或三角地不便于场地规划和建筑物的布局。

山区建场,宜选择在稍平缓的向阳坡地,坡度不大于25度,种猪舍选择建在高处,肥育舍修在坡下或低处,同一幢猪舍要求在一个平面上,切忌在山顶、坡底、风口、低洼潮湿之地建场。

平原地区建场,应选在地势稍高的地方,场地中部稍高,四周较平缓,以便得到充足的阳光、有利于排水,要求地下水位最好低于地表2米。

(二)地壤质地　土壤的膨胀性、承压能力对猪场建筑物利用期具有很大的影响,而土壤中可能存在的恶性传染病原对猪群的健康则具有致命的危险。因此,在选择场址时,对土壤的情况应作必要的调查。要求土质坚实,渗水性强,未被病原微生物污染的沙质土壤。

（三）水源水质　可供猪场选择的水源主要有两种,即地下水和地面水。不管以何种水源作为猪场的生产用水,都必须保证水量充足,水质良好（符合卫生要求）,便于取用和卫生防护,并易于净化和消毒等。如使用自来水,无疑会增大养猪的成本;如猪场自己解决饮用水,则应考虑水源净化消毒和水质监测的投资;如掘井开采地下水资源,就要计算水需要量以决定水井的数量,从而对所需投资做出估算。猪场用水,应根据生产用水和生活用水数量、卫生要求、生产投资等进行综合测算,确定用水方式。如生产用水和饮用水分开的方式,由于生产用水主要考虑水量,经一般净化消毒处理和简单的水质监测即可大量使用地面水资源,可节约用水的成本。表7-1列出了估计猪饮水量的参数。

表7-1　猪在不同生长期水消耗量的估计

猪体重	日耗水量（升）	猪体重	日耗水量（升）
哺乳期仔猪	等量于护仔栏中的饲料	35~100千克	3.8~7.5
5~10千克	1.3~2.5	配种及青年母猪、种公猪	13~17
10~35千克	2.5~3.8	泌乳期母猪	18~23

（四）位置确定　猪场的位置,应选择交通便利、电力充足,距村庄、居民生活区、屠宰场、牲畜市场、交通主干道较远的地方,位于住宅区下风方向和饮用水源的下方。要求离交通干道200米以上,离居民点1 500米,牧场之间不少于2 000米,离屠宰场、牲畜市场、畜产品加工厂等5 000米以上。

二、猪场规划与建筑布局

对猪场进行合理规划和配置建筑物,是建场前的一项重要工作,在选定场址之后,就需要根据猪场的近期或远景规划,结合地形地势。水源风向等当地自然条件,安排各种建筑物的位置。

（一）猪场分区

场地规划时，一般把整个场地分为生活福利区、行政管理区及饲料加工区、生产区、病畜隔离区和排污区等功能区，如图7－1。

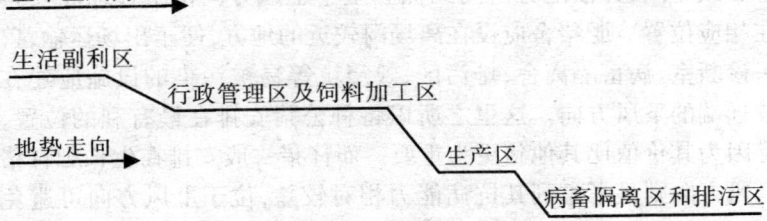

图7－1　猪场场区规划示意图

1. 生活福利区　主要包括职工住宅、娱乐设施等建筑物，设在生产区上风方向。

2. 行政管理及饲料加工区　包括行政和技术办公室、接待室、饲料加工调配车间、贮料库、水电供应设施，杂品库、消毒池、更衣室等，该区与日常饲养工作和社会联系密切，宜设在生产区上风方向。

3. 生产区　生产区是猪场的生产重地，主要包括各类猪舍、人工授精室及生产设施等。为保证猪只安全健康，应尽量避免人、物与外界的频繁交往。

4. 病畜隔离区及排污区　包括兽医诊断室、尸体解剖室、毁尸坑、病猪舍、化粪池等，应设在生产区的下风，离生产区宜在100米以上。

（二）功能区和猪舍的布局

1. 功能区布局　根据风向，应把生活福利区、行政管理及饲料加工区设在上风方向，其次是生产区、病畜隔离和排污区设在下风方向。如果土地等条件许可，可将生活福利区、行政管理及饲料加工区与生产区，病畜隔离和排污区分开建设。

2. 猪舍布局　根据现场条件和分区规划的要求，各功能区内的建筑物应相对集中，整齐排列。猪舍分布在生产区。在生产区内应将后备种猪舍、种公猪舍(人工授精室)、待配母猪舍、妊娠母猪舍、分娩哺乳母猪舍、保育仔猪舍和生长育肥猪舍划分为不同的小区或车间,并按地势由高到低和全年主风方向依上述顺序安排在相应位置。肥猪舍应设在离场门较近的地方,便于出场运输,兽医诊断室、病畜隔离舍、排污区、毁尸坑等易被污染的设施应建在较远端的下风方向。这里之所以将种公猪安排在最有利的位置,是因为其价值比其他猪更为重要。而仔猪一般安排在生长肥育猪上风方向则是考虑到其抗病能力相对较差,位于上风方向可避免生长肥育舍疫病传播到仔猪区。同时,这种安排也符合生产工艺流水线运作的需要,能够保证最短的转猪线路,既减少转群应激,又有利于符合防疫卫生要求的道路设计。

猪舍的朝向要求夏季避免太阳光直接照射,舍内通风量大,冬季应多接受太阳光照,冷风渗透少。夏季主风方向与猪舍主轴有30~60度的夹角。坐北朝南是猪舍朝向的主要选择,夏季可以接受东南风以降低舍内温度,冬季可以避免西北风的正面袭击。

猪场主要建筑物之间因采光、通风、防火、卫生防疫等方面的需要,它们之间必须保持适当的距离。一般分别称之为采光间距、通风间距、防火间距(消防间距)和卫生间距。不同性质、不同用途的猪舍建筑之间,要求的间距有不同的侧重。如配种舍、妊娠舍及生长肥育舍以通风、卫生间距为重点,而产仔舍和保育舍及卫生隔离区建筑应以卫生间距、采光间距为重点。草料房、饲料车间等则以防火间距为重点。猪舍间距最低不宜少于 8~10 米。如图7-2猪舍平面布局图。

3. 猪场道路设计的卫生要求　猪场道路在保证各生产环节联系方便的前提下,应尽量保持直而短。除此之外,还应满足以下三个方面的要求:

(1)净道和脏道分开。净道是指运送饲料、猪产品、生产资料等清洁物品的道路,脏道则是运送粪便、污物、病猪等脏物的道路,这两类道路一定不能交叉,否则对卫生防疫不利。

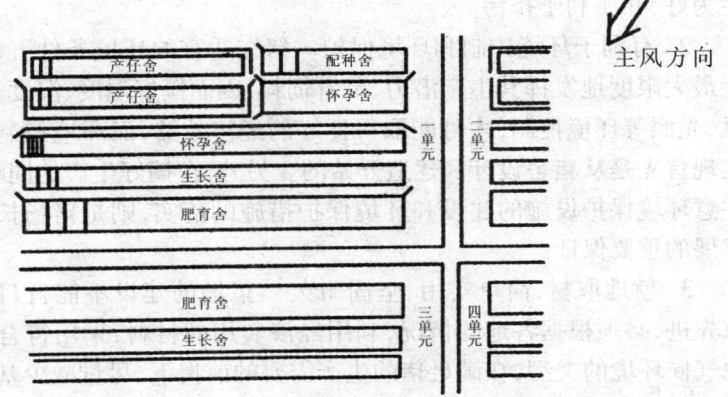

图 7－2　猪舍平面布局图

（2）路面要坚实、排水良好，不能太光滑，向侧面倾斜的坡度在 10% 左右。

（3）较大规模的猪场，主干道要保证运输车辆出入时顺利错车，因此路面宽度应达到 5.5～6.5 米；而一般支路应达到 2～3.5 米宽，避免净道和脏道的交叉。

4. 卫生防疫设施　生产区大门设车辆消毒池，边门为人行道，设更衣室、消毒间和消毒用走廊等。

第二节　猪舍建筑的基本要求

一、猪舍设计的基本原则

1. 符合猪只不同生理阶段的要求　例如，配种公猪单栏饲养，应有较大的圈栏面积和足够的活动场所；配种母猪可以限位，也可群养，在地价较便宜的地方，可设置一定面积的专用运动场，也可采取集体活动、限位进食的圈栏。如完全限位，母猪在任何生产环节都没有活动机会，不仅不利健康，还会缩短利用年限。妊娠期限位饲养则可节约建筑面积，减少机械性流产；产仔哺乳母猪限位可防止压死仔猪；给仔猪设置采暖保温小区；保育期最好同窝一栏为好,并要利于排污。

2. 有利于环境控制和环境保护　猪在适宜的环境条件下,才能最大限度地发挥其生产潜力、节省饲料,因而搞好温度、湿度、通风、光照等环境控制,才可能取得良好的经济效益,而环境控制的实现首先是从猪舍设计和建造开始的。另外,在搞好生产的同时,注意环境保护设施的建设和环境保护措施的落实,则是猪场长远发展的重要保证。

3. 就地取材、简单实用、坚固耐久　猪场的建设不能盲目追求先进,必须根据各地的情况,利用经济实用的材料,采用符合当地气候环境的类型,在满足猪的生产需要的前提下,尽量减少基建投资。

4. 适合工厂化生产的工艺　在确定了生产工艺流程的前提下,合理规划布局,设计足够的车间数、单元数和栏位数,配备必要的设备设施,是将来各项工艺技术得以实施和均衡生产顺利进行的根本保证。

5. 有利于控制疫病的传播　疾病的预防和控制,是现代养猪高效生产的重要保证,是否有利于疫病控制已成为衡量一个猪场设计好坏的主要标准之一。

二、猪舍建筑的基本结构与要求

1. 地面　猪舍地面是猪生活的主要场所,也是猪直接接触最频繁的地方,地面的好坏,不仅影响猪舍的卫生条件,而且影响猪舍的使用价值。随着养猪技术的发展和现代猪舍设备的改进,实现了猪的离地饲养,其中哺乳母猪(哺乳仔猪)和保育仔猪的饲养较为普遍。

猪舍地面应满足下列条件:

(1)坚固、平坦、无缝隙,能防止土层被污水污染;

(2)保温性能好,不硬不滑;

(3)有适当的坡度(2%~3%),以保证污水能顺利排除;

(4)易于清洁和消毒,防潮耐腐蚀;

生产上猪舍地面有三合土、砖砌、石板、混凝土、漏缝地板等多种地面,建舍时应根据当地气候、猪的不同生理阶段、经济条件和饲养管理特点等,因地制宜地设计选用建筑材料。砖砌、石板、混凝土地面,修建方便,坚固耐久,抗腐蚀性强,但不利于保温和保持干燥。漏缝地板清洁卫生,其样式和质地有多种。使用的材料有:水泥、金属(如未压平的多孔金属网、带孔金属板、压扁的多孔金属网、编织的金属网、焊接的金属网、铸铁等)、压模塑料、玻璃钢、陶瓷等。

2. 墙体 墙体是建筑物的主体部分,要求坚固耐用,保温性能好,据测定,猪舍总失热量的35% ~40%是通过墙壁散失的。墙壁建筑的材料种类很多如石头、砖等,砖墙应用很广,它既坚固耐用,又具有良好的保温性能。墙壁的厚度,以二四墙、夹心墙为宜。在我省条件下,屋顶设置顶棚、二四墙、夹心墙的猪舍,寒冷冬季舍内温度可达 16 ~22℃。

3. 门窗 门是供人、猪、运料车的出入口,一般要求高2.0 ~2.4 米,宽1.2 ~1.5 米,门一般在猪舍两端的墙上应各设一个,若猪舍很长,在纵墙上增设 1 ~2 个,门朝外开,门外设坡道,便于猪和手推车出入,门外旁边设入舍消毒池。

窗户主要用于采光和通风换气。窗户面积大,采光量大,换气好。窗户有效面积占舍内地面面积20%左右时,猪舍采光良好,通风换气好,立式窗户较水平式好,高 1.6 ~1.8 米,宽1.5 ~1.8 米,窗户下缘距离地面 1.0 ~1.2 米。以优质塑料和木材为材料,内外推拉式双层窗,既造价低廉,又有利于冬季保温。窗户数量可每隔3.6 米开一扇窗户。窗户的大小、数量、形状、位置可根据当地气候条件合理设计。

4. 屋顶 屋顶起遮挡风雨和保温隔热的作用。屋顶材料要求具有耐用、防水、防火等特点。小青瓦、石棉水泥瓦、玻纤瓦可作为屋顶材料;稻草屋顶,虽然具有保温防暑的作用,但易藏老鼠、鸟类,不经久耐用。

猪舍加设吊顶,可明显提高其保温隔热性能,冬季可使舍内温度提高 8~10 度。吊顶材料也要求具有防潮、耐用、防火、保温隔热等特性,高强度塑料可作为吊顶的首选材料,其次为层板、竹板、木板等材料。

5. 圈围栏　主要有两大类,一类是水泥土砖、石头围栏,修建方便,坚固耐久,造价低廉,但挡风、挡光。一类是金属围栏,可定型生产,安装方便,经久耐用,但应注意防腐蚀的问题。

第三节　猪舍的形式

一、猪舍类型及其建筑特点

(一)猪舍类型　猪舍是猪生存最直接的环境,猪舍建筑必须体现各类猪对环境的不同需求。按建筑外围护结构特点主要分为以下三种类型:

1. 敞棚式　这种猪舍只有屋顶和地面,外加一些栅栏式围栏或拴系设施,无任何围墙。采光、通风良好,对雨、雪、太阳辐射等有一定的遮挡作用,但受外界环境影响大。一般在炎热地区采用或作为炎热季节临时装配的简易猪舍,可作为公猪舍、配种母猪、妊娠母猪、肥猪使用。

2. 半开放式　该种猪舍端墙完整,侧墙为半截墙,上半部完全开敞。该类猪舍采光、通风良好,但除了对冷风有一定的遮挡外,舍内环境受外界影响依然很大,适合在炎热地区或公猪舍、配种母猪、妊娠母猪、肥猪等部分猪舍采用。

3. 封闭式　屋顶、墙壁等外围护结构完整,没有经常开启的门窗的猪舍,称为封闭式猪舍。这种猪舍又分为有窗式封闭舍和无窗式封闭舍,前者造价小,对环境的控制能力很有限,但如果对外围护结构和地面做好保温隔热设计,可有效的改善环境控制功能,适合我国绝大多数温暖地区的产仔舍和保育舍以及北方寒冷地区的各类猪舍;后者一般可人工调控舍内环境,甚至实行机械化或自动化,但投资大。

从猪舍建筑形式上,猪舍建造分双列式、单列式和半坡式等类型(见图7-3)。

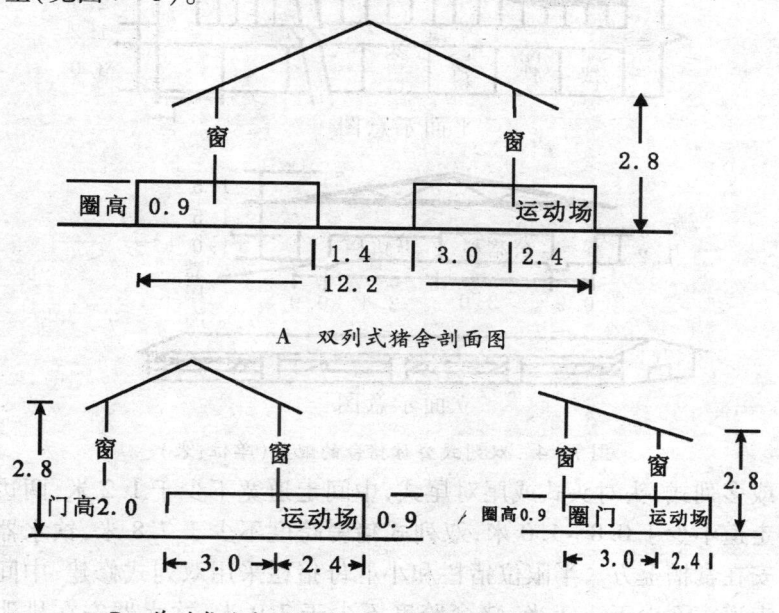

A 双列式猪舍剖面图

B 单列式猪舍剖面图   C 半坡式猪舍剖面图
图7-3 双列式、单列式和半坡式猪舍类型(单位:米)

(二)各类猪舍建筑特点

1. 公猪舍 公猪舍可采用单列式或双列式单独修建,也可与待配母猪舍建在一起。公猪舍设运动场,保证其充足的运动,防止公猪过肥,对其健康,提高精液品质,延长使用年限等均有好处。公猪圈要求比母猪圈和肥猪圈宽大,面积一般为7~9平方米,运动场也应较大。后备公猪可群养,配种公猪单养。配种栏可单建,也可利用公猪圈和母猪圈。双列式修建的公猪舍,中间走道宽不少于1.2米,猪舍跨度不少于7.4米,饮水器安在排泄区。图7-4为双列式公母猪舍的配置。

2. 配种、怀孕舍 母猪配种怀孕栏有三种形式:母猪限位单体栏、半限位猪栏和小群母猪栏。母猪限位单体栏可建成双列式

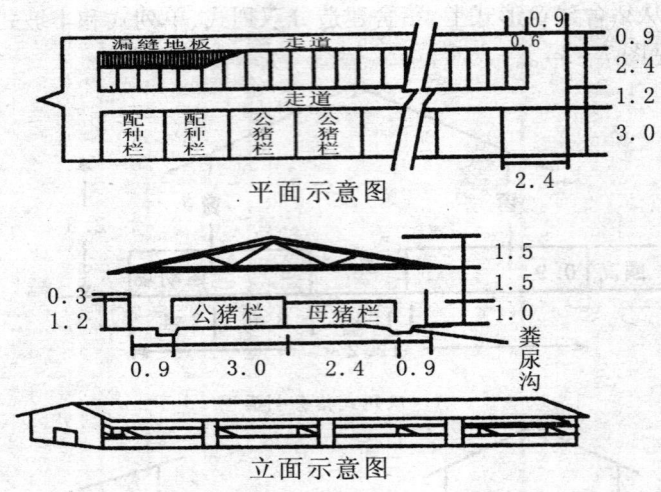

平面示意图

立面示意图

图7-4　双列式公母猪舍的配置(单位:米)

或多列式,头对头式或尾对尾式,中间走道宽不少于1.2米,两边走道不少于0.8~1.0米,双列式猪舍跨度不少于7.8米,饮水器安在食槽上方。半限位猪栏和小群母猪栏采用双列式修建,中间走道宽不少于1.2米,猪舍跨度不少于7.0米,饮水器安在排泄区。

(1)母猪单栏限位　半漏缝地面,地面坡度2%,漏缝地板尺寸1.0米×0.6米×0.04米,缝隙间宽0.022~0.025米,混凝土饲槽。非漏缝地面,猪床易被粪尿污染、潮湿,不便清洁卫生,猪体后躯脏,不利于发情观察,易引起生殖道疾病。如图7-5。

(2)半限位猪栏　3~5头母猪饲养在同一猪栏内,为了防止母猪争食打架,造成流产,在槽栏前方设置与饲养量等同的限食架位,为了加强母猪运动和便于猪栏的清洁卫生,每一猪栏设置一个运动场。运动场外设明粪沟。如图7-6。

(3)小群母猪栏　几头母猪小群饲养在同一猪栏内,不设限位架,其他类似于半位母猪栏。每头母猪所需猪栏面积2.5平方米,每个圈栏面积7.5~10.0平方米。本类型猪舍可参照图7-5

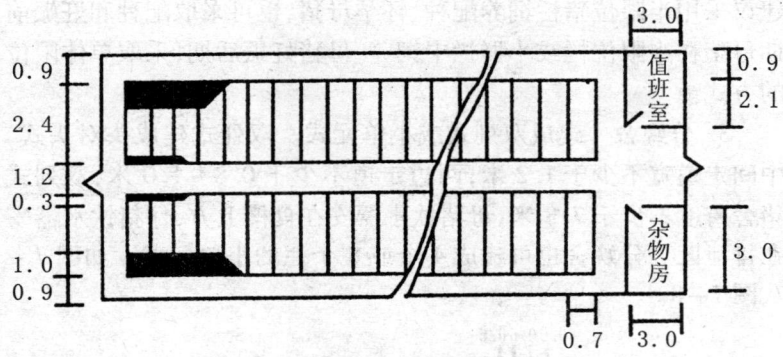

图7-5 配种、妊娠母猪单栏半漏缝猪舍平面图(单位:米)

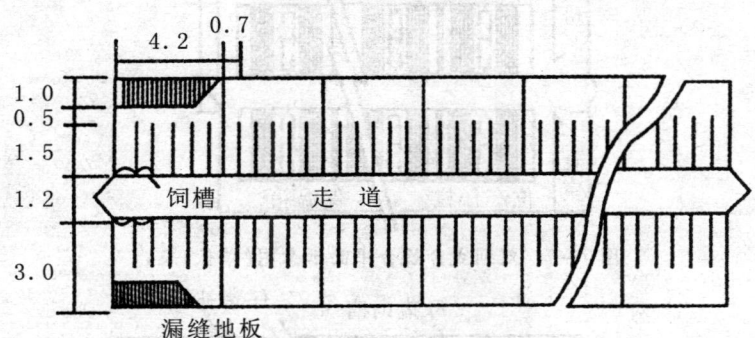

图7-6 配种、妊娠母猪半限位半漏缝猪舍平面图(单位:米)

修建,小群头数以3~4头为宜。

(4)不同圈栏形式比较 限位单体栏,母猪饲养密度大,可有效提高圈舍利用率,并可防止母猪因母猪彼此争食打斗造成的机械性流产,但是该种栏型投入相对较高,母猪由于缺乏运动,肢蹄病发生率较高,母猪的利用年限缩短;母猪小群饲养,彼此间相互爬跨运动,便于发情配种和提高母猪的利用年限,同时易于清洁卫生,但饲养密度较之限位单体栏小,且易造成母猪机械性流产;半限位母猪栏,综合了以上两种栏形式的优点,克服了两者的弊端,投入成本不太高,既限位采食,又便于运动,生产效果理想。因此,建议采用半限位猪栏饲养配种、怀孕母猪,也可采取配种和妊娠前期母猪在半限位栏或小群栏中饲养,母猪妊娠后期,采取单体限位的方式。

3. 分娩舍 建成双列式或小单元式。双列式建成头对头式,中间走道宽不少于1.2米,两边走道不少于0.8～1.0米,双列式猪舍跨度不少于7.8米,母猪饮水器安在食槽上方,仔猪饮水器安在排泄区。分娩舍也可建成4个或8个栏的小单元式。如图7-7、图7-8。

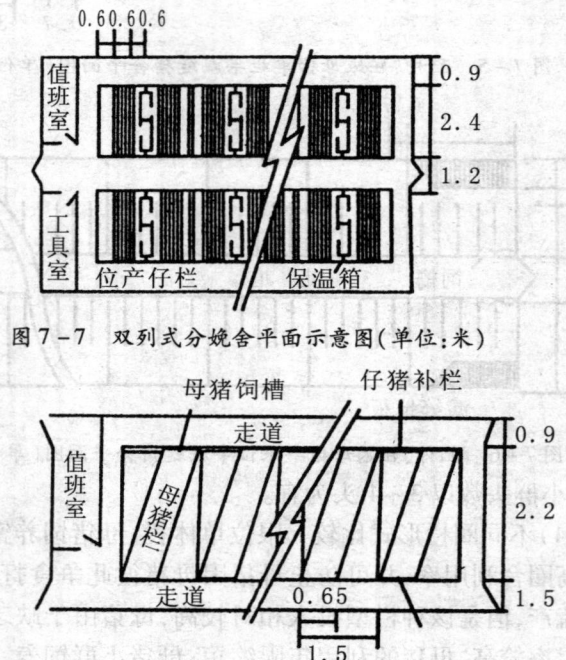

图7-7 双列式分娩舍平面示意图(单位:米)

图7-8 单列式分娩舍平面示意图(单位:米)

4. 保育舍 建成双列式,头对头式,中间走道宽不少于1.2米,两边走道不少于0.8～1.0米,猪舍跨度不少于7.0米,饮水器安在排泄区。如图7-9、图7-10。

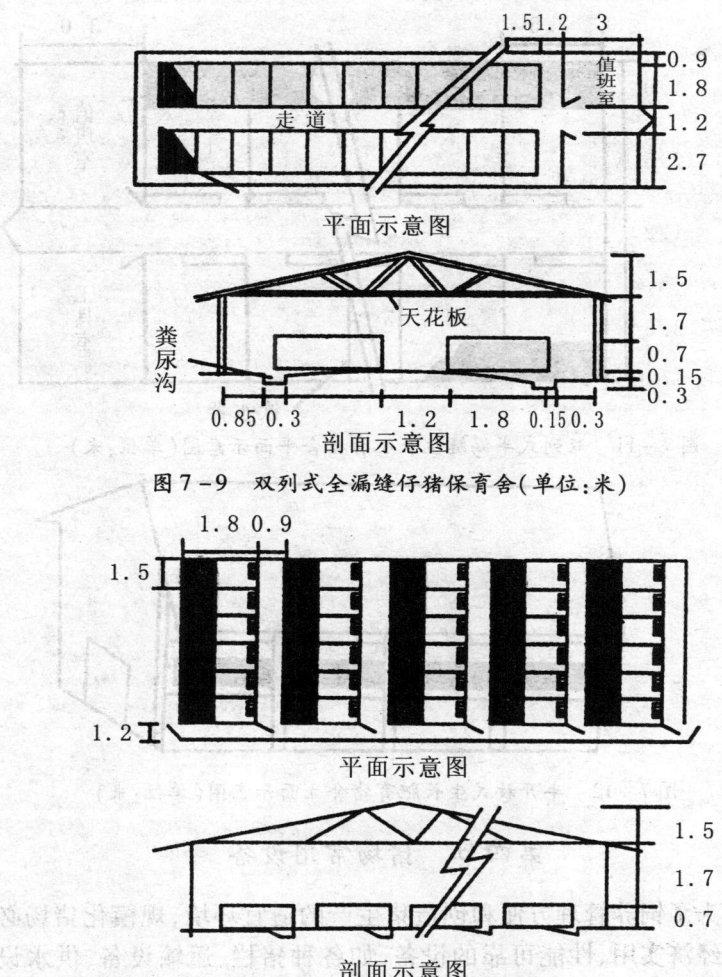

图 7-9 双列式全漏缝仔猪保育舍(单位:米)

图 7-10 多列式全封闭半漏缝仔猪保育舍(单位:米)

5. 生长肥育舍 为减少猪群周转次数,往往把生长和育肥两个阶段合成一个阶段饲养,生长肥育猪多采用地面饲养,猪舍位双列式,每头占地面积0.8~1.0平方米,食槽宽度每头0.35~0.40米,以原窝一栏饲养为宜。如图7-11、图7-12。

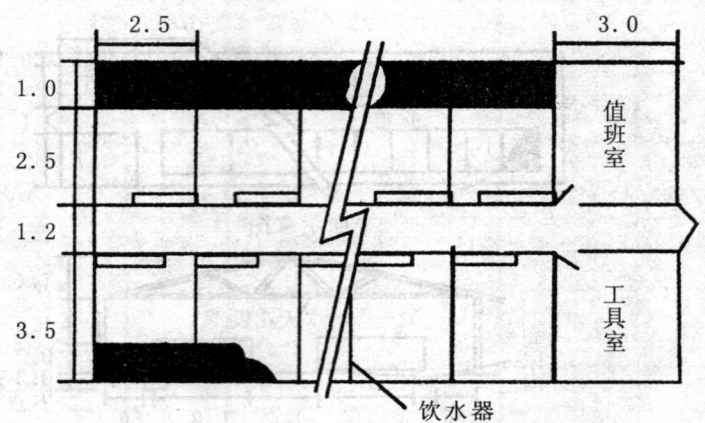

图7-11 双列式半漏缝生长肥育猪舍平面示意图(单位:米)

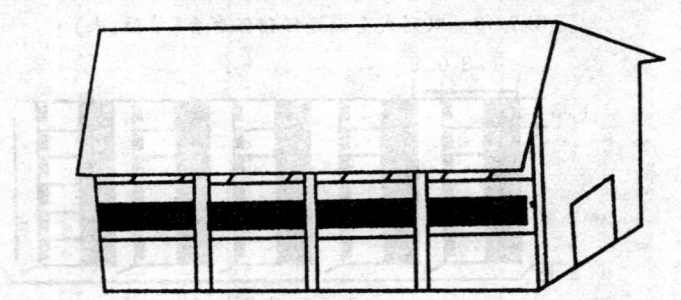

图7-12 半开放式生长肥育猪舍立面示意图(单位:米)

第四节 猪场常用设备

为了饲养管理方便和创造猪生产的适宜环境,规模化猪场必须有经济实用、性能可靠的设备,如各种猪栏、运输设备、供水设备、饲料加工、贮存、输送及喂养设备、通风防暑、保温设备、粪便处理、尸体处理设备等。这些设备的科学合理和配套性能对猪场的生产管理和经济效益有很大影响。在设备配套中应注意的问题,一是要集中财力保重点。以分娩、保育舍作为配备各种设备的重点,根据猪场财力,兼顾其他猪舍,尽量配套完善的设备。二是要高度重视环境控制和卫生防疫方面的设备设施建设。

一、选择设备的原则

经济实用,坚固耐久,方便管理,设计合理,符合卫生防疫的卫生要求。

二、舍内必备设备及规格

随着我国规模化养猪业的发展,已经形成了比较完整的养殖工艺设备工业体系,出现了许多专业化生产养猪成套设备及各种辅助设备器具的公司或厂家,可以生产系列化的环境控制设备、机械喂料系统设备和各类养猪生产的辅助设备。各地可以根据自己的实际情况,选购成套的设备或各类器具,以方便管理,提高劳动生产效率,降低养猪成本。

(一)围栏设备

1. 公猪栏与配种栏

(1)公猪栏 公猪栏一般采用个体散养,以避免相互打斗。公猪栏的规格是2.4米×3米×1.2米。常用的结构有两种:全金属栅栏,该栅栏便于观察猪群,消毒清洁容易,但造价较高;砖墙间隔加全金属栏门,这种结构的通风性较差,但造价较低。

公猪圈栏也可按传统圈舍设计修建,带运动场,以增加运动,提高公猪的繁殖配种能力。

(2)配种栏 应采用较封闭的结构,常用规格是2.4米×3米×1.2米,围栏最好用砖墙。栏内通常还设有母猪配种架,供配种时用,地面不能太光滑,以免配种时公、母猪滑倒。

2. 母猪栏

(1)空怀和妊娠全期都是单体限位饲养。通常用全金属栅栏制造,栏的尺寸2.1米×0.6米×1米。这种方法集约化程度高、猪舍建筑占地面积小,喂料、观察、管理都较方便,母猪不争吃打斗,相互干扰少,可减少流产。但投资较大,且母猪运动较少,对母猪生育有些影响。

(2)空怀和轻胎期小群(每栏3~5头)饲养、重胎限位饲养。

母猪小群饲养栏有两种结构,即全金属栅栏或砖墙间隔加金属栏门。猪栏的大小主要是根据每栏饲养的头数决定,平均每头猪的占栏面积应为1.8~2.5平方米。

3. 产仔哺乳栏　在所有围栏中产仔哺乳栏的设计最为重要,因为它对提高仔猪存活率,提高断奶仔猪头重和整个猪场的经济效益有重大影响。高床全漏缝栏是最理想的结构。产仔哺乳栏的中间为母猪限位栏(有直线限位栏和对角线限位栏两种),两侧是仔猪采食、饮水、取暖和活动的地方。其长度一般为2.2~2.3米,宽度为1.7~2.0米,离地高度0.15~0.30米,母猪限位栏的宽度为0.6~0.65米,高度为1米。产仔哺乳栏的尺寸也要根据猪的品种或个体大小而定,常用的有(长×宽×高):2.25米×1.95米×1.3米和2.15米×1.85米×1.3米。

4. 保育栏　保育栏在围栏设备中也是比较重要的,按窝设计。保育栏采用高床全漏缝地面、全金属栏架、全塑料或铸铁地板、带保温箱、自动饲槽和自动饮水器,被认为是比较理想的结构,其最大的优点是可以保持床面干燥、清洁,使仔猪有一个较好的生长环境,常用的规格有(长×宽×高):2米×1.7米×0.6米,侧栏间隙0.06米,离地面高度0.25~0.30米。

5. 生长栏和肥育栏　从保育栏移出的仔猪的日龄为70天,体重达到22~25千克,已有一定的抗病能力,对栏舍和环境的要求较低,所以生长栏和肥育栏较为简易。为了节约投资,通常采用砖墙间隔和全金属栏门,再装上自动饮水器和食箱。

生长栏和肥育栏大部分也是一窝一栏。每头猪占栏面积0.8~1平方米;常用规格(长×宽×高)3.5米×2.5米×0.9米。

(二)饲料加工设备　饲料加工机械开始时只有粉碎机、搅拌机等单机,逐步发展成为全套的加工机组,包括物料输送、清理分级、粉碎、电子配方、计量、搅拌、制粒、包装等成套机电设备。可以生产全价饲料、浓缩饲料和添加剂预混合饲料等。饲料加工机械涉及面广,品种繁多,不同猪场可根据饲养规模选择不同生产能力的饲料加工机械。

（三）饲喂设备　规模化猪场饲料的贮存、输送和喂养，不仅花费劳动力多（约占总工作量的 30% ~40%），而且对饲料利用率及清洁卫生都有很大的影响。发达国家规模化猪场非常重视饲料贮存、输送和喂养的机械化。最好的方法是饲料厂加工好的饲料用专用运输车将饲料先送入贮料塔，再通过螺旋或其他输送器将饲料直接输送到食槽或自动食箱，这种工艺过程的主要优点是：饲料始终保持新鲜；节约饲料包装和装卸费用；减少饲料在装卸过程中的散漏损失；减少饲料污染；自动化、机械化程度高，节省大量劳动力。

饲料贮存、输送和喂养设备主要有饲料塔、饲料输送机、加料车、食槽和自动食箱等。

（四）供水设备

1. 供水系统　规模化猪场的供水系统主要包括猪饮用水和清洁用水的供给。猪饮用水的供给在国内外规模化猪场中广泛采用自动饮水系统。主要包括供水管路、过滤器、减压阀和自动饮水器等。采用这个系统有许多优点：可以随时供给新鲜干净的水，减少疾病传染；节约用水，节省开支；避免饮水溅洒，保持栏舍干燥。

2. 猪自动饮水器　猪自动饮水器种类很多，一般可分为鸭嘴式、乳头式、吸吮式和杯式四种，每一种又有多种结构形式。采用自动饮水器的供水系统，为防止饮水器的堵塞，保证猪只正常饮水，在饮水管路中应安装过滤器，并注意保持饮水管路中的供水压力（1 ~2.5 ×10^4 千克/平方米）。各种猪群饮水器安装高度（米）：公猪 0.6 ~0.7，母猪 0.55 ~0.60，仔猪 0.15 ~0.20，保育仔猪 0.25 ~0.30，生长中猪 0.35 ~0.40，肥育大猪 0.45 ~0.50。

（五）尸体处理设备　规模化猪场饲养密度高，规模大，疾病流行迅速，危害大，搞好死猪处理是防止疾病流行的重要措施。对死猪处理的原则是：因烈性传染病（如炭疽、气肿疽）而死的病猪尸体，必须进行焚烧火化处理；因猪瘟等虽然传染激烈，但用常规消毒方法容易杀灭病原体的病猪和其他伤、病死亡的尸体,可用深埋法和高温分解法处理。

1. 焚化炉　焚化炉由油(或沼气)燃烧器焚化,这种设备处理死猪迅速卫生,臭味和残渣少,适合少量死猪的处理。

2. 毁尸坑　毁尸坑是由砖和混凝土等修建的可密闭的尸体处理设施,一般深 10 米,直径 3 米左右,它利用尸体厌氧分解产生的高温杀灭病原菌,处理方法简单实用,投资少,处理量大,管理方便。适合中、小型规模化猪场使用。毁尸坑须设置在猪场的下风区,离生产区、河流、水井 1 千米以外较干燥的地方。

3. 深埋法　对少量猪尸也可选择偏僻干燥的地方挖坑深埋,坑深 2 米以上。坑挖好后,底部先撒一层生石灰,投入猪尸,再撒一层生石灰,用土埋实。这是传统的处理方法,既麻烦工作量又大,不适宜处理传染病猪尸。

(六)清洗消毒设备　常用的消毒设备有两种:①高压喷雾系统,该系统设置在整个生产线全部猪舍内,每周定期对所有猪舍全面消毒 1～2 次,可以自动控制,操作方便,节约药液,工作效率高,效果良好。②单机各种各样的喷雾消毒机、火焰消毒器。

下面简单介绍两种常用的消毒设备:

1. 冲洗喷雾消毒机　该机集冲洗和喷雾消毒功能于一体,使用方便,性能可靠。工作时,柴油机或电动机启动带动活塞和隔膜往复运动,清水或药液先被吸入泵室,然后被加压经喷枪排出。

该机工作压力为 $15～20×10^4$ 千克/平方米,流量为 20 升/分钟,冲洗射程 12～14 米,是规模化猪场较好的清洁消毒设备。其主要优点有:高压冲洗喷雾,冲洗干净,节约用水和药液;喷枪为可调式,既可冲洗,又可喷雾;活塞式隔膜泵可靠耐用;体积小,机动灵活,操作方便;能减轻劳动强度,工作效率高。

2. 火焰消毒器　猪场防疫要求杀菌率必须在 95% 以上,用药物消毒一遍,平均杀菌率约为 84% 左右,所以一般要消毒 2 次,这就加大了工作量和作业成本。此外,用药物消毒药物残留较多,而火焰消毒器则不存在这些缺点。它利用煤油高温雾化,剧烈燃烧产生高温火焰对猪舍内的设备及建筑物表面进行瞬时高温燃烧,达到杀灭细菌、病毒、虫卵等消毒净化的目的。

3. 粪沟自动冲洗设备 规模化猪场一般都采取将猪粪尿排入粪沟,然后再利用粪沟一端的冲水器将粪沟的粪便冲至总排粪沟排出。冲水器的形式很多,有简易放水阀、自动翻水斗、虹吸自动冲水器等。

4. 地面冲洗设备 在规模养猪场,地面清洁的劳动量很大,选配合理的地面冲洗设备对减轻劳动强度,提高劳动效率非常重要。现在常用的地面冲洗设备有两种,即各种地面冲洗设备和地面冲洗高压系统。后者是在生产线的各栋猪舍配置一套高压水路系统。有许多高压出水接头,将高压枪的调速接头接上即可使用。这个系统节约投资,使用方便。

(七)运输设备 包括仔猪运输车、场内运猪车、运猪车、散装饲料车、粪便运输车等运输工具。

(八)检测仪器和用具 随着科学技术的发展,规模化猪场所使用的检测仪器和用具越来越多,精度也越来越高,特别是种猪场公猪测定站,已有一套完整的先进的检测设备。下面仅就一般猪场常用的几种作简要介绍。

1. 妊娠诊断器 目前世界上使用最普通的妊娠诊断器是超声仪,主要是脉冲回波型或多普勒型。其中多普勒型超声波妊娠诊断器的主要特点是:不受外界噪音干扰;配种18天后早期诊断;诊断准确率高,准确率对妊娠母猪高达95%,空怀母猪达90%;母猪分娩时,若有活小猪留在子宫内也能检查出来;配有一盒妊娠录音带;小型轻便。

2. 活体超声波测膘仪 常用的有携带式数字活体测膘仪和B超图像活体测膘仪。

(1)携带式数字活体测膘仪 由测膘机体、探头和充电器组成。目前使用较多的是美国 RENCO 公司生产的 L—M 超声波直读数活体测膘仪。

（2）B超图像活体背膘测定仪　具有功能全、数据准确、直观和快速的特点，它既可以活体测定猪背部不同部位的背膘，也可同时测定背最长肌（眼肌）的横断面，并能准确地测量计算背膘厚度和眼肌面积。通过电视扫描系统，记录显示稳定清晰的图像，并能储存，与微机连接，能迅速地把结果打印出来。

三、猪场的必备设施

（一）猪场卫生防护和消毒设施　在猪场大门及各区入口处，各猪舍的入口处，应设相应的消毒设施，如车辆消毒池、人的脚踏消毒槽或喷雾消毒室、更衣换鞋间等。

（二）猪场内的排水设施　为了保证场地干燥，必须专设排水系统（最好采用雨水和污水分开的排水系统，缺水的地方可考虑库存雨水），以便及时排除雨水及猪场生产污水。排水系统多设置在各种道路的两旁及猪舍周边，一般采用斜坡式排水沟，以尽量减少污物积存。如采用方形明沟，其最深处不应超过 0.3 米，沟底应有 2% ~ 2.5% 的坡度，上口宽 0.3 ~ 0.6 米。暗沟或管道排水系统如较长（超过 200 米），应增设沉淀井，以免污物淤塞，影响排水。

（三）猪场的贮粪设施　猪场的贮粪场设置要根据粪污收集和处理的方式来选择不同的形式。

如粪尿分离时，因粪呈固态贮放，贮粪场体积可以设置得小一些，结构也比较简单。一般设计为深 1 米，宽 9 ~ 10 米，长 30 ~ 50 米的方形池子，底部用粘土夯实或做成水泥池底，以防粪液渗漏流失，且应有一定坡度，使粪水可直接流向集液井。每头猪所需贮粪池面积（按贮放 6 个月，堆高 1.5 米计算）为 0.4 平方米。位置离猪舍 100 米左右，粪便可通过猪场后门直接送往农田或运走。

如粪水不分，特别是当实行水冲清粪时，要求容积大的粪水贮集池（罐），容积可按体重 70 千克的猪每头每天 0.004 ~ 0.005 立方米，贮存 6 个月计算。粪水池一般深 2.5 ~ 3.0 米，宽度不大于

18米,有地上式、地下式及半地下式三种形式。

沉淀池　沉淀池可采用平流式或竖流式两种。为便于沉淀,沉淀池应大而浅,最大深度不超过1.2米,但水深应不小于0.6米,以保证粪水进入粪水池时不至于将已沉淀的沉渣冲起。沉淀面积的确定,一般以每小时粪水量来计算,即粪水流入量1 000立方米/小时配套1平方米沉淀池面积。

沼气池　利用沼气池可以把粪便污水等转化为生物能,是废物处理和利用相结合的一种很好的方法。

(四)猪舍附属设施　每栋猪舍应设有一些附属的值班室、饲料间等,一般都设在猪舍的一端,这样送料与清粪就不会交叉。也有一些猪场把两栋猪舍用附属用房连接起来,可以节约辅助面积,提高机械设备的利用率,但当有几栋排列时送料、清粪会交叉,因此也可由几栋猪舍合用一个辅助建筑,这样可使总平面紧凑,也便于提高管理水平和工作效率。并为以后向高一级自动化提供可能性。

(五)后勤保障设施　一个完善的猪场还应有饲料车间、出猪台、自备电机房、生产资料仓库、锅炉房、水塔以及各种生活福利设施等。

第五节　农村圈舍改造技术要点

千家万户是四川养猪主体,实施母猪良种化,生产高质量的商品瘦肉猪,是我省养猪生产的重要工作。在实施母猪良种化过程中,存在母猪发情观察难、配种难、仔猪保温难等突出问题,重要原因是农户传统母猪圈舍阴暗潮湿、无仔猪保温与补饲设施等。

一、农村猪舍存在的主要问题

1. 猪舍阴暗,光线不足　大多数农户修建的猪舍是在房前屋后搭起的简易猪棚,房屋低矮,既无窗户,屋顶又无透光口,猪舍阴暗,光线严重不足,这种圈舍不适合饲养以阴户红肿变化为主要发情特征的良种母猪。在农村良种母猪配种难,除没有掌握良种母猪繁殖配种技术要点外,阴暗的猪舍也是影响良种母猪配种难的主要问题。

2. 既不防暑,又不保暖　农村猪舍大体上可分为两类,一类猪舍由于房屋低矮,四面封闭,无窗,通风透气严重不足,夏季猪舍内闷热;另一类猪舍一面或两面无墙,封闭不严,冬季保温效果差。

3. 无仔猪诱饲栏和保温设施　农村猪舍普遍没有专门设置供仔猪生活的诱饲栏和保温实施等。仔猪出生后,与母猪生活在同一圈内,靠挤堆或挤靠母猪取暖,母猪踩压死仔猪严重,仔猪黄白痢率高,成活率低,生长发育差。

4. 地面潮湿,卫生条件差　部分农户仍采取"清汤灌大肚"的饲养方式,加之地面不平整,坡度不足,猪舍内长期积水,湿度大,圈舍脏;一些地区还有在猪舍内积厩肥的习惯,猪较长时间生活在厩肥上,易滋生多种疾病。

5. 猪舍面积不足　农户饲养的主要是地方猪种,猪舍面积普遍较小,在这种圈舍条件下,不宜饲养比我国地方猪种体格明显偏大的培育猪种和引进猪种。

二、农村猪舍改造的一般原则

1. 增设窗户,安装亮瓦　在猪舍易采光的墙壁上,开设或增设窗户,屋顶安装亮瓦,搬走猪舍上面堆放的杂物,增加猪舍的光亮度,这既提供了猪生产生活所需的光照,又便于观察猪的生长状况和行为表现,尤其是观察良种母猪的发情特征。

2. 改造猪舍地面　猪舍地面可选择三合土地面、砖砌或石板地面和水泥碴沙土地面。三合土地面,造价低,保温性好,不滑,比泥土地面便于清洁消毒。砖砌或石板地面,施工时要求地面平整,砖与砖之间、石板与石板之间的缝隙要严格密封,否则易透水,这两种地面均便于清洁和消毒,砖砌地面具有较好的保温性能。水泥碴沙土地面,坚固耐用,耐酸碱,排水良好,便于清洁、消毒。猪舍地面应具3%的坡度,猪舍走道,宜比圈内地面高出 5～10 厘米。

3. 母猪圈内增设仔猪诱饲栏,栏内安装保温设施　母猪圈内设置仔猪诱饲栏(加盖),面积 1.2 平方米左右,栏内安装红外线灯泡或电热板等保温设施,供仔猪采食、活动、睡卧所用。在良好的温度条件下,仔猪较多时间生活在诱饲栏内,减少与母猪接触的机会,有利于降低母猪踩、压死仔猪现象,便于仔猪早期补饲,提高仔猪成活率。在无电或不具备保温设施时,采用垫草或吊草等方法保温,为仔猪尽可能提供好的生活环境。

4. 猪舍环境改善　采用漏缝(或部分)地面,安装饮水器和修建沼气池等工程改造,并实行"养殖业 – 种植业 – 沼气工程"三结合的物质循环利用模式处理猪粪尿,产生的沼气供民用炊事、照明等,沼渣、沼液作为有机肥料,用于作物、果园和蔬菜等种植业,也可作饵料喂鱼、虾或作食用菌、蚯蚓培养基。此利用模式投资少,工程简单,既为人民的生产生活提供了能源、肥料和养殖饵料,又降低了氮磷排放,改善土壤条件,保护农业生态环境,生态效益显著。

第八章 规模化养猪

第一节 规模化养猪的特点

规模化养猪是今后养猪业发展的方向,无疑对养猪生产的发展有着明显的推动作用。但是,我国地域辽阔,自然环境复杂,各地社会经济条件差别较大,养猪经营规模存在明显的区域性;同一地区内部,农村与城市近郊、平原与山区,规模经营也存在程度上的差异。规模化养猪生产经营属商品经济范畴,健全的社会服务体系是其重要依托,良种繁育体系、饲料生产体系、环境工程体系、疫病防治体系、技术服务体系、产品流通及价格体系、加工储运体系,这些都是我国养猪生产进一步发展的保证。因此,各地区应根据自身的社会经济发展和自然环境条件,确定适宜的发展模式与规模。

一、规模化养猪具备的物质技术条件

(一)经营方向正确 在兴建猪场之前,应进行认真细致的市场调查研究,经分析论证和科学预测,确认具备了规模养猪的基本条件后,才能着手建场,避免盲目行动。猪场的经营方向和经营规模,应与自己的经济实力、技术水平和当地资源等条件相适应,片面追求经营规模的作法是危险的。

(二)经营者及成员素质高 经营者及成员文化、科技及经营管理素质的高低,是规模化猪场是否成败的关键。生产经营规模扩大后,经营管理环节增多,需要的生产投入和产品产出也增多,这就要求生产经营者懂技术、善管理、会经营、统观全局、科学预测,正确解决什么时候生产、生产多少、怎样生产等一系列问题,而这些都必须依赖于生产经营者素质的提高。素质越高,对养猪科技和科技人才追求更强烈,越易吸收新的科学技术,使科学技术变成生产力,获得更佳的经济效益。

（三）具有雄厚的资金　一个年出栏 1 万头商品肉猪的自繁自养生产场，从用地、建舍、设备设施到引种(550～600头)及种猪培育等，总投资约需 600 万～700 万元。饲料是养猪的物质基础，一个 1 万头的自繁自养商品猪场，日需饲料量 11～12 吨，年需饲料量 4000 多吨，仅购饲料一项就需要大量的流动资金。可见，如果没有雄厚的经济实力和良好的资金来源作保证，猪场将无法正常运转。

（四）有一支强大的技术队伍　规模化猪场是科技含量高的企业，繁育体系的建立、饲料配方的筛选、生产工艺流程的实施、疫病防治程序的制定与执行、副产品及废物的开发利用等生产环节，并非简单劳动就可完成，它需要熟悉动物遗传育种、饲料营养、防病治病、环境控制、现代管理和市场营销的理论知识、具备实践经验丰富的专业科技队伍和文化素质较高的技术工队伍。

（五）市场条件优越　规模化养猪生产同其它企业生产一样，属于商品经济范畴，只有通过市场才能体现其产品的价值和效益的高低。在交通方便、经济发达、市场前景好、社会化服务体系健全的地区发展规模化养猪，才能在市场竞争中立于不败之地。在经济不发达的山区和边远地区，由于资金和饲料资源缺乏，技术薄弱，管理能力差，社会服务体系不健全，发展规模化养猪应慎重。

（六）技术关键　要想成功地办好一个现代养猪企业，必须采取以下五项关键技术措施：

1. 饲养的种猪应是良种　优良种猪是高效、优质商品猪生产的基础。现代养猪生产中的良种应该是经过多年选育的专门化配套品系或经筛选的高效杂交组合，它们具有很高的遗传潜力，表现出繁殖力高、生长快、耗料少、产肉性能好、抗病能力强等特性。未经选育的地方猪种或来源不清的种猪，生产性能较低，不适宜用于现代化养猪生产。优秀种公猪的引进尤为重要，直接影响到整个猪群的性能水平和猪场的经济效益，因此种公猪应来源于经过多年选育的核心群或种猪性能测定站经性能测定的优秀个体。

2. 平衡饲料与科学饲养管理 现代化的养猪生产方式,猪群常年饲养在猪舍内,所需的营养物质必须全部由人们提供。这就要求根据不同类群和不同生理生长阶段猪群的营养需要,科学合理地制定饲料配方,生产全价配合饲料,并严格按照生产工艺科学饲养管理。

3. 控制群发病 规模化养猪采用高密度的饲养方式,极易造成疾病的传播,各种传染病至今仍然是世界养猪业的大敌,例如猪瘟、猪肺疫、猪水泡病、伪狂犬病、蓝耳病等烈性传染病可能造成全群毁灭,必须高度重视,采取有效的预防措施,控制或消灭群发病。预防的主要措施有全进全出、免疫注射、投药预防、隔离消毒等。

4. 猪舍及设备设施 规模养猪首先要有各类猪舍和与之相应的设备设施。修建猪舍时首先要根据各类猪群所需的环境条件,采用工程措施来满足猪只对温度、湿度、光照、通风换气等的需要,有利于氨气、二氧化硫等有害气体的排出,尽可能使生产不受季节影响,从而有效地实行全年流水式生产作业。

5. 科学的经营管理 规模化养猪是流水式生产作业,各个生产环节紧密联系、相互制约,必须有一套先进的经营管理方法,严谨的工艺流程,详细的记录记载,合理的报表制度,这是分析猪场生产经营管理的第一手资料,是生产经营管理者了解猪场生产和解决实际问题的基础。

二、规模化养猪的基本特点

每个国家依据其工农业和科学技术的发展水平以及市场条件,对规模化养猪的形式、内容、任务等有不同要求,概括起来,规模化养猪有如下基本特点。

1. 按照生产工艺流程专业化的要求,将猪群划分为若干生产工艺群,主要有繁殖母猪群、保育仔猪群和生长肥育猪群。繁殖母猪群又包括后备母猪群、配种母猪群、妊娠母猪群和分娩哺乳母猪群。

2. 应用现代科学技术理论将各生产工艺群,按"全进全出"流水式生产工艺过程要求组织生产。首先是按一定繁殖间隔期组建一定数量的分娩哺乳母猪群,通过母猪(包括后备母猪)配种、妊娠、分娩、仔猪哺育等工作,以保证生产工艺过程中各个环节对猪只数量的需要。年出栏 1~3 万头的肉猪场,通常以 7 天为一个繁殖间隔周期即每隔 7 天组建一批分娩哺乳母猪群。

3. 拥有能适应各类猪群生理和生产要求的,又便于组织"全进——全出"各工艺流程猪群数量相适应的专用猪舍。专用猪舍包括公猪舍、配种舍、妊娠舍、分娩舍、仔猪保育舍、生长猪舍、肥猪舍(生长肥育猪舍)等,通过工程技术的处理,这些专用猪舍一般能满足猪的生物学特性和各类猪只对环境条件的需要。

4. 拥有优良遗传素质、高生产性能的猪群和完善的繁育制种体系;严密的兽医卫生制度、合理的免疫程序和符合环境卫生要求的污物、粪便处理系统。

5. 能均衡地供应各类猪群所需的各种全价饲料,按饲养标准配制各类猪群所需的饲粮,实行标准化饲养;拥有一支较高文化素质、技术水平和管理能力的职工队伍;全年有节律地、均衡地生产出既定数量和规范化的优质产品。

6. 应用现代养猪科技成果,促进生产力水平的提高 近几年来在我国大中城市近郊和沿海地区,先后发展起来的一批出栏几千头至几万头不等的规模化养猪场,以瘦肉型良种猪为饲养对象,采用工厂化养猪的设备设施和生产工艺流程,实行标准化饲养、环境控制和现代化管理,养猪生产水平显著提高。种猪年产 2.2 窝,肉猪 170~180 天体重达 100 千克,饲料转化率 3.2 以下,瘦肉率 60% 以上,出栏率 150% 以上,经济效益显著。

7. 环境保护 现代化的养猪企业,有较强的经济和技术实力,对副产物和废物加工及处理进行综合利用。如皮、毛、内脏等可引进技术,加工增值;粪污发酵产生的沼气,可提供能源,粪或沼渣经处理可生产有机肥料,从而获得良好的经济效益和生态效益。

可以看出规模化集约化养猪,是以商品生产为目的,应用高性能猪群,现代营养密度的饲养,最大限度地发挥生产潜力,提高劳动生产率,获取最大的经济效益。这是与传统养猪的区别所在,是我国养猪生产的方向。

三、当前我国规模化养猪存在的主要问题

(一)决策的盲目性 近几年发展起来的规模化商品猪场,一些经营者短期行为明显或另有所图,部分猪场是在猪价高的时候,未经认真分析论证和市场调查盲目兴建。由于片面地看重猪价,而忽视了规模化养猪具备的物质技术条件,结果以失败而告终。

(二)资金短缺,技术力量薄弱 部分规模化猪场,固定资产多数来源于银行贷款,流动资金严重不足,运转困难。不少规模化商品猪场几乎没有技术力量,不重视自身科技队伍的培养和建设,仅存依靠聘请技术顾问,缺乏常年专职技术人员,往往因技术跟不上使猪场遭受了重大的经济损失。

(三)饲养管理落后,不重视疫病防治 在饲养上,由于受传统养猪的影响,饲养粗放,饲料营养不平衡,猪只生长速度慢,饲料利用率低;管理混乱,未按现代养猪生产工艺组织生产,造成设备设施、猪舍利用和人力等方面的巨大浪费;不少猪场因存在猪舍及设施布局不合理,内部设计不配套,猪舍间距小;不重视防寒保暖、通风降温和疫病防治,猪只死亡率高。

(四)制种体系不完善 不少商品肉猪生产场,没有形成或不够重视自繁体系的建立,仔猪来自农村千家万户,这样不可避免受到疾病的严重威胁,加之仔猪大小、质量参差不一,整齐性差,影响肥育效果和胴体品质。

第二节 生产工艺流程

规模化养猪生产工艺流程的制定要依赖于猪种、饲料营养、机械化程度和经营管理水平等实际情况,不能生搬硬套,盲目追求先进,所以因地制宜制定生产工艺是规模化养猪首先要解决的问题。规模化养猪最主要的工艺特点是有计划、有节奏、全进全出均衡地

生产。

一、生产工艺流程的划分

根据目前生产上采用的生产工艺流程大体上可分为四个阶段、五个阶段和六个阶段三种生产工艺流程。

（一）四阶段生产工艺流程　通常将猪群划分为配种妊娠、分娩哺乳母猪（哺乳仔猪）、保育仔猪和生长肥育猪4个工艺猪群，并建有相应的配种妊娠母猪、分娩哺乳母猪（哺乳仔猪）、保育仔猪和生长肥育猪专用圈舍。整个过程有3次转群，适合规模小的养猪场。其特点：①因猪群数量少，减少了猪舍修建种类和猪舍维修费用；②工艺环节少，便于操作管理；③转群次数少，减少了转群应激和工作量。

（二）五阶段生产工艺流程　分为两种，一种是空怀及早孕母猪、妊娠母猪、分娩哺乳母猪、保育仔猪、生长肥育猪5个工艺猪群，由于空怀母猪和妊娠母猪分开，有利于发情观察，便于配种，提高繁殖效率；另一种是空怀妊娠母猪、分娩哺乳母猪、保育仔猪、生长猪和肥育猪5个工艺猪群，因生长猪与肥育猪分开，可以充分满足猪只从断奶到上市过程中对不同饲料营养和环境条件的需要，最大限度地发挥其生长潜力，提高养猪效率。与四阶段相比，增加了一次转群，相应增加了一次转群负担和猪只的应激；又由于猪群增加，猪舍修建种类和猪舍维修也相应增加。几千上万头规模的养猪场可采用这种生产方式。

（三）六阶段生产工艺流程　六阶段生产工艺流程是把猪群划分为空怀及早孕母猪、妊娠母猪、分娩哺乳母猪、保育仔猪、生长猪和肥育猪6个工艺猪群，整个过程有5次转群。这种工艺过程具有五阶段生产工艺流程的优点，还由于猪群划分较细，便于猪群全进－全出和猪群保健。但由于猪群划分较多，猪舍修建和维修增加；转群次数5次，比四阶段生产工艺流程增加2次，进一步增加了劳动量和猪只应激。此工艺适合万头至几万乃至几十万头规模的大型养猪场。

二、生产工艺流程

在兴建或改建猪场时,首先应根据饲养规模和自身的设备设施条件等,确定所采用的生产工艺,进而确定所需的猪舍类型和各种圈栏数量,现以五阶段第一种生产工艺 10 000 头商品肉猪规模为例,说明其流程过程及其要求。

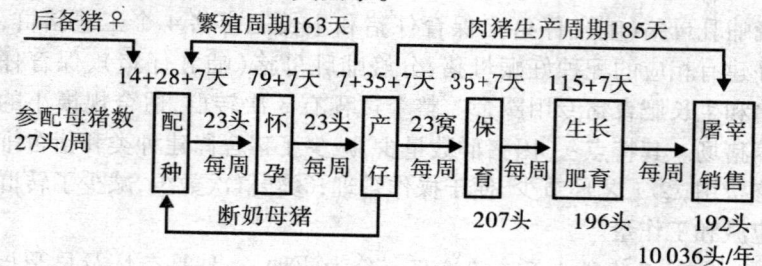

图 8-1 10 000 头猪场生产工艺流程

母猪断奶后进入配种及早孕母猪群,发情鉴定、配种和妊娠诊断,饲养时间一般为 42 天;配种母猪经妊娠确认后转入妊娠母猪群,饲养时间 79 天,产前 7 天转入分娩哺乳母猪群,母猪产后 35 天断奶,断奶母猪转入配种及早孕母猪群,饲养时间 42 天,35 天断奶仔猪后转入保育仔猪群,仔猪保育 35 天,保育结束时转入生长肥育猪群,肥育 110~115 天。

(一)确定繁殖节律 繁殖节律是指在一定时间内,为获得拟定数量的产品(仔猪或育肥猪),组建哺乳母猪群,我们把组建哺乳母猪群的时间间隔称为繁殖节律。严格合理的繁殖节律是实现全进——全出流水式生产工艺的前提,也是均衡生产产品、有计划利用猪舍圈栏和合理组织生产管理的基础;有利于周、月、年工作计划的制定,避免管理混乱和生产盲目性。年产 1~3 万头肉猪的企业多实行 7 日制。与其他节律比较,7 日制有以下优点:

1. 有利于将 1 周内每个工作日的技术工作和劳动合理安排和明确区分。

2. 将繁重的技术工作和劳动任务安排到周内工作日,避开周末和周日。

3. 有利于按周、按月、按年制定工作计划,建立有秩序的工作和休息制度,减少工作的混乱和盲目性。

(二)确定工艺参数   工艺参数是指反映猪群生产、技术和管理水平等因素在内的各种重要数据,也是猪场要实现的生产目标或所要达到的技术指标。它是准确计算场内不同猪群常年存栏数、各种圈栏数、饲料需要量和产品数量的主要依据。各场应根据自身猪群的生产技术水平、管理水平、物质保证等实际条件和已有的历年生产记录及各种信息资料,实事求是地确定生产工艺过程所必需的参数。下面以年出栏 10 000 头肉猪规模和假定的生产参数为例,加以计算及说明。

1. 年平均需要母猪总头数   年平均需要母猪总头数 =(计划年出栏商品肉猪数×繁殖周期)/(365 天×窝产活仔数×各阶段猪的成活率)=(10 000 × 163)/(365 × 10 × 0.9 × 0.95 × 0.98)= 533(头)

2. 母猪年产胎次 = 365 天/繁殖周期(天)= 365/163 ≈ 2.24 窝

3. 每周受孕母猪数或转入产仔车间的母猪数为:533 头 × 2.24 窝/52 周 ≈ 23 头/周

4. 每周参配母猪数   受胎率 85%,每周参配母猪数 = 23/0.85 ≈ 27 头/周

5. 公猪数   母猪总数×公母比例 = 533 头 × 1/25 = 22 头

这样,每周 23 头母猪进入产仔车间分娩,有 23 窝产仔,初生仔猪 230 头,207 头断奶仔猪进入保育车间,197 头幼猪进入生长肥育车间,193 头猪出栏,主要工艺参数列入表 8 - 1。

表 8 - 1   主要工艺参数

项　　目	参数	项　　目	参数
妊娠期(天)	114	生长育肥猪成活率(%)	98
哺乳期(天)	35	出生时体重	1.3

项目	参数	项目	参数
保育期(天)	35	35日龄体重	7.5
断奶至配种平均间隔(天)	14	70日龄体重	22
繁殖周期(天)	163	平均日增重(克):	
繁殖节律(天)	7	出生~35日龄日增重(克)	177
配种受胎率%	85	36~70日龄日增重(克)	414
窝产活仔数(头)	10	71~185日龄日增重(克)	678
哺乳仔猪成活率(%)	90	公母猪年淘汰或更新率(%)	25
保育仔猪成活率(%)	95	母猪临产入产房时间(天)	7

（1）母猪的繁殖周期 是指母猪相邻两胎次之间的时间间隔期即繁殖母猪从断奶开始,经过发情配种、妊娠、分娩、哺乳生产环节,到下一次断奶之间的时间间隔。它主要由三个部分组成,即断奶到配种的时间间隔天数、妊娠期、哺乳期。妊娠期基本上是一个常数,其长短决定于断奶日龄的大小和断奶到配种再孕的时间间隔期。例如,某猪场采取35天断奶,其断奶至配种再孕的时间间隔平均为7天,则繁殖周期为156天;如断奶至配种的平均间隔时间14天,则繁殖周期为163天。所以,尽可能缩短断奶期并保证母猪在断奶后较短时间内正常发情配种,就会缩短繁殖周期,增加母猪的年产胎次,从而提高母猪的年生产力。

（2）繁殖周期肉猪生产周期 是指商品肉猪从出生到出栏的天数。它主要由仔猪哺乳期、保育期、生长期、肉猪肥育期四个阶段的天数组成。如果在较短的时间内达到上市体重,肉猪生产周期就较短,每年就可生产更多的猪肉。所以,肉猪生产周期反映了一个猪场的生产技术水平。现阶段国内饲养外种猪的商品猪场,肉猪生产周期一般在170~180天。

（3）母猪的淘汰率 也是影响猪群生产水平的重要工艺参数。淘汰率高(青年母猪占的比例大)或低(老龄母猪数增加),都会降低生产水平,同时淘汰率高,还会增加后备猪的培育费用,为

保证猪群良好的年龄结构和性能水平,母猪淘汰率以 25% ~30%
为宜。引进后备猪,在既要保证一定的选择强度,又不增加后备猪
培育费用的前提下,后备猪占繁殖母猪的 40% ~50% 为宜。引进
的后备猪应来源于种猪繁殖群或核心群,后备公猪应来源于核心
群或种猪性能测定站经性能测定的优秀个体。

（三）各工艺类群猪常年存栏数　各工艺类群猪常年存栏数
是确定各类圈栏需要量,计算特定规模猪场饲料需要量的基本参
数。按照五阶段第一种生产工艺流程、工艺参数、各类猪群的饲养
时间等,就可计算出各工艺类群的常年存栏数,其计算方法如下:

公猪头数 = 母猪总头数 × 公母比例

后备公猪(合格) = 淘汰公猪数 = 公猪头数 × 淘汰率

后备母猪(合格) = 淘汰母猪数 = 母猪总头数 × 淘汰率

配种及早妊母猪 = (母猪数 × 饲养日数)/繁殖周期

妊娠母猪 = (母猪数 × 饲养日数)/繁殖周期

分娩哺乳母猪 = (母猪数 × 饲养日数)/繁殖周期

哺乳仔猪数 = (母猪数 × 窝产活仔 × 断奶仔猪成活率 × 饲养
日数)/繁殖周期

保育仔猪数 = (母猪数 × 窝产活仔 × 断奶仔猪成活率 × 保育
仔猪成活率 × 饲养日数)/繁殖周期

生长肥育猪 = (母猪数 × 窝产活仔 × 断奶仔猪成活率 × 保育
仔猪成活率 × 生长肥育猪成活率 × 饲养日数)/繁殖周期

表 8 - 2 是按配种及早孕母猪 42 天、妊娠母猪 79 天、分娩哺乳
母猪 42 天、保育仔猪 35 天、生长肥育猪 115 天饲养时间计算出的常
年存栏数。1 万头规模常年存栏数 5 849 头,出栏率 171(%)。

表 8 - 2　各类群猪的常年存栏数

	公猪	合格后备公猪	合格后备母猪*	配种及早妊母猪	妊娠母猪	分娩哺乳母猪	哺乳仔猪	保育仔猪	生长肥育猪
存栏数(头)	22	7	133	137	258	133	1 030	978	3 151

备注:* ——母猪淘汰率25%

(四)圈舍(栏)需要量　流水式生产工艺是否畅通,关键在于各专门猪舍是否具有足够的圈栏数。圈栏数量少,工艺不畅通,生产管理混乱;圈栏数量多,固定资产投入增加,资金和圈栏浪费大。按照现代化养猪生产工艺流程,根据工艺参数和不同工艺猪群猪舍占用时间,可准确计算出各工艺类群所需的栏位数。在计算时,还要考虑猪舍清洁、消毒、维修占用时间、必要的机动备用以及将来发展。猪舍清洁、消毒、维修时间一般3～7天,表8～3是按清洁、维修7天计算出的圈栏需要量。

1. 圈栏需要量的计算方法

(1)占用时间

公猪圈:365天;后备母猪圈:180天;后备公猪圈:180天;

配种及早妊母猪圈:49天即断奶至配种14天+配后观察28天+清洁、消毒、维护7天;

妊娠母猪圈:86天即妊娠79天+清洁、消毒、维护7天;

分娩哺育圈:49天即产前7天+哺乳35天+清洁、消毒、维护7天;

保育仔猪圈:42天即保育35天+清洁、消毒、维护7天;

生长肥育圈:122天即生长肥育115天+清洁、消毒、维护7天;

(2)圈栏需要量

公猪圈=(种公猪数×占用时间)/365

后备公猪圈=(后备公猪数×占用时间)/365

后备母猪数=(后备母猪培育数×占用时间)/365

配种及早妊母猪圈=(母猪数×占用时间)/繁殖周期

妊娠母猪圈=(母猪数×占用时间)/繁殖周期

分娩哺乳母猪圈=(母猪数×占用时间)/繁殖周期

保育仔猪圈=(母猪数×占用时间)/繁殖周期

生长肥育猪圈=(母猪数×占用时间)/繁殖周期

根据各类猪圈栏计算公式、圈栏占用时间和表8－1所列举的部分工艺参数计算,可得圈栏数量(表8－3)。

表 8-3　各工艺猪群圈栏需要量

	公猪*	后备公猪*	后备母猪*	配种及早妊母猪*	妊娠母猪*	分娩哺乳母猪*	保育仔猪**	生长肥育猪**
围栏数(个)	22	7	20	160	281	160	137(160)	399

备注：*单栏，**一窝一栏。

2. 圈栏位面积

猪栏面积须保证猪只能活动、采食(哺乳)、休息，以及管理人员进行操作。现代养猪通常是：种公猪好斗，一般单圈饲养较安全。配种母猪可单养，也可3～4头小群饲养。妊娠后期母猪为避免挤撞，减少流产的发生率，单圈饲养。产仔母猪网上离地单圈饲养(产仔栏)。保育仔猪原窝饲养(保育栏)。生长猪、肥育猪原窝群养(一窝一圈)。

下面是目前常采用的各车间猪栏面积(不包括走道等公摊面积)，供参考。

公猪栏　3×2.4=7.2(平方米)

母猪群养栏　3×2.4=7.2(平方米)

母猪限位单栏　2.3×0.6=1.48(平方米)

妊娠车间　2.3×0.6=1.48(平方米)

对角线限位产仔哺乳栏　2.3×1.5=3.45(平方米)，适于保温条件好的产仔舍。

垂直限位产仔哺乳栏　2.3×1.8=4.14(平方米)。两个产仔栏公用一个仔猪保温区。

断奶仔猪保育车间　1.9×1.5=2.85(平方米)

生长肥育栏　3.0×3.0=9.0(平方米)

(五)饲料需要量　根据各阶段猪常年存栏数和全年饲养量，利用各类猪的饲养标准、日饲养定额等数据资料，可以计算出猪场每日、每周、每月和全年的配合饲料需要量。又可根据饲粮结构(饲料配方)，就能计算出各种饲料原料的需要量，制定出饲料供应计划和储备计划，确保猪场生产顺利进行。

表 8-4　配合饲料需要量

	公猪	后备公猪	后备母猪	配种及早妊娠母猪	妊娠母猪	哺乳母猪	哺乳仔猪	保育仔猪	生长肥育猪
定额(千克)	2.5	2.5	2.5	2.0	2.5	5.0	0.1	1.0	2.5
存栏数(头)	22	7	133	137	258	133	1030	978	3151
每日饲料(千克)	55	17.5	332.5	274	645	665	103	978	7877.5
每月饲料(千克)	10947.5×30=328425.0								
每年饲料(千克)	10947.5×365=3995837.5								

（六）猪场产品　按照现代养猪工艺组织生产,实行标准化饲养,就能在拟定的时间内,获得预定数量规格整齐的产品,有利于组织销售,避免产品积压。10 000 头规模的肉猪场,淘汰种猪育肥 133 头,淘汰后备猪 80 头。肥猪和淘汰后备猪出栏重为 100 千克,淘汰种猪经育肥 200 千克出售。出栏商品猪重量（10 000 + 80）× 100 + 133 × 200 = 1 034 600（千克）,全群料重比 3 995 837.5/1 034 600 = 3.86。

（七）周内工作安排　实行流水式生产工艺要求有严密的生产计划和妥善的工作安排,周内工作安排是指把场内的生产、技术、管理和日常事务等工作科学合理地分配到每天进行,它是保证猪场生产正常运转,获得高效率的重要技术措施和管理措施。各场应根据本场的技术工作、技术水平和生产环节,制定适合自己的周内工作安排。

三、主要工艺技术

要保证工艺流程畅通,除必要的圈栏数量和周密的组织管理外,还应具备相应的工艺技术。

（一）母猪同期发情配种技术　同期发情指对母猪发情周期进行同期化处理的方法,即利用某些激素制剂或控制母猪断奶时间,人为地控制并调整一群母猪发情周期的进程,使之在预定的时间内集中发情。这种技术在规模化养猪生产中所起的重要作用,在于保证在同一繁殖节律内按时组建起规定规模的繁殖母猪群。

实现同期发情有两种基本途径,一种是向一群待处理的母猪同时施用孕激素,抑制卵泡的生长发育和发情,经过一定时期同时停药,随之引起同时发情。另一个途径是利用性质完全不同的另一类激素使黄体溶解,中断黄体期,停止孕酮分泌,从而促进垂体促性腺激素的释放,引起发情。

对于成年母猪,切实可行的一种方法是同期断奶,造成天然的同期发情。在哺乳期的适当时期,例如 4~6 周或更早,使一群母猪同时断奶,即可达到同期发情的目的。若在断奶的同时注射孕马血清促性腺激素(PMSG750~1000 国际单位),可获得较好效果,如在注射 PMSG 的同时或相隔 2~3 天后再注射绒毛膜促性腺激素(HCG)500 国际单位,效果更为满意。

对于后备母猪,在初情期即将来临时,有计划地安排集中给予每头注射 PMSG500~750 国际单位,即可达到同期发情的目的,同时起到集中早发情的效果。

同期发情技术在集约化养猪中一般是作为促进母猪按时发情的一种辅助手段,目的是为了保证有规定数量的母猪在同一节律内发情,因此在发情母猪数已达要求的情况下,一般不能随意采用,以免对母猪的利用年限有所影响。

(二)诱发分娩 采用前列腺素或其他类似药物,使母猪黄体酮退化,引发母猪分娩。诱发分娩可使母猪产仔发生在工作时间或相对集中的时间段进行,有利于工艺实施和生产管理。诱发分娩在预产期前 1~2 天进行,使用药物有氯前列烯醇等。

(三)全进全出 全进全出是相对于传统的连续进出的养猪方式而言的一种新的观念和管理策略,它要求所有猪只同时被移出一栋或一间猪舍,随后在新的猪只进入之前,猪舍被彻底清扫、消毒。"全进—全出"是均衡生产商品肉猪、有计划利用猪舍和合理组织劳动管理的基础。例如,某猪场每周分娩 24 窝,分娩舍中的一个产房设 12 个产栏,24 头分娩母猪进入 2 个分隔的产房,产后 4 周,养在同一产房的母猪及哺乳仔猪全进全出,此时仔猪转入保育舍,母猪迁回配种母猪舍,空出的产房就进行清洁消毒。保育舍一个房间有 6 个猪栏,可以养从一个产房中断奶的 12 窝仔猪。同一房间的幼猪从保育舍转入生长舍后,空出的房间就进行清洁消毒,以后养在同一栏的生长猪再转到同一育肥舍内。由于同周龄出生的猪全进全出,因而可做到有计划、有节奏地生产,并能按期对猪舍进行清洁消毒。

第三节　规模化养猪的技术要点

规模化养猪是按现代养猪生产工艺流程组织生产,在品种组合、繁殖技术、环境控制、经营管理等方面又有别于传统养猪,技术要点具有其特殊性。

一、品种和杂交组合

1. 所饲养的种猪是性能优良的外种猪、培育品种(系)和相应的杂种母猪。在一些饲养条件相对较差的地方,也可以是含本地猪血缘的二杂母猪。

2. 种母猪(包括后备猪)来源于我省或省外性能优良的种猪,本猪场不能选留后备种猪替换淘汰种猪,以免导致种猪品种或组合混乱,性能水平低下。

3. 种公猪应来源于核心场核心群和测定中心经性能测定的优秀个体。

4. 选择种猪主要看生长发育和性能水平,被毛颜色不是引种的决定因素。

5. 商品猪的杂交组合是经过测定,性能优良,经济效果好的高效杂交组合如 DYL、DLY、配套系杂优猪、含本地猪血缘的三元杂交。随着人民生活水平的提高,猪肉市场呈现多元化的消费模式,优质风味猪种及其杂交组合也是选择的对象。

6. 建立适度规模养殖场,形成场＋农户区域性规模养殖体系,盲目追求大规模的养殖场,并不适合四川饲料价格高,产品价格低"两头在外"的市场行情,风险大。

二、繁殖技术

(一)种公猪

1. 按 1:25 的公母比例配备公猪,确保配种公猪数量,若采用人工授精,公猪数量可少些。

2. 每月至少 1 次精液品质检查,保证精液质量。

3. 淘汰因病、老龄等不能使用或品质差的公猪,及时更新换代。

4. 定期进行伪狂犬病疫苗、细小病毒疫苗、乙脑疫苗等繁殖性障碍性疾病疫苗注射。

(二)种母猪

1. 根据生产工艺,妥善安排后备引进及培育,保证每周配种应有的种母猪数量,使工艺畅通。

2. 加强母猪发情观察、配种等技术工作,确保目标受胎率,达到每周应有的受胎母猪数。

3. 实行情期内 2 次配种或输精,确保受胎率和产仔数,注重仔猪饲养管理,提高成活率和各阶段重量,才能实现全年预定上市商品猪数量和适时出栏。

4. 定期进行伪狂犬病疫苗、细小病毒疫苗、乙脑疫苗等繁殖性障碍性疾病疫苗注射。

5. 采用肉眼观察(配种 18~25 天)和超声波妊娠诊断仪(配种后 28~40 天)进行妊娠诊断,加强妊娠母猪保胎管理工作,避免因饲养管理不当引起的机械性流产、死产、弱产。

6. 淘汰低产、老龄、患繁殖障碍性疾病等母猪,及时更新。

7. 同期发情　采用激素药物处理母猪,使之在相对集中的时间内同步发情,便于集中配种。

8. 产仔控制　同样使用激素药物,处理产前 2~3 天的妊娠母猪,使母猪在相对集中时间内产仔和在白天产仔,便于生产管理和工艺流程畅通。

9. 做好配种、产仔、哺乳成绩等生产记录记载。

三、标准化饲养技术

1. 根据工艺类群和品种组合,科学选择各种饲料和合理配置全价配合饲料。

2. 根据饲养标准,实行定额饲养。

3. 以精料为主,合理利用加工副产品,降低成本,提高效益。

4. 对断奶体弱母猪和妊娠后期(妊娠至 80 ~ 产前)母猪,增加 15% ~20% 的配合饲料量,实行"短期优饲",促使母猪发情排卵,尽早配种和受孕,增加初生仔猪个体重。

5. 适时出栏,不喂大肥猪。

四、环境控制

环境控制在猪场建设时就应充分考虑。

(一)防寒保暖

1. 猪舍设计　防寒保暖对仔猪特别重要,产仔舍和保育舍应重点考虑。要求设置天花板,在屋顶与天花板设置保温层,双层窗。墙体在保温隔热中起作重要作用,30% ~40% 热量是通过墙体散发的,可用空心砖或空心墙体。

2. 安装保温设备

(1)采用热水采暖(蒸气、加工废热水)、热风采暖(空调)等采暖系统,调节猪舍温度,对产仔舍、保育舍十分重要。

(2)局部采暖　产仔母猪舍的仔猪活动区还应局部采暖,以满足仔猪对较高温度要求。局部采暖设备主要有加热地板、加热保温板、红外线灯、保育箱。

(3)猪舍小单元饲养,利用猪体本身热源增加舍内温度。

另外,冬季应堵塞风口,地面饲养的还应铺设垫草。北方农户的火墙、土坑采暖方式,在猪舍采暖中也可以应用。

(二)防暑降温

1. 主要对象　产仔母猪、种公猪和妊娠母猪(尤其是单栏限位密集饲养方式)。

2. 降温的方法

（1）机械制冷方法，由于设备和运行费用都很高，不经济。

（2）湿帘风机降温系统　高温季节可使30℃左右的舍内温度降低3～4℃，且舍内湿度无显著变化，适合种猪舍，但产仔舍使用时间应严格控制，风速对仔猪影响大。

（3）喷雾降温系统　是种经济有效的降温方式，适合公猪舍、妊娠母猪舍、肥猪舍，缺点是湿度增大，易引发疾病。

绿化、通风也是有效的降温方法，还有滴水降温等方式。

（三）猪舍通风换气　通风换气是猪舍内环境控制的一个重要手段。

通风：在气温高的情况下，通过空气流动使猪感到舒适，以缓和高温对猪的不良影响。

换气：在猪舍密闭情况下，引进舍外新鲜空气，排除舍内污浊空气，以改善舍内空气环境质量。

猪舍通风主要有两种即猪舍的自然通风换气和机械通风换气。自然通风换气是指利用舍内外空气密度差引起的热压或风力造成的风压来促使空气流动而进行的通风换气，适于高湿、高温季节的全面通风及寒冷季节的微弱换气。对于夏季蒸发降温或开窗受到限制使高温季节通风不良，则要采用机械通风换气（换气扇，抽风机，电扇等）。

（四）绿化　在道路两旁、猪舍之间防疫隔离带、猪场四周等地方栽种树木花草，既美化了环境，又起到了降温、保暖等作用。绿化还可调节猪场温湿度、气流等，改善猪场小气候环境。绿色植物通过叶面水分蒸发吸收大量热量，降低周围环境温度，蒸发散失的水分还能调节空气湿度；高大的树木可遮阴。草地和树木可吸收大量太阳辐射，有利于夏季防暑。冬季，树木可挡风，降低猪场气流速度，减少猪舍冷风袭击，有利于防寒。

在猪场栽种绿色植物可通过光合作用吸收二氧化碳，并吸收空气中部分有毒有害气体，还能起到杀灭细菌的作用，改善猪场空气质量，达到净化空气的目的。

猪舍间种植隔离林木带,可防止人畜任意来往而引起的疫病传播,还能起到防火的作用。

(五)粪污处理与利用　粪尿分流,综合利用。既减少了污染,又节省了大量处理设备,符合国情。设置干粪堆放场,将人工收集的干粪运输到猪粪堆放场发酵、灭蝇蛆和除菌毒处理,尿污水由舍内排于舍外污水沟,经猪舍外的沉淀池流入污水处理池。

采取农牧结合,就地处理就地施用,使猪场粪污化作农肥,变害为利,使猪场的污染源就地消纳,既节省投资,又符合国情。

规模养猪的粪、尿是氮、磷污染的来源之一,但氮、磷又是农作物的有机肥料,采用农牧结合,不仅较好地解决了氮、磷污染的问题,又为农作物生产提供大量的有机肥料,是实现农业良性循环的一种经济有效的良策。据测算,年出栏 10 000 头肉猪的养猪场,大约排放 110 吨氮和 30 吨磷,按一般的施肥量(10 千克氮/亩)计算,约 5 000 亩农田就能就地消纳。

五、兽医卫生

(一)制订严格的兽医卫生制度和用具消毒措施;

(二)根据当地疫病流行情况,制定科学合理的免疫程序;

(三)在非疫区引种,引进后隔离观察至少 1 个月,经确认健康无病后方可合群;

(四)杜绝参观。

六、生产经营管理

(一)生产管理

1. 猪群管理

(1)猪群类别划分　根据猪不同生理生长阶段特点,将不同年龄和用途的猪划分为不同的猪群。如哺乳仔猪、保育仔猪、生长育肥猪、后备猪、成年母猪(断奶配种母猪、妊娠母猪、哺乳母猪)、公猪。

(2)品种结构　年出栏几百头的小型猪场可以选择 1 个品种组合,较大规模的养猪场可采用 2 个或 2 个以上的品种组合。所选择的组合应该具备生长速度快、饲料报酬好、胴体瘦肉率高等特点,目前普遍使用的杂交组合包括外种猪间的二元(杜长、杜约)、三元(杜约长、杜长约)杂交、培育品种的配套组合等,含本地猪血缘的三元杂交组合在一些地方也可采用。

(3)年龄结构 要求 1.5~2.0 岁的基础母猪占 30%,2~3 岁占 45%,3~4 岁占 20%,4 岁以上小于 5%。公母比例本交 1:25,若采用人工授精,公母比例可大一些。生产性能差的或年龄在 5 岁以上的基础母猪淘汰,种公猪在利用 3~4 年以后淘汰,淘汰的种公、母猪肥育出售。

(4)淘汰 种猪淘汰率一般为 25%~30%。淘汰率高或低都会影响猪群的生产水平,母猪淘汰率高,猪群中青年母猪占的比例大,淘汰率过低,猪群老龄母猪数量增加。

(5)猪群周转 生产管理中一项重要内容。根据现代养猪生产工艺流程,将不同工艺阶段的猪群及时转移到相应的生产车间。

(6)计划管理 实行计划管理,才能正确有效的解决好各方面的矛盾,全面系统地安排生产活动,使各方面工作得到协调发展,充分合理地组织和利用人力、物力和财力,保证生产顺利进行。计划包括长远计划和年度计划。

长远计划一般指 3~5 年或更长时间内反映猪场生产发展方向和计划目标。

年度计划主要是确定全年生产任务,保证完成各项任务的技术措施和管理措施。主要包括当年应达到的计划任务、配种分娩计划、产品生产计划、饲料供应计划、卫生防疫计划、劳动工资计划、物资供应计划等。

(7)劳动管理 猪场的劳动管理是整个猪场管理工作的重要组成部分,其目的在于提高现有劳动力的利用率和劳动生产率,增加养猪经济效益。劳动管理主要包括劳动组织、劳动定额、经济承包责任制和劳动管理制度等。

(8)猪场规章制度 建立健全猪场规章制度,强化检查督促,并严格实施,有助于提高猪场生产和管理水平。包括猪场工作日程(周内工作安排)、各项技术操作规程、统计报表制度等。

（二）经营管理

1. 成本项目与费用　劳务费、饲料费、燃料、水、电费用、医药费、固定资产折旧费、固定资产维修费、资金利息、低值易耗物品费、管理费、其他费用。

2. 成本核算　猪场的成本核算主要包括活重成本核算、增重成本核算、成年猪成本核算、仔猪成本核算。

3. 效益分析　猪场效益分析是根据成本核算所反映的生产情况,对猪场的产品产量、劳动生产率、产品成本、盈利进行全面系统的统计分析,对猪场的经济活动作出正确的评价,及时处理生产中存在的问题,保证下一阶段工作顺利完成。包括利润核算(利润额和利润率)、利润率(资金利润率、产值利润率、成本利润率)。

4. 经济活动分析　经济活动分析是规模猪场的一种有效的管理方法,主要对猪场产品、生产成本、盈利等指标进行分析,作法是用本年度的生产结果与上年度同期同类指标、其他猪场的同类指标进行比较,检查生产计划任务的完成情况、发展速度和水平,查明影响完成生产计划的因素,找出与其他猪场的差距。有扩大再生产分析、产品成本分析、产品率的分析。

第九章 猪病防治技术

疫病控制是一个复杂的问题,涉及环境、卫生防疫、营养、管理和种群保健等。传统养猪的兽医防疫方式往往是以临床治疗为主,而规模化猪场,要保证大群猪只的健康,防疫方式必须转变为预防为主。因而,建立一种由多项因素、相互联系、相互作用的综合疾病控制系统和有效的生物安全措施,采用不同的方式进行消毒、隔离、净化、检疫等措施,尽可能减少致病性病原侵入的可能性,并且从现有环境中最大限度地去除或减少病原体,切断疫病在猪场中的传播,建立健康猪群。这是最有效、最经济的控制疫病发生和传播的方法,是养猪业健康发展的有力保证。

第一节 猪场卫生防疫措施

一、猪场场址选择和布局要合理

场址选择和布局合理可以减少病原带入猪场和病原在猪场的扩散。猪场应尽量远离其他猪场和交通要道,地势要高、干燥,便于排水,水源要充足,并建在上风区。猪场应建围墙,有条件的猪场在场周围要设防疫沟和防疫隔离带,猪舍间要相隔一定距离。猪舍建设一定要考虑防寒避暑,粪尿沟尽量走向舍外,粪尿集中处理。

生产区应与生活区、办公区、宿舍、仓库、饲料厂等要分开,严格控制进入生产区的通道,防止无关人员由非生产区进入生产区。产仔舍和仔猪保育舍应在上风处,病猪隔离舍、粪便堆积池设在猪场的下风处。

二、猪场兽医卫生防疫制度

猪场必须建立严格的卫生防疫制度,这是切断和消灭传染源的有效措施。猪场管理员和饲养人员必须树立防疫观念,增强防疫意识,自觉遵守和执行卫生防疫制度。

1. 饲养人员不能相互串舍。

2. 猪场内、外和各猪舍的用具等不能交叉使用。

3. 经常检查饲料,防止霉变,严禁使用发霉、变质的饲料喂猪。

4. 经常灭蝇、灭鼠、灭蟑螂、灭蚊。

5. 从外引进猪只必须隔离观察 2 周以上,确保健康无病,补打疫苗后方可混群饲养。

6. 猪场内外,每周进行 1~2 次大清扫、消毒。

7. 定期进行免疫接种和驱虫。

8. 病死猪不能随便乱扔,必须进行烧毁或深埋。

三、猪场消毒措施

(一)用于环境和用具的常用消毒药

1. 煤酚皂溶液(来苏儿)

[作用] 本品为三种甲基酚的混合物,能使细菌蛋白变性,杀菌力强。

[用法] 2% 溶液消毒手、皮肤,5% 溶液浸泡器械、消毒圈舍、用具和排泄物。

本品有特臭味,屠宰场不宜用,以免影响肉的品质。

2. 煤矿焦油皂溶液(克辽林/臭药水)

[作用] 消毒防腐作用大而毒性小,对大多数病原微生物及疥螨均有效。

[用法] 3%~5% 溶液消毒圈舍、用具和排泄物。1%~2% 溶液治疗疥螨。

3. 氧化钙(生石灰)

[作用] 对细菌有一定程度抑制杀灭作用,但对芽孢无效。

[用法] 10%~20% 石灰乳(1 千克~2 千克生石灰加 10 千克水制成),涂刷畜舍墙壁、地面,与排泄物混合以进行消毒。

4. 含氯消毒剂

这类消毒剂包括:无机氯化合物,如次氯酸钠、漂白粉、氯化磷酸三钠;有机氯化合物,如二氯异氰尿酸钠、三氯异氰尿酸、氯铵 T 等。无机氯性质不稳定,易受光、热和潮湿的影响,丧失其有效成分,有机氯则相对稳定,但是溶于水之后均不稳定。这类消毒剂使用时溶液 pH 值越高,杀菌作用越弱,pH 值 8.0 以上,可失去杀菌活性;有机物明显影响其杀菌作用;

[作用] 用水溶解后,放出有效氧和氯使蛋白质变性,呈现消毒作用,能杀灭细菌,芽孢和病毒,作用短而快。

[用法] 主要用于消毒饮水、圈舍和排泄物等。其具体使用方法可参照产品说明书。

5. 复合酚消毒剂

[作用] 具有杀灭细菌、霉菌和病毒的作用,对杀灭畜禽寄生虫卵有特效,抑制蚊蝇等昆虫及鼠害的滋生,具有清洁环境和杀灭病原微生物两大作用。

[用法] 预防消毒:0.33%喷雾畜舍、车辆;0.5%消毒口蹄疫、猪瘟发生场地,1%消毒球虫污染场地。

本品禁止与碱性药品或其他消毒药混用。

6. 过氧乙酸

[性状] 无色透明液体,易溶于水,易挥发。高浓度遇热易爆炸。

[作用] 高效广谱杀菌药,对细菌、霉菌、芽孢和病毒均有效。

[用法] 0.01% ~0.05%溶液用于搪瓷、玻璃及橡胶制品短时间浸泡消毒。0.5%用于环境、畜舍消毒,1%用于排泄物消毒。

7. 苛性钠(氢氧化钠、烧碱)

[作用] 对细菌和病毒具有强大的杀灭力。

[用法] 配成2% ~5%溶液,用于猪舍、车辆、用具、封锁疫区地面及道路消毒。本品具有腐蚀性,用具消毒完后要用水冲洗干净,消毒猪舍时,应将猪赶出,消毒数小时后,再用清水冲洗干净,方可让猪进圈。

8. 碘消毒

[作用]　消毒作用迅速,对病毒、细菌均有强大的杀灭作用,消毒作用可达 72 小时。无毒、无刺激、无腐蚀性。

[用法]　可用于带猪喷雾消毒(按 1∶500 稀释),器械消毒(按 1∶1000 稀释)。本品禁止与碱性药品混用。

9. 菌毒克消毒剂

[作用]　具有广谱、高效、速效、长效、无毒、无腐蚀、无刺激性、对人畜安全等特点。能杀灭病毒、细菌、霉菌等。

[用法]　用于环境、器具、饮水消毒。喷雾猪舍、浸泡器具按1∶300～1∶500 稀释。

(二)消毒方法与消毒制度

采用机械清扫、冲洗和使用各种化学消毒药物相配合的方法进行消毒。

1. 大门:在大门入口处设消毒池,消毒药物用 2% 的烧碱溶液,消毒对象主要是车辆的轮胎。有条件的还可设喷雾消毒装置,消毒车身和车底盘。

2. 猪舍门口:在配种、怀孕、分娩、保育、生长、育成各专用舍门口设置消毒池,内贮消毒液,供往来人员出入消毒。池内消毒液每周更换 1 次。

3. 工作人员在进入生产区之前,必须经过在消毒间用紫外灯消毒 15 分钟以上,或更换工作衣、帽,有条件的地方最好淋浴更衣,参观人员的消毒方法与工作人员相同,并按指定的路线参观。

4. 猪舍:采用"全进全出"饲养方式的猪场,在引进猪群前,空猪舍应彻底消毒。

首先清除杂物、粪尿及垫料;用高压水彻底冲洗顶棚、墙壁、地面及栏架,直到洗净为止;水洗干燥后,用菌毒克消毒剂或碘消毒等消毒药进行喷雾,再用 2% 烧碱或 3% 来苏尔对地面进行消毒 1 次,24 小时后用净水冲去残药。

5. 带猪消毒:用 0.1% 新洁尔灭、0.5% 过氧乙酸或菌毒克消毒剂等进行带猪喷雾消毒。

6. 用具:饲槽及其他用具需每天洗刷,定期用 0.1% 新洁尔灭消毒。

7. 走廊过道及运动场:定期用 2% 烧碱或 3% 来苏尔消毒。

8. 产房:地面和设备用水冲洗干净,干燥后用福尔马林(30 毫升/立方米)熏蒸 2 小时,再用 0.1% 新洁尔灭,3% 来苏尔等消毒,用干净水冲去残药。母猪进入产房前全身洗刷干净,用 0.1% 新洁尔灭消毒全身后进入产房。母猪分娩前用 0.1% 高锰酸钾消毒乳房和阴部,分娩完毕,再用消毒药抹拭乳房、阴部和后躯。及时清理胎衣和产房。

四、购进猪只的检疫

1. 引进种猪时,做好产地疫情调查,对种猪进行检疫和挑选,委托当地兽医卫生机构对种猪着重进行下列疫病的检疫:口蹄疫、猪瘟、猪繁殖呼吸综合征、猪传染性水疱病、猪伪狂犬病、猪钩端螺旋体病、猪喘气病和猪萎缩性鼻炎等。这些疾病检验为阴性后才能引入。引入种猪应在隔离舍观察 2 周以上,确认健康后,加免疫苗后方能进入生产区。

2. 规模化猪场应定期进行猪瘟、口蹄疫、猪繁殖呼吸综合征、猪伪狂犬病、喘气病、猪痢疾、萎缩性鼻炎等疾病的检疫,还要定期进行粪便寄生虫卵的检查。

3. 对检验出的病猪或阳性猪,应按不同的情况作妥善处理。凡传染病或可疑为传染病的病猪应予以扑杀,如种猪存在猪喘气病、猪萎缩性鼻炎等,且阳性率高者,应全群淘汰或转为肉用。

五、病、死猪尸体及粪污处理

1. 猪舍应备有质地坚韧的、不漏水的袋,猪只的尸体及分娩时产出的胎盘、死胎,随即装入袋中,扎紧袋口,放入收尸桶中加盖提出门外,由专用容器集中运至尸体处理处,高温或毁尸坑处理。

2. 猪场应有完备的粪污处理设施,包括漏缝地板、冲洗设备、排污沟、集污池等。粪污应做到干稀分流,分离后的污水入污水处理池净化处理后排放,粪渣运至农区堆肥发酵后使用。

六、发生传染病时的扑灭措施

1. 发生疑似传染病时必须及时隔离,尽快确诊。病因不明或剖检不能确诊时,应将病料送上级有关部门诊断。

2. 确诊为传染病时,应逐级上报,迅速采取紧急措施,根据传染病的种类,划定疫区进行封锁,全场进行紧急消毒,对健康猪进行必要的紧急接种或采取血清和药物等防治措施。

3. 划定的封锁区应有明显的标志,固定专人管理。解除封锁日期和方法,应根据国家有关规定进行。被传染病污染的病猪和用具、工作服及其他污染物等必须进行彻底消毒,粪便应无害化处理,垫草应予以烧毁。

4. 患传染病猪及疑似传染病病猪的肉、皮等经兽医检查,根据规定分别作无害化处理后利用,或焚烧深埋。屠宰猪应在指定地点进行。屠宰场地、用具及污染物必须严格消毒。

第二节 猪主要传染病免疫程序

表 9-1　　　　　　　规模化猪场主要疫病免疫程序

病名	猪别	疫苗接种时间
猪瘟	仔猪	首免 20 日~30 日龄,二免 60 日~70 日龄,用 2 头份猪瘟细胞弱毒疫苗或 1 头份猪瘟脾淋疫苗。此外,还可进行超前免疫,即仔猪生后立刻注射 2 头份猪瘟单苗,接种后 2 小时再让其吃初乳
	种猪	每次配种前免疫 3~4 头份猪瘟细胞弱毒疫苗或猪瘟脾淋疫苗 1~2 头份;种公猪 4~6 个月免疫 1 次
猪丹毒与猪肺疫	仔猪	50 日~60 日龄接种 2 头份猪丹毒、猪肺疫二联苗或三联疫苗
	种猪	每半年接种 1 次,用 3~4 头份猪丹毒、猪肺疫二联疫苗或三联疫苗免疫

病名	猪别	疫苗接种时间
仔猪副伤寒	仔　猪	首免 30 日 ~ 40 日龄,二免 70 日龄,用本场菌株制疫苗效果最好
细小病毒病与日本乙型脑炎	种公猪	引进青年公猪时免疫接种,3 周后重复免疫,以后每 6 个月免疫 1 次
	母　猪	每次配种前 2 ~ 4 周免疫
猪伪狂犬病	仔　猪	断奶后免疫
	种　猪	每次产前 3 ~ 4 周免疫 种公猪每半年免疫 1 次
传染性胃肠炎与流行性腹泻	母　猪	产仔前 3 ~ 4 周接种二联灭活疫苗 4 毫升
	仔　猪	可以根据发病情况进行免疫
仔猪黄白痢	种母猪	产前 4 周和 2 周接种 2 次猪大肠杆菌基因工程疫苗或注射本场菌株疫苗
	仔　猪	发病严重的猪场,猪生后 1 ~ 2 天,接种本场菌株疫苗,2 周后再接种 1 次
猪喘气病	仔　猪	10 ~ 15 日龄首免弱毒疫苗,2 周后再接种灭活疫苗
	种　猪	每年用灭活疫苗或弱毒疫苗接种 1 ~ 2 次
猪呼吸繁殖障碍综合症	仔　猪	断奶后免疫,必要时间隔 1 个月加强免疫
	种　猪	每次配种前 2 ~ 4 周免疫;种公猪每 4 ~ 6 个月免疫 1 次
猪口蹄疫	仔　猪	灭活苗肌注:25 千克以下 1 毫升,25 千克以上 2 毫升。免疫后 3 ~ 4 周再加强免疫 1 次
	种　猪	每 4 ~ 6 个月接种 1 次

若是在外收购断奶仔猪进行育肥的猪场,在引进猪后必须先隔离观察 2 周以上,再接种 2 ~ 4 头份猪瘟三联苗,2 周后用 2 ~ 4 头份猪瘟弱毒疫苗加强免疫。

第三节　病猪样本采集、保存和运输

当猪群发生疑似传染病，而依靠临床症状、流行病学和病理变化难以确诊时，应尽快采集样本送有关兽医防疫部门进行化验。

一、注意事项

1. 合理取材　在采集样本前，必须根据流行特点、症状和病理变化，对发生的疫病作出初步诊断，然后，有针对性地采集样本。

2. 所采集样本的病猪应当是未经抗菌素治疗者。

3. 死后要立即取材。

4. 疑有炭疽病时不宜剖检。

5. 所用器械、容器应事先消毒，并严格无菌操作。

6. 作好个人防护与环境消毒。

7. 样本妥善包装、低温保存。

二、样本的采集

1. 组织、脏器的采集　无菌采集相关组织器官一小块，置灭菌容器中，或以50%甘油生理盐水保存。供组织切片用的应立即放入10%福尔马林液中保存，并作组织涂片或触片。

2. 血样采集　血液最好用肝素钠抗凝（每毫升血加20单位即0.2毫克）；血清的采集，使血液自然凝固，冰箱放置，使血清析出，加入青霉素、链霉素。

3. 液体病料的采集　脓汁、水疱液、水肿液、渗出液、胸水、腹水、关节液和尿液等，用无菌注射器抽取后注入灭菌容器内。

4. 分泌物的采集　以灭菌棉拭取鼻粘膜、咽部的分泌物，放入灭菌试管或肉汤液中。

三、样品的包装与运输

采集的样本应冷藏或冰冻保存。容器瓶口应塞紧，并用石蜡封固，贴上标签，注明样本来源、种类、采集时间、保存方法，并填好送检单，用冰瓶冷藏送检。

第四节　常用诊断技术

及时准确的诊断对于清除病因、采取有效的防治措施，防止疾病进一步扩散、减少疾病带来的损失是十分重要的。对猪病的诊断常采用临床检查、病理检查、病原分离鉴定、血清学试验和分子生物学方法等。

一、临床检查

主要通过询问、观察、触摸和听诊来对疾病进行初步的判断，对于一些具有特殊表现症状的疾病，通过临床检查即可诊断。

1. 发病情况了解：通过询问了解疾病的发病时间、持续时间，发病猪年龄、数量，发病率和死亡率；病猪体温怎样，病死猪有什么临床特点和病理剖解变化；是否治疗及效果如何，饲养管理条件是否发生了改变，是否新购进猪和邻近猪场有无类似情况发生，免疫预防情况等。

2. 猪只外貌检查

①发育和营养状况：发育和营养状况良好的猪只，其躯体各部匀称，肌肉结实、丰满，皮肤光洁有弹性。发育迟缓和营养不良的猪则表现为消瘦、被毛粗乱、皮肤缺乏弹性，肋骨和背脊骨等外露明显，常见于营养缺乏、寄生虫感染和一些慢性病。

②精神状况：动物的精神状态是衡量中枢神经机能的标志。当中枢神经机能发生障碍时，在临床上表现为过度兴奋或抑制。过度兴奋主要表现为猪狂躁不安，在圈舍内乱串、嚎叫，常见于脑炎、中毒和某些传染病。过度抑制是猪对外界刺激不敏感或无反应，驱赶不动，一般预示病程较重。

③姿势和行为：注意猪的行走姿势，观察有无跛行或站立不稳；是否出现瘙痒，用身体摩擦墙壁或围栏等，这可能是伪狂犬病或疥癣；若出现转圈可能是食盐中毒。

④皮肤检查：检查皮肤是否光洁有弹性，有无疥癣、外伤、肿块，皮肤上有无出血点或红色疹块等。蹄脚有无水疱和溃烂。

⑤眼结膜检查:正常猪的眼结膜呈淡红色。在病理情况可出现苍白、潮红、黄染和蓝紫色等。

结膜苍白:是循环血液或血中氧减少的表现。见于大失血、贫血、寄生虫感染和长期腹泻。

结膜潮红:是结膜充血的表现。见于热性传染病、脑炎等。

结膜黄染:是由于血液中的胆红素含量增多所引起。见于钩端螺旋体病和黄疸、胃肠病等。

结膜发绀(蓝紫色):是由于血液中积聚了大量的还原血红蛋白所致。见于猪瘟、出血性败血症、心肌炎、中毒等。

3. 体温检查

体温检查是诊断疾病的一种简便、重要的方法,还可以检验疗效和判断预后。许多传染病在未表现出明显临床症状时,却有体温升高反应,借此可将病猪早期隔离和治疗。若出现体温降低,多预示病情严重。临床上一般检查肛门温度,有经验者通过触摸耳根来判断猪是否发烧。

4. 消化系统检查

①饮食欲检查:出现采食减少是患病的早期表现,也是最容易观察的,当出现不吃时,多为病情严重。长期食欲亢进,而生长并不快,多为寄生虫感染。若出现乱肯食东西,即异食现象,见于营养物质缺乏、伪狂犬病、猪蛔虫等。

②口腔、咽及食道检查:观察口腔粘膜颜色,有无水疱、溃疡,若出现流涎,可见于口炎、口蹄疫、有机磷中毒及食盐中毒等。出现吞咽困难和咳嗽时,可能为咽炎。

③排粪动作即粪便检查:猪排粪时,背部微拱起,后肢稍张开。当排粪带痛时,表现不安、怒喷、呻吟,多为直肠炎或严重便秘。出现排粪费力,粪少、干硬,多是发生了便秘。若出现频繁排粪,粪便稀薄,甚至呈水样,则为拉稀。此外,还应注意粪便的颜色、表面有无黏液、假膜和寄生虫虫体。

5. 呼吸系统检查

①呼吸类型:猪正常为胸腹式呼吸,即呼吸时胸腔和腹腔的起伏动作协调,强度基本一致。而患胸膜肺炎或肋骨损伤时,表现为腹式呼吸,患肝炎、肾炎等则表现为胸腹式呼吸。

②呼吸节律:健康猪只的呼吸是有节律的。当出现呼吸急促甚至呼吸困难时,多为猪喘气病、传染性胸膜肺炎和猪呼吸繁殖障碍综合症等。

③鼻液检查:鼻液过多是呼吸道病的症状,鼻液为稀薄如水的黏液性和黄色、黄绿色的化脓性最常见,有时可见带铁锈色或带血丝、血凝块的鼻液。

④鼻及鼻粘膜检查:主要检查鼻甲骨有无歪曲,鼻粘膜的颜色、有无水疱、溃疡、结节等。

⑤肺部检查:主要通过肺部的触诊、听诊来判断肺有无病变或病变部位、性质等。

6. 心血管系统检查

①心脏听诊:听诊部位在左侧胸壁前下方,肘关节内侧,通过听诊来判定心动频率、节律、强度和有无杂音等,继而判断心脏功能是否正常。

②血液检查:主要是检查血红蛋白含量、红细胞数、白细胞数和白细胞分类计数。通过这几项指标测定,可为一些疾病提供诊断的依据。

血红蛋白:10.6 克/100 毫升。血红蛋白减少,见于贫血、寄生虫病等;血红蛋白增多,见于剧烈腹泻。

红细胞:猪正常值为 340 万～790 万/立方毫米,红细胞增多或减少的病因与血红蛋白相似。

白细胞:白细胞数增多见于急性细菌性传染病、化脓性疾病等;白细胞减少见于各种病毒性疾病严重感染和再生障碍性贫血。

白细胞分类计数:嗜中性白细胞增多见于炭疽、猪肺疫、猪丹毒、化脓性胸膜肺炎等多种细菌性传染病。嗜中性白细胞减少见于病毒性疾病及各种疾病的垂危期。嗜酸性白细胞增多见于寄生虫病、过敏性疾病等。嗜酸性白细胞减少见于毒血症、中毒、严重创伤、饥饿等。淋巴细胞增多见于结核、猪瘟、布氏杆菌等。

7. 排尿及尿液检查

临床上常见尿频、少尿、无尿、尿失禁等。

8. 生殖系统检查

观察阴道粘膜颜色、分泌物颜色、数量等。检查睾丸有无肿胀、萎缩、疼痛及表面温度。检查阴茎有无外伤、溃烂、脓肿等。

二、常用细菌学诊断技术

（一）细菌标本片的制备和染色

1. 细菌染色标本片的制备

染色标本的制备一般包括涂片、干燥、固定、染色和封片几个基本步骤。

（1）涂片　按标本性质和检验目的分为几种。

①触片　以灭菌或洁净的剪刀剪取一块组织，将其新鲜切面在玻片上轻压或轻而快地涂抹。

②推片　用于血检，将血液加 1 滴于玻片上，用另一载玻片边缘接触血滴，轻微左右推动后再以 45°左右的角度向前推进，形成匀均薄层。

③液体材料　用接种环取 1 环 ~ 2 环液体置载玻片中央，涂布匀均即可。

④固体材料　用灭菌接种环取 1 滴生理盐水，再挑取菌落少许与生理盐水混匀，涂布即成。

（2）干燥　一般是置空气中自然干燥。也可在温箱或火焰上方温热干燥。

（3）固定　有火焰固定和化学固定。一般用火焰固定，以涂有材料的玻片背面在酒精灯火焰上方来回通过数次，略作加热进行固定。化学固定多用甲醇、酒精等浸泡 2 ~ 3 分钟。

（4）染色　根据需要使用不同染液进行染色。

（5）封片　若标本需长期保存，可在标本上滴加 1 滴加拿大树胶,用盖玻片盖上,自然干燥即成。

2. 染色方法

常用的细菌染色方法主要有两类:简单染色法和复染色法。几种常用染色方法:(1)革兰氏染色,主要用于细菌的鉴别、分类,革兰氏阳性菌染成蓝紫色,阴性菌染成红色。(2)瑞氏染色法,细菌染成蓝色,组织、细胞等呈其他色,细菌荚膜呈淡紫红色。该法用于血液涂片染色和组织涂片中巴氏杆菌的两极着色较佳。(3)美兰染色,该法用于观察细菌形态特征,显示某些细菌的两极着色,用多色性美蓝染液可染出荚膜,菌体呈蓝色,荚膜呈粉红色。

(二)细菌的分离培养

根据不同细菌培养特点选用不同培养基,接种时一定要注意无菌操作。平板画线分离为最常用的细菌分离培养方法。注意不要划破琼脂,画线不能重复,以免形成菌苔。若是先接种液体培养基,则培养一定时间后,沾取培养物在固体培养基上画线,挑取单个菌落染色、镜检、纯培养,以进一步鉴定。

初次分离厌氧菌常需培养5~7天,甚至1周以上。经分离纯化并反复培养的厌氧菌所需时间明显缩短。

当被检材料污染严重时,可先将材料稀释5~10倍,低速离心10分钟,取上清液接种易感动物(常为小白鼠)。由于病原可在易感动物体内大量繁殖并致其死亡,因而从死亡实验动物中可分离到纯的病原菌。

(五)细菌的鉴定

根据细菌的生长条件,培养时间、菌落形态和颜色、穿刺培养的生长形状;细菌形态大小、排列、染色情况;细菌生化试验;以及血清学试验等,可以对细菌进行种和型的鉴别。现有许多商品出售的现成培养基和细菌生化试验反应管,可供细菌鉴定之用。

三、常用病毒学诊断技术

(一)病毒的分离培养方法

1. 病样采集

以无菌操作采取病料,病样应选择有眼观病变的组织器官或渗出物。

2. 病料处理

(1)无菌液体(如胸水、心包液、脑脊液等)可不作任何处理,直接用于病毒的分离培养。

(2)血液 采集的血液中应加抗凝剂,如肝素钠(每 10 毫升血加 0.1% 肝素钠 1 毫升)、EDTA 钠(每 10 毫升血加 20mgEDTA钠),并可加入青、链霉素各 2000 单位或微克/毫升,以利抑菌防腐。

(3)组织器官 将组织器官充分剪碎、研磨,按 1:3 ~ 1:5 加入灭菌肉汤、Hanks 液或 PBS 液,磨匀,制成组织混悬液,并反复冻融几次,以 3000 转/分离心 15 分钟,取上清液。加入青霉素、链霉素,冰箱过夜,作为接种用。

(4)鼻咽拭子或直肠拭子或分泌物等 采集这些病料后应置于含有保护液(常用的有:0.5% 明胶或牛血清白蛋白的 Hanks液、10% 犊牛血清的 Hanks 液,其中应含 2000 单位或微克/毫升的青霉素、链霉素)的容器中,充分挤压和荡洗棉拭子,以 3000 转/分离心 15 分钟,取上清液作接种用。

(5)粪便或肠内容物 用含 10% 犊牛血清的 Hanks 液稀释 10倍,加青霉素、链霉素、两性霉素 B 于 4℃水浴 4 小时或过夜。也可经离心取上清液用滤器过滤除菌。

3. 病料的接种和培养

根据临床诊断怀疑为某种病毒后,根据病毒的嗜性,选择某种动物或鸡胚或细胞,进行接种和培养。

一般初次从病料中分离病毒,不能引起病变或死亡,通常需盲传三代以上,才能分离到病毒。

(二)病毒的收获

接种鸡胚死亡后,可取尿囊液或卵黄液,或是胎儿捣碎后加胚液,冻融 3 次,离心,取上清液,这里面都含有病毒。置低温保存。

组织细胞培养的病毒,当出现稳定的细胞病变后,就可收取培养液或培养液与细胞培养物混合物。细胞培养物中的病毒可采用冻融、超声波等方法使其释放出来。

（三）病毒的提纯

每种病毒都具有各自的提纯方法,但一般采用一种主要的方法,或配合其他方法,以提纯病毒。常用方法:①超速离心法②沉淀法,常利用此法沉淀浓缩病毒,进行病毒的粗提纯。常用饱和硫酸铵沉淀法和聚乙二醇沉淀法。③层析法,常是先用沉淀法进行病毒的粗提纯,再用层析法进一步纯化。④生物提纯法,利用某些病毒在一定温度下可吸附红细胞,而在另一温度下又从红细胞上解脱下来的特性进行病毒纯化。

（四）电镜观察

利用电镜可直接观察病毒粒子的结构、大小和在组织细胞中的繁殖部位。对于一些形态结构特殊的病毒利用电镜可直接诊断和分类。常用电镜技术包括超薄切片和负染技术。还有将免疫技术与电镜技术相结合的免疫电镜技术。

四、血清学诊断技术

现已广泛用于病原微生物的诊断、鉴定和免疫抗体的检测等。下面介绍几种常用的血清学诊断方法。

（一）直接凝集试验

1. 玻片凝集试验

适用于新分离菌的快速鉴定或分型,如布氏杆菌、大肠杆菌和沙门氏菌的玻片凝集试验。将平板凝集抗原与抗体各滴1滴在载玻片上混合,数分钟内出现颗粒或絮状凝集,即为阳性反应。每次试验应设阴性和阳性对照。

2. 试管凝集试验

（1）操作方法　将血清作2倍递进稀释,第1管通常以1∶5或1∶10开始,用0.5%石碳酸生理盐水作稀释液。同时设阴、阳性血清和抗原对照,每管加抗原0.5毫升,使每管总量为1.0毫升。置

37℃温箱或水浴 4 小时,也可室温过夜,判定结果。

(2)结果判定 按下列标准记录反应强度:

＋＋＋＋:液体完全透明,菌体完全被凝集呈伞状沉于管底,振荡时沉淀呈片状,100% 凝集;

＋＋＋:液体略浑浊,管底有明显的伞状沉淀,振荡时呈小或大片状,75% 凝集;

＋＋:液体中等混浊,管底有部分伞状沉淀,振荡时呈小片状,50% 凝集;

＋:液体透明度不明显,管底有很少不明显的沉淀,25% 凝集;

—:液体不透明,管底无伞状沉淀,有时管底可有少量沉淀,但振荡后立即散开呈均匀混浊。

以出现 ＋＋ 以上凝集血清的最大稀释倍数为被检血清的凝集效价。

3. 微量凝集试验

在 96 孔微量反应板上进行凝集试验,其操作与结果判定与试管凝集相似,只是反应的液体量减少了。

(二)间接凝集试验

间接凝集试验是利用某些与免疫无关的均一小颗粒物质,将可溶性抗原(或抗体)吸附于其表面,当与相应的抗体(或抗原)相遇时,在有电解质存在的条件下,即发生肉眼可见的凝集现象。

1. 胶乳凝集试验

利用聚苯乙烯胶乳液作为载体吸附某种抗原(或抗体)的胶乳可用来检测未知的抗体(或抗原),这就称胶乳凝集试验。现在已用于检测猪伪狂犬病抗体、猪呼吸繁殖障碍综合症和钩端螺旋体病抗体等。

2. 间接红细胞凝集试验

用可溶性抗原(抗体)致敏红细胞,并与相应的抗体(抗原)进行混合后所发生的凝集现象,称为间接红细胞凝集反应。该试验具有敏感、简便、快速等优点,加之致敏红细胞经适当处理或冻干保存可长期保持敏感性,适于猪场等基层应用。

3. 协同凝集试验

葡萄球菌 A 蛋白(SPA)能与多种动物 I_gG 分子的 FC 结合,IgG 仍保持其抗体活性,当此连接着特异性抗体的 SPA 与相应抗原结合时,可相互连接引起协同凝集反应。可在玻板上进行,几分钟内即可判定结果,该法现已广泛用于快速检测猪丹毒、猪链球菌和猪瘟病毒,可直接检出血液和内脏中的病原。

(三)血凝及血凝抑制试验

多种病毒能凝集动物的红细胞,此种凝集作用可被相应抗血清抑制,因此可用血凝(HA)和血凝抑制(HI)试验鉴定病毒,并可检测病毒毒价和血清中的抗体效价。该方法简便、快速。已用于流感病毒、乙脑病毒、猪细小病毒等的检测。

1. 血凝试验

根据病毒血凝特性选用适当动物的红细胞。流感病毒用鸡红细胞,乙脑病毒用鹅红细胞,猪细小病毒用豚鼠或鸡红细胞。用于病原检测。红细胞配成 0.5% ~1% 红细胞悬液。结果判定以出现 50% 凝集的最大稀释度为血凝效价。

2. 血凝抑制试验:用于抗体的检测。

(1)工作抗原配制 先测定病毒液的血凝效价,按血凝价乘4,即为 4 个单位血凝素的稀释度,按此配制的血凝抗原即为 4 单位血凝工作抗原。

(2)待检血清 因被检血清中常含有非特异性血凝和血凝抑制物质,故试验前应将待检血清作适当处理,前者常用红细胞吸附法,后者用过碘酸钾、胰酶或高岭土处理。

(3)结果判定 不同病毒与抗体作用时间和红细胞凝集时间有所不同,具体作用时间请参照各病诊断方法说明。以能完全抑制凝集的血清最大稀释度为血凝抑制效价。

(四)沉淀反应

可溶性抗原与相应抗体在溶液中结合,形成肉眼可见的沉淀,称为沉淀反应。

1. 环状沉淀试验

将可溶性抗原叠加于细玻管中的抗体表面,在抗原抗体相接触的界面可出现环状沉淀带。该法简单快速,如用于炭疽病诊断、链球菌血清型鉴定等。

2. 琼脂免疫扩散试验(简称琼扩)

利用抗原抗体能在琼脂中自由扩散,二者在琼脂中结合,在最适比例处出现沉淀带。此法常用于抗原或抗体的检测,以及抗原比较和鉴定。

结果判定:检测或比较抗原时,抗血清置中心孔,抗原置周围孔,若血清为单因子血清,出现沉淀带则为阳性;检测血清时,抗原置中央孔,抗体作 2 倍系列稀释后加入周围孔,出现沉淀带为阳性,出现沉淀带的血清最高稀释倍数,为其琼扩效价。

(五)中和试验

有生物活性的抗原与相应抗体结合后,可失去原有的生物活性,称为中和反应。该试验具有高度特异性,可用于病毒鉴定和定型,以及检测抗体效价。该方法由于操作复杂,多为研究之用,基层应用有一定难度。

(六)酶联免疫吸附试验

目前,该方法因特异、灵敏、快速而广泛用于多种疾病的诊断和检测。如:猪瘟、猪呼吸繁殖障碍综合症等,并有多种疫病的商品诊断盒出售。

(七)免疫荧光技术

免疫荧光技术是利用荧光素标记抗体,对被检材料进行荧光染色,用荧光显微镜对相应抗原进行示踪定位。如用猪瘟荧光抗体进行猪瘟生前诊断和宰后检验之用。

待检标本制备主要有切片法包括冰冻切片和石蜡切片,组织培养小盖玻片及组织压、印片等。涂片和压印片是快速诊断常用方法。用 FITC 染色,阳性抗原呈亮绿色。可以观察病毒在细胞中的定位。

五、分子生物学诊断方法

分子生物学技术发展突飞猛进,为疫病病原诊断提供了快速、准确和高度灵敏的方法。如核酸分子杂交技术、常规 PCR 和实时荧光 PCR 等,可以快速检测病原在组织中的存在与分布,进行病原的鉴定和基因型的分析等。目前,已经有多种商品化的猪病分子诊断试剂盒在市面上销售。

第十章　常见病的防治

第一节　传染病

一、猪瘟

猪瘟是由猪瘟病毒所致的急性、热性、高度接触性传染病。目前与世界多数靠疫苗控制或消灭猪瘟的国家一样,在我国现在猪瘟常表现为一种病型温和,呈散发的非典型猪瘟。但是,随着规模化养猪的发展,以及猪瘟病毒毒力增强和免疫不当常引起免疫失败,也有典型猪瘟发生,造成较大的经济损失。猪瘟仍然是当前我国猪传染病防制出口检疫的重点。

（一）病原

猪瘟病毒（HCV）属于黄病毒科瘟病毒属。HCV 不同毒株间存在显著抗原差异,HCV 野毒株毒力也差异很大,有强、温和、低毒株之分。含毒的猪肉和猪肉制品几个月后仍有传染性。2%氢氧化钠仍是合适的消毒药。

（二）流行情况

各种年龄猪都可感染发病。强毒株引起死亡率高的急性猪瘟,而温和毒株一般是引起亚急性或慢性感染,低毒株感染只造成轻度疾病,往往不显临床症状。现在因疫苗免疫程序不当或剂量不足而发生猪瘟的情况较多;另外,仔猪抗体水平不整齐,猪只来源于不同地区,混合后常发生严重的典型猪瘟。

目前猪瘟胎盘感染已成为当前猪瘟流行的一种新形式。母猪感染猪瘟病毒后通过胎盘造成母猪繁殖障碍,可引起流产、死胎、畸形胎及产后数日的弱仔猪死亡。

由于疫苗的作用,猪瘟的发病率和死亡率都低于未使用疫苗猪群,且症状趋于非典型。这给诊断带来一定困难。

（三）临床症状

根据临床症状和其他特征,猪瘟可分为急性、慢性和迟发性3种类型。

急性型猪瘟:开始时病猪表现呆滞,被驱赶时站立一旁,呈弓背或怕冷状,或低头垂尾。食欲减少,进而停食。体温升高至41℃上下。病猪有眼结膜炎,两眼有多量黏液或脓性分泌物,严重时眼睑完全封闭。病猪开始便秘,随后下痢。少数病猪可发生惊厥,常在几小时内或至多在几天内死亡。随着病程的发展,群内更多的猪发病,在腹下、鼻端、耳和四肢内侧等部位的皮肤常见红色或紫红色出血斑点。病猪出现步态不稳等衰弱症状,随后后肢麻痹。大多数病猪在感染后10~20天之内死亡。症状较缓和的亚急性猪瘟病程一般在30天之内。

慢性型猪瘟:病程1个月以上,主要表现为食欲不振、精神委顿、体温时高时低等症状。病猪便秘与腹泻交替,皮肤有陈旧性出血斑或坏死痂,生长迟缓。死亡的多是仔猪。成年猪一般可耐过。

迟发性猪瘟:是先天性HCV感染的结果。先天性HCV感染可导致流产、木乃伊胎、畸形、死产、产出有颤抖症状的弱仔或外表健康的感染仔猪。子宫内感染的仔猪皮肤出血常见,且初生死亡率高。

（四）病理变化

最急性的猪瘟常缺乏明显病变。

急性和亚急性猪瘟呈现以多发性出血为特征的败血症变化。脾脏的边缘出现紫红色或蓝紫色的梗死灶是猪瘟最有诊断意义的病变。淋巴结和肾脏是病变出现频率最高的部位。淋巴结水肿、出血,呈大理石样外观,所有淋巴结均可发生。肾脏针尖状大的出血点,以皮质表面常见。喉和会咽软骨粘膜常见细小出血点。在耳根、股内侧等处皮肤常见出血坏死样病灶。除此以外,全身浆膜、粘膜和心、肺、膀胱、胆囊均可出现大小不等,多少不一的出血点或出血斑。

慢性猪瘟的出血和梗死变化不明显,但回肠末端、盲肠和结肠常有特征性的坏死和溃疡变化,呈钮扣状。

迟发性猪瘟的突出变化是胸腺萎缩和外周淋巴器官严重缺乏淋巴细胞和生发滤泡。

先天性 HCV 感染可引起胎儿木乃伊化、死产和畸形。死产胎儿病变是全身性皮下水肿,腹水和胸水。在出生后不久死亡的子宫内感染仔猪,皮肤和内脏器官常有出血点。

（五）诊断

急性猪瘟根据流行病学、临床症状、病理变化可作出初步诊断,但非典型猪瘟确诊需借助实验室病原分离和检测。常用的猪瘟检测方法有:兔体交互免疫试验、间接血凝试验及反向间接血凝试验;ELISA 技术进行猪瘟抗体检测,是目前认为较为准确的方法。荧光抗体检测和 PCR 方法可进行病毒的检测。单克隆抗体技术能区别强毒感染和弱毒疫苗免疫,本方法通过进一步推广完善,将对控制和扑灭本病起重要作用。

（六）防治

目前猪瘟的预防主要靠接种疫苗,现用的疫苗有兔化弱毒牛睾丸细胞苗、乳兔组织疫苗和兔脾淋苗。

1. 免疫程序　猪瘟的免疫程序应根据本场及本地情况进行选择,目前常用的程序有:

（1）仔猪出生后吮初乳前接种疫苗,注苗后 2 小时吃初乳,60～70 日龄再免疫 1 次。

（2）一年以上无可疑疫情的安全地区,35～60 日龄结合阉割一起接种疫苗。在疫点、受威胁区和规模化场,可在 20～30 日龄首免,60～70 日龄二免。

（3）种猪在配种前免疫。

2. 免疫剂量　猪瘟细胞疫苗一般小猪可用到 2 头份,大猪可用到 4 头份。而使用猪瘟脾淋疫苗,则仔猪 1 头份,大猪 2 头份。当发生疫情需要进行紧急免疫时,可适当再增加剂量。特别建议在猪瘟疫区,尽可能使用单苗,以免造成非典型、甚至典型猪瘟流行。

二、猪口蹄疫

口蹄疫是由口蹄疫病毒引起偶蹄兽的一种急性、热性、高度接触性传染病,以口腔粘膜、蹄部和乳房等处发生水疱和糜烂为特征。本病传染性极高,感染动物范围比较广泛,一旦发生,常呈大流行性,发病率高,难以控制和消灭。在国际上该病被列为一类传染病,为进出口必检病,一经检出该病,相应的家畜和畜产品就要被禁止移动和出口。近年来,该病又在一些国家和地区暴发流行。

(一)病原

口蹄疫病毒属于口蹄疫病毒属。有 O,A,C,Asial,SAT－1,SAT－2,SAT－3 等 7 个血清型和 60 多个亚型。各型引起的症状相同,但免疫原性不同,不能产生交叉免疫保护。根据核酸同源性大小分为两群,O、A、C 和 Asia I 为第 1 群,SAT1、SAT2、SAT3 为第 2 群。群内各型同源性达 60% ~ 70%,但两群之间同源性仅为 25% ~40%,血清型间无血清交叉和交叉免疫现象,即使在同一血清型内不同病毒的抗原性亦有变化,这就给防制和消灭口蹄疫带来一系列艰巨而复杂的问题。

(二)流行情况

易感动物有猪、牛、绵羊、山羊、骆驼等。急性病畜和潜伏期带毒动物是最危险的传染源。病畜的水疱皮和水疱液中含有大量病毒,血液、肉、唾液、乳汁、精液、尿、粪等分泌物和排泄物中都含有病毒。本病通过直接接触病原体和借助空气进行感染,感染率和发病率很高,传染力强,传播迅速,范围广。

(三)临床症状

潜伏期 1 ~2 天。病猪体温升高,精神不振,食欲减少或废绝。舌、唇、齿龈、腭粘膜和鼻镜上出现水疱和糜烂。蹄冠、蹄叉、蹄踵等部位红肿、敏感,随后出现水疱和糜烂。母猪乳房和乳头也常见水疱和糜烂。如无细菌感染,1 周左右痊愈。吮乳仔猪的口蹄疫常呈急性胃肠炎和心肌炎而突然死亡。死亡率一般可达 60% ~

80%。

（四）病理变化

除相同于临床症状的口腔和蹄部病变外，剖检死亡幼猪可见到心肌变性和出血，慢性病死的猪只，心肌有不规则的灰白色或灰黄色的条纹和斑点病灶，形状类似虎斑，俗称"虎斑心"。

（五）诊断

1. 根据典型临床症状和流行特点可做出初步诊断，但要注意与猪水疱病相区别。

2. 病原分离

自患畜病料中分离病毒，是最可靠的诊断方法。一般采取水疱皮和水疱液作为病毒分离材料。通常应用 2～5 日龄乳鼠、12～14 日龄鸡胚和单层的细胞培养物分离病毒。

3. 血清学试验

多种血清学试验可用于检测病毒抗原。其中，反向间接血凝试验是最常用的诊断方法，可以检测抗原或抗体，还可进行病毒血清型鉴定和与水疱病的鉴别诊断。对照比较急性期和恢复后双份血清的抗体滴度，具有诊断意义。酶联免疫吸附试验（ELISA）是目前检测口蹄疫病毒感染较为常用的诊断方法，其与 CFT、VN、间接血凝抑制试验及免疫扩散沉淀试验相比，具有灵敏、快速、价廉等优点。该方法为目前 OIE/FAO（世界动物卫生组织/联合国粮农组织）的口蹄疫 WRL（世界参考实验室）确认的检测 FMDV 抗原和病毒血清型应优先采用的方法。以合成肽为基础的 FM-DELISA 试剂盒还可区分免疫抗体和感染抗体，为口蹄疫的净化提供了技术保障。

4. 分子生物学方法

分子生物学技术特异性强、灵敏度高，可检测多种组织和样品中的 FMDV。如核酸探针技术，根据标记片段不同可检测各群（群特异性探针）或某一型（型特异性探针）的口蹄疫病毒的 RNA。还有 PCR 也可用于 FMD 的诊断检测。

（六）防治

我国现阶段主要采用"扑杀染疫动物＋免疫预防＋消毒卫生"的 FMD 防治方针。平时应对疫区和受威胁区的易感猪进行预防接种，可用与当地毒型一致的猪口蹄疫灭活苗或多价苗定期免疫。种猪一年免疫 2～3 次。但在接种疫苗时要注意出现过敏反应。本病发生后，应迅速向上级有关部门报告，并对疫区施行封锁和隔离。将患病和疑似患猪宰杀、烧毁或深埋，对疫区、疫点进行严格彻底的消毒。

三、猪伪狂犬病

猪伪狂犬病是由疱疹病毒群的伪狂犬病病毒所引起的猪的一种病毒性传染病。猪的感染因年龄不同症状有所区别，小猪以中枢神经症状为特征，呈现非化脓性脑炎；断奶猪及育肥猪以呼吸系统症状为主；怀孕母猪表现流产、死胎、木乃伊胎。2 周龄以内小猪致死率可达 100%。

近十几年来，本病的流行在全球范围内呈持续上升趋势，目前该病已成为养猪业危害最大的疾病之一。

（一）病原

伪狂犬病病毒属于疱疹病毒科，呈球形，含有双股 DNA，能在多种组织细胞内增殖，其中以兔肾和猪肾细胞最敏感。本病毒的抵抗力较强，病毒在畜舍内的干草中能存活 30 天以上，55～60℃经 30～50 分钟才能灭活。

（二）流行情况

已证实有 35 种动物可以感染本病，猪是本病病毒最重要的贮存宿主及传染来源，在本病的流行上有重要意义。

该病具有："隐性带毒、亚临床型、持续感染和垂直传播"四大特点。感染耐过猪及病猪是本病的重要传染来源，应坚决淘汰，切忌留作种用。

（三）临床症状

潜伏期一般为 3～6 天，少数达 10 天。成年猪一般为隐性感染,怀孕母猪可发生流产、木乃伊胎儿、死胎。据近年来的报道,奇痒症状的猪以往罕见,但目前则常可见到。新生仔猪及 4 周龄内的仔猪感染本病者,病情极严重,常可发生大批死亡。仔猪突然发病,体温上升达 41℃ 以上,精神极度委顿,发抖,运动不协调,痉挛,呕吐,腹泻,极少康复。3～4 周龄猪损失可达 40%～60%。育肥猪主要表现为呼吸急促、呼吸困难等。

(四)病理变化

猪的病变差异大,常见不同程度的卡他性胃炎和肠炎,中枢神经系统症状明显时,脑膜明显充血,脑脊髓液量过多,肝脾等实质脏器常可见灰白色坏死病灶,肺充血、水肿。组织学病变主要是中枢神经系统的弥散性非化脓性脑膜脑炎及神经节炎,有明显的血管套及弥散性局部胶质细胞反应,同时有广泛的神经节细胞及胶质细胞坏死。在脑神经细胞内,鼻咽粘膜、脾及淋巴结的淋巴细胞内可见核内嗜酸性包涵体。

(五)诊断

1. 根据发病情况、临床症状可作出初步诊断,由于猪的病症复杂,若出现以上症状,怀疑有伪狂犬病时,应进一步进行实验室诊断。

2. 实验室诊断

采取猪扁桃体、咽部粘膜、脑、延脑、小脑和海马角等组织进行病理切片、染色,检查细胞中有无核内包函体。

(2)将病料接种家兔,2～3 天后,注射局部出现奇痒及全身症状,常在奇痒出现后 1～2 天内转为麻痹而死亡。

(3)血清学诊断　可用直接免疫荧光法检查脑、扁桃体的压印片或冰冻切片,发现核内包函体出现荧光,具有诊断价值。检查血清抗体可用乳胶凝集试验,该法简便、快速、不需仪器,几分钟内出结果。还有酶联免疫吸附试验(ELISA)可用于抗体检测。

(六)防治

1. 综合性防治措施

鉴于猪是本病毒的重要保存者,引进种猪时应注意隔离观察,防止带入病原。消灭饲养场的鼠类对本病的预防有重要作用。发生本病的猪场,应将病猪隔离扑杀,对场内的易感猪进行紧急预防接种。

2. 免疫预防

目前可用于猪伪狂犬病预防的疫苗有三种:弱毒疫苗、灭活疫苗及基因缺失疫苗。使用弱毒疫苗及灭活疫苗免疫,一般小猪6~8周龄首免,4~6周后再加强免疫1次,免疫期可达5~6个月。怀孕母猪在产前1个月免疫。就现有诊断技术,弱毒苗及灭活苗所产生的抗体与强毒感染所产生抗体,用目前监测方法均无法区别,使本病的控制与扑灭仍有很大麻烦。

但新的基因工程缺失疫苗可克服弱毒疫苗及灭活疫苗的不足,利用这种基因缺失疫苗和相应的检测方法,可以区别是免疫疫苗的猪还是野毒感染猪。一些发达国家正是利用了这一技术实施本病的控制与根除计划,并取得了成效。

四、猪细小病毒病

猪细小病毒病是由猪细小病毒引起猪的以胚胎和胎儿感染及死亡,而母猪本身不显症状的一种母猪繁殖障碍性传染病。目前本病在世界各地猪群中普遍存在,在大多数猪场呈地方性流行。在我国部分猪场和猪群的阳性率达50%以上,所以一定要引起足够的重视,以免造成大的经济损失。

(一)病原

猪细小病毒属细小病毒科的细小病毒属,单股DNA病毒。猪细小病毒能在猪的原代细胞,如猪肾、猪睾丸细胞等以及传代细胞的PK-15,ST,IBRS-2,CP等进行分离,初次分离时,不易产生CPU,需盲传数代后才产生CPU。

猪细小病毒能凝集鼠、大鼠、人O型、猴、小白鼠、鸡和猫的红细胞,其中以豚鼠红细胞最好。病毒粒子对热、消毒药的抵抗力强,对酸碱适应范围广,4℃可长期保存。

（二）流行情况

感染的公猪及母猪是主要的传染源，病毒常由胎盘感染和交配感染传给胎儿，也可通过被污染的食物、环境由呼吸道、消化道传给易感动物，鼠类是重要的传播媒介。主要感染胚胎、仔猪、育肥猪、母猪、家公猪、野公猪等，但只有母猪表现繁殖障碍，其它不同年龄、种类的猪只不表现临床症状。

本病常见于初产母猪，一般呈地方性流行或散发，在本病发生后，猪场可能连续几年不断的地出现母猪繁殖失败。母猪怀孕期感染后，其胚胎死亡率可达 80% ~ 100% 。本病的流行常发生于春秋产仔季节。

（三）临床症状

仅怀孕母猪感染后可出现繁殖障碍，母猪在不同孕期感染，分别造成死胎、木乃伊胎、流产等不同症状。而怀孕 70 天后感染的母猪则多能正常产活仔猪。此外产仔瘦小、产弱猪、母猪发情不正常、久配不孕等都是细小病毒感染的临床症状。但感染母猪一般无发热、减食等临床症状。

（四）病理变化

眼观病变为母猪子宫内膜有轻微炎症，胎盘有部分钙化，胎儿在子宫有被溶解、吸收的现象。感染胎儿还可见充血、水肿、出血、体腔积液、脱水（木乃伊胎）及坏死等病变。

（五）诊断

如果怀孕猪发生流产、死产、胎儿发育异常、木乃伊化等，同时有证据为传染病时，并以初产母猪多发，应考虑到猪细小病毒感染可能，确诊还要依靠实验室诊断。

1. 病原的分离及鉴定

一般用流产、死胎或木乃伊胎儿的内脏作为分离病毒的材料，如脑、肾、肺、肝、睾丸、胎盘和肠系膜淋巴结等，其中以肝和肠系膜淋巴结分离率最高。接种原代仔猪肾细胞或胎猪肾细胞，当出现 CPU 后可通过荧光抗体技术或电镜检测病毒。做病原的分离时，大于 70 日龄的死胎不宜送检,否则因有抗体干扰病毒分离,影响检验结果。

2. 血清学试验

(1)血凝和血凝抑制试验(HI) 血凝试验可用于检查组织提取物中的病毒抗原。该方法简单易行,但敏感性较低。HI 实验用于感染后的抗体检查,只能证明有 PPV 感染,但不能证明是否新近感染,通过检查双份血清可证明是否新近感染。HI 试验是目前进行的血清学调查运用最广泛的方法。

(2)荧光抗体技术 可直接检查组织中的病毒抗原,较 HA 敏感,是一种特异性强、且快速的诊断方法。

(六)防治

1. 猪细小病毒对外界环境的抵抗力很强,要使一个无感染的猪场保持下去,必须采取严格的卫生措施,尽量坚持自繁自养,如需要引进种猪,必须从无细小病毒感染的猪场引进。当 HI 滴度在 1:256 以下或阴性时,方能准许引进。引进后严格隔离 2 周以上,当再次检测 HI 阴性时,方可混群饲养。

2. 免疫预防

疫苗包括弱毒活疫苗与灭活苗。活疫苗产生的抗体滴度高且维持时间长,一般可达数年,但免疫时易受体内抗体干扰;而灭活苗的免疫期比较短,一般只有半年,但免疫时不受体内抗体干扰。猪每次配种前都进行免疫,可以通过用灭活油乳剂苗 2 次注射,以避开体内已存在的被动免疫力的干扰。

五、猪繁殖与呼吸障碍综合症

猪繁殖与呼吸障碍综合症(PRRS)又叫蓝耳病,是近年来新发现的一种猪病毒性传染病,它是一种有高度传染性的综合症,以母猪发热、厌食和流产、木乃伊胎、死产、弱仔等繁殖障碍以及仔猪的呼吸症状和高死亡率为特征。1987 年首次在美国报道此病,并呈世界性蔓延的趋势,本病已给养猪业带来严重经济损失,受感染的种猪场母猪流产、早产、死胎率可达 20% 以上,新生仔猪和断奶仔猪死亡率可高达80%,育肥猪的发病率高而死亡率较低。2006年夏、秋季节在我国南方部分地区出现的猪高热病,传播快、死亡率高,给养猪业造成很大经济损失,引起社会各界的广泛关注,现已经确诊是由高致病性蓝耳病毒引起。

（一）病原

蓝耳病病毒为有囊膜的单股RNA病毒,对氯仿和其他脂溶剂敏感,4℃个月内稳定,而在37℃48小时、56℃4小时病毒可完全灭活。病毒对外界抵抗力不强,常规消毒剂对它都有很好的杀灭作用,含氯制剂、酚类制剂、表面活性剂类和氧化物类等都能在较短的时间内使病毒失去存活性,常规的酸碱处理也能获得很好的消毒效果。不能凝集鸡、鼠、猪、绵羊和人的O型红细胞,可在猪肺原巨噬细胞、猪睾丸细胞、猪上皮细胞和PSEK细胞上增殖并形成CPU。

目前已证实在不同地区分离的毒株间存在抗原性差异。有报道将PRRS病毒分为欧洲原型和美洲原型两个亚群,我国分离的病毒多数属于美洲型。病毒基因容易发生变异,目前已出现很多基因亚型病毒株。

（二）流行情况

在自然流行中,猪繁殖与呼吸综合症仅见于猪,其他家畜和动物未见发病。不同年龄、品种、性别的猪均可感染,但不同年龄的猪其易感性有一定差异。生长猪和育肥猪感染后症状比较温和,母猪和仔猪的症状则较为严重,乳猪的病死率可达80%~100%,患猪和带毒猪是本病的主要传染源,从患猪的鼻腔、粪便拭子和尿液中均可发现病毒,耐过猪大多可长期带毒。本病传播方式不仅是猪与猪之间的直接接触传染,还可借助空气传染,也可通过精液传播。病毒通过空气传播和猪对猪的接触传播是本病的主要感染途径。新疫区多呈地方流行性、老疫区则多为散发性。本病没有明显的季节性,一年四季均可发生。一些因素如长途运输、饲养密度过大、卫生状况差、气候闷热等可促进本病的发生。

在我国,本病与猪瘟混合感染而导致猪瘟发病严重的现象,需引起足够重视。

（三）临床症状

由于病毒毒株间致病力的差异,使得病猪临床表现不完全一致,甚至有的表现为亚临床症状。

病初猪厌食,呼吸困难,嗜睡,发热,少数猪躯体末端皮肤发绀。妊娠后期母猪出现流产、早产、死产或木乃伊胎儿。发病母猪再次用于繁殖,一般都会出现再次发情推迟、再发情的不规律、怀孕率低和母猪不孕等,加之流产损失,可导致整个繁殖周期中产仔率明显降低。繁殖障碍期间出生时的弱胎和正常胎儿的断奶前死亡率都高（可达60%）,几乎所有早产弱猪,在出生后的数小时内死亡。哺乳仔猪症状主要表现为精神沉郁、食欲不振、消瘦、外翻腿姿势、发热、呼吸困难、耳朵和四肢末端皮肤发绀和球结膜水肿（有人认为这是3周龄以下仔猪发生PRRS的特征表现之一,具有"诊断意义"）,有的感染仔猪出现震颤或划桨运动。断奶猪和育肥猪通常仅出现短时间的食欲不振、轻度呼吸系统症状及耳朵等末梢皮肤发绀现象。公猪感染后精子质量下降明显。

高致病性蓝耳病的临床特征:发病猪出现41℃以上持续高热;厌食或不食,耳部、口鼻部、后躯及股内侧皮肤发红,淤血、出血斑、丘疹;眼结膜炎;咳嗽、喘等呼吸道症状;后躯无力,不能站立或摇摆、圆圈运动、抽搐等神经症状;部分发病猪呈顽固性腹泻。发病猪不分年龄段均出现急性死亡;仔猪出现高发病率和高死亡率,发病率可达100%,死亡可达50%以上,母猪流产率达30%以上。

（四）病理变化

通常感染母猪及其子宫、胎盘、胎儿无肉眼明显可见的大体变化。新生仔猪的眼观病变常较明显,肺脏呈现红褐色花斑状、不塌陷、病健界线不明显,淋巴结中度到重度重大、呈褐色。断奶猪和育肥猪眼观病变较轻,主要是淋巴结肿大和不同程度肺炎。间质性肺炎是PRRS最常见的特征性组织病理学变化。

高致病性蓝耳病的病理变化特征:肉眼主要见肺出血、淤血,以及以心叶、尖叶为主的灶性暗红色实变;扁桃体出血、化脓;脑出血、淤血、软化灶及胶冻样物质渗出;可见心衰、心肌出血、坏死;脾、淋巴结新鲜或陈旧性出血、梗死;肾表面和切面部分可见出血点、斑等;部分猪肝可见黄白色坏死灶或出血灶;肾表面凹凸不平;胃、肠出血等。由于本病毒可以引起免疫抑制,临床上容易出现其他病原体的继发感染或混合感染,使病理变化更加严重。

(五)诊断

1. 荷兰提出一种简易的临床诊断方法,这种诊断方法有三项指征:(1)20%以上的胎儿死产;(2)8%以上的母猪流产;(3)断奶前有26%以上的仔猪死亡。如果这三项指标中有两项条件成立的活,则临床诊断成立。高致病性蓝耳病根据流行病学、临床症状和病理变化可作出初步诊断,但确诊需要进行病毒分离鉴定或用高致病性猪蓝耳病病毒反转录聚合酶链式反应 RT－PCR 方法检测。

2. 病毒检测

PRRS 病毒已在二个细胞培养系统中分离成功,即原代猪肺泡巨噬细胞(PAM)和细胞系 CL2621 及 MA104,对血清和肺组织进行病毒分离的成功率最高。

美国、加拿大、欧洲应用较多的方法是荧光标记单克隆抗体方法检查患猪肺、脾的组织切片,可找出病毒抗原所在位置。也采用免疫过氧化物酶单层细胞试验来检测该病抗原。现在应用荧光 RT－PCR 可快速检测器官、组织中的微量 PRRS 病毒。

3. 抗体检测　目前主要有 4 种方法可检测血清中病毒抗体:

(1)免疫过氧化物酶单层细胞试验(IPMA),这种方法在普通实验室即可完成,且特异性强,可检测出感染后 1 周至 12 个月的抗体,操作简单便利,其不足之处是较费时。

(2)间接荧光抗体试验(IFA)可检测感染后 2~28 天的抗体。

(3)酶联免疫吸附试验(ELISA)此法比 IPMA 法更敏感,可检出3周后抗体,特异性好,操作简单便宜,目前有标准化的试剂盒供应市场。

(4)乳胶凝集试验:简便、快速、实用。

（六）防治

目前,全球对猪蓝耳病的防治主要采取综合防治措施和免疫。

1. 应尽量自繁自养,严禁从疫区和发生疫情的饲养场引进种猪。种猪和精液在引进之前必须进行猪蓝耳病的检测。实行"全进全出"饲养模式,各阶段猪转出后,彻底消毒所在栏舍,空置2周以上,再进新猪,补圈要从健康地区引进。引进的种猪和补栏猪应当进行隔离观察,在隔离观察期间可用灭活疫苗进行基础免疫。

2. 搞好环境消毒,加强饲养管理。每周至少带猪消毒1~2次,场区至少每月消毒1次,当周边有疫病流行时,带猪消毒每1~2天1次。场区一般每1~2周消毒1次。高温高湿季节,应做好通风和降温,不饲喂发霉变质的饲料,做到饮水洁净、无污染。猪的粪、尿应及时清除,并进行无害化处理。

3. 加强生物安全措施。规模养殖场或养殖小区要实行封闭管理,尽量减少人员的流动,禁止闲杂人员进入,做好出入畜舍等饲养场的人员及车辆的消毒。控制啮齿类动物进出及繁殖。

4. 加强免疫与监测

目前,经典蓝耳病疫苗有弱毒活疫苗和灭活疫苗,高致病性蓝耳病疫苗只有灭活疫苗。免疫方法见本章第二节规模化猪场主要疫病免疫程序。同时,还要搞好猪瘟、猪细小病毒、猪伪狂犬病等病的免疫,以及猪圆环病毒Ⅱ型、猪支原体肺炎、猪链球菌病等的防治工作,以减少混合感染的机会。定期对猪群进行血清学检测。

5. 一旦发现疑似病例,应迅速报告当地动物防疫部门,严格按照"高致病性猪蓝耳病防治技术规范"的要求进行处置。

6. 严格对病死猪采取"四不准一处理"的处置措施。即不准宰杀、不准食用、不准出售、不准转运。对死猪必须进行无害化处理。

六、猪流行性乙型脑炎

流行性乙型脑炎,简称乙脑,是乙脑病毒引起的一种人与动物共患的传染病。猪主要表现为母猪流产和死胎,公猪睾丸肿大,少数猪,特别是幼猪呈典型的脑炎症状。

(一)病原

乙型脑炎病毒属于黄病毒科,黄病毒属。病毒可在鸡胚内增殖,也可在鸡胚成纤维细胞、牛胚肾细胞、猪肾细胞、仓鼠肾细胞、Hela、Vero 等细胞上增殖。病毒对鹅、鸽和新生雏鸡的红细胞有凝集性,但其血凝素易于破坏,且反应条件要求严格。

(二)流行情况

乙脑能感染人及多种动物,猪、马、牛、羊等均易感染本病。病畜是本病的传染源。传播途径主要通过蚊虫的叮咬,经皮肤感染。感染的公猪精液也可作为媒介感染母猪,妊娠母猪感染后可通过胎盘侵害胎儿。由于蚊(库蚊、伊蚊、按蚊)为传播媒介,故乙脑的流行呈明显的季节性,多发生于夏秋蚊孳生季节。本病呈散发流行,并多为隐性感染。

(三)临床症状

潜伏期 3~4 天。患病幼猪高热稽留,精神沉郁,步行跟跄,最后身躯麻痹而死。妊娠母猪主要表现为流产,产出大小不等的死胎、畸形胎、木乃伊胎及弱仔。流产后不影响下次配种。公猪性睾丸肿大,局部发热,有痛感,数天后睾丸肿胀消退,逐渐萎缩变硬。

(四)病理变化

母猪子宫粘膜充血、出血、水肿及糜烂。流产胎儿脑皮下及腹腔水肿或早已死亡,呈木乃伊化。公猪病变睾丸实质充血,并有楔状或斑点状出血和坏死灶。病死猪软脑膜充血,切面见脑实质点状出血和不同大小的软化灶,肝、脾、肾有坏死灶。脑组织学检查可见淋巴细胞和单核细胞浸润,血管周围有管套现象。

(五)诊断

1. 病毒分离鉴定 取脑组织制成脑悬液,应用脑内一皮下或脑内—腹腔接种乳鼠,或将病料接种仓鼠肾传代细胞、BHK-21培养,也可接种于7~9日龄鸡胚的卵黄囊内分离病毒。分离获得病毒后,用标准毒株和标准免疫血清与分离株进行交叉补体结合试验,交叉中和试验,交叉血凝抑制试验、小白鼠交叉保护试验等鉴定病毒。

2. 血清学试验　可用反向间接血凝试验、荧光抗体技术、免疫酶技术等方法检测感染小鼠和自然感染动物脑内的病毒抗原。检测特异性抗体可用血凝抑制试验、间接免疫荧光抗体试验、酶联免疫吸附试验。通常取发病早期和恢复期双份血清检查,才具有诊断意义。另外鉴定血凝抑制抗体是 IgM 还是 IgG,有着早期诊断的意义。如果是 IgM,即表示动物是新近感染。

（六）防治

本病发生后,无特效药物治疗。定期的疫苗接种是预防本病的有效措施。每年4月份给5月龄以上种猪接种乙型脑炎弱毒苗,或在猪6月龄(或配种前1个月)注射乙型脑炎灭活苗,2周后,再注射1次,可使猪只产生坚强免疫力。此外,必须加强猪舍的环境卫生管理及灭蚊,彻底消毒。

七、猪腹泻性传染病

猪腹泻病原种类繁多,病情复杂,近年来又不断有新病原出现,同时还存在多种病原混合感染,成为一个引人注目的世界性问题。腹泻通常见于仔猪,它已是仔猪生长受阻和死亡率高的重要原因。据调查,有的猪场仔猪腹泻率高达50%以上,死亡率15%~20%。引起猪腹泻性传染病的病因多种多样,主要包括有以下几种:

（1）病毒性　包括轮状病毒(RV)、猪流行性腹泻病毒(PEDV)、传染性胃肠炎病毒(TGEV)、肠道病毒(EV)、疱疹病毒(HV)、猪瘟病毒(HCV)、腺病毒(AV),其中以前三种危害较严重。

（2）细菌性　埃希氏大肠杆菌(E. coli)、沙门氏菌(Salmonella)、猪痢疾密螺旋体(T.h.)、C 型产气荚膜梭菌、弯杆菌,均可引起仔猪腹泻,以大肠杆菌最为重要,沙门氏菌次之。

(3)寄生虫性 有球虫、蛔虫、类圆线虫、鞭虫、棘头虫等。

上述病原中,以细菌和病毒最常见。它们或单独致病,或混合感染,混合感染常出现极高的死亡率。在此,主要讨论猪的病毒性腹泻和细菌性腹泻及其防治措施。

(一)猪病毒性腹泻

1. 传染性胃肠炎(TGE)

本病是猪的一种急性病毒性肠道传染病。临床以厌食、呕吐和腹泻为特征,特别在寒冷季节,能迅速传播到各种年龄的猪,感染率几乎 100%,10 日龄以内的仔猪常发生严重脱水和电解质丧失,导致病死率很高。5 周龄以上的小猪,病死率很低。较大的或成年猪几乎没有死亡,一般取良性经过,并产生免疫力。

该病病原为冠状病毒科冠状病毒属的猪传染性胃肠炎病毒,主要存在于猪的空肠和十二指肠,其次是回肠,由于病毒的大量复制,导致小肠绒毛萎缩,病毒在呼吸系统和肾内含量也高。

本病多发生在冬季,而在炎热的夏季不易流行。在疫区,由于母猪具有免疫力,其初乳中的母源抗体可为哺乳仔猪提供保护力,仔猪的发病率和死亡率都很低,但在断奶后又可成为易感猪。仔猪的典型症状为短暂呕吐,继而发生水样腹泻,粪便黄色、绿色或白色,常含有未消化的凝乳块。猪表现极度口渴,体重迅速减轻,日龄越小,病死率越高。病理变化主要见于小肠,肠壁变薄而透明,内容物稀薄、泡沫状,肠绒毛膜变短,甚至脱落。

诊断可根据临床症状、流行病学分析以及用免疫荧光、免疫酶技术,若可能还可进行病毒分离与病毒中和试验等加以确诊。

防治措施:注意保暖和保持仔猪舍干燥卫生,小猪初生前 6 小时应给予足够的初乳,以提供足够母源抗体保护。给予口服补液盐和葡萄糖水,防止脱水。怀孕母猪于产前 45 天及 15 天左右接种疫苗,使母猪产生免疫力,这样出生后的哺乳小猪便能获得母源抗体被动免疫保护。

2. 猪流行性腹泻(PED)

本病是 20 世纪 70 年代发现的一种猪肠道传染病,不仅发生于成年猪而且发生在小猪,感染率近乎 100%,在小猪中有很高的发病率和死亡率,哺乳仔猪死亡率平均 50%,临床上以拉水样粪便、呕吐、脱水为特征,全年均可发生,但以冬季多发。

该病的病原为类冠状病毒的猪流行性腹泻病毒,形态与冠状病毒相似,但抗原性不同。病毒主要存在于感染猪的小肠上皮细胞及粪便中。经口、鼻实验感染强毒后,病毒进入小肠引起小肠粘膜上皮细胞增生、上皮变性损伤、吸收功能障碍等而引起腹泻、脱水死亡。

诊断:该病的临床症状和病理变化与猪传染性胃肠炎相似,难于区分。可根据临床症状,发病多在冬季,所有年龄的猪均可感染发病,但在哺乳仔猪中死亡率比传染性胃肠炎低,在猪群中蔓延相对较慢等。确诊可用免疫电镜和单抗 ELISA 检测以及免疫荧光(直接法)等特异性检测方法。

防治:该病毒对外界抵抗力不强,一般碱性消毒药均有良好的消毒效果。仔猪注意保温。在治疗中可试用微生态制剂—调痢生,据报道有较好治愈效果,其他可结合对症疗法灌服磺胺药、活性炭、补口服盐水以及肌注抗菌素等防止细菌继发感染。怀孕母猪可在产前 1 个月接种疫苗,新生仔猪也可免疫。

3. 猪轮状病毒感染(PRI)

轮状病毒可引起多种幼畜及新生婴儿的急性胃肠炎,以急性腹泻为特征。研究证实:轮状病毒有 6 个抗原上不同的血清组(A−F)。在猪已发现 4 个血清组 A,B,C,和 D。感染猪是否出现临床症状与猪的免疫状态、年龄、感染剂量、环境因素有关。母猪因感染本病而获得免疫,其乳汁因含有特异性抗体可为哺乳仔猪提供免疫保护。

本病多发于寒冷季节和幼龄猪。发病仔猪主要表现厌食、精神委顿、腹泻(腹泻表现与仔猪黄、白痢相同)、脱水死亡,而中猪和大猪则呈隐性感染,无临床症状。感染的哺乳仔猪和断奶仔猪死亡率为7% ~50%不等,减轻体重约在10% ~15%,若有大肠杆菌混合感染病情则更加严重。小肠壁变薄、肠绒毛萎缩、消化功能减退。

世界卫生组织将ELISA、电镜和病毒核酸电泳三种方法作为人轮状病毒感染的标准诊断方法。对猪的诊断也适用。

防治:

(1)注意供给乳猪充分的初乳和母乳,使乳猪获得被动免疫;

(2)由于大多数母猪在初乳和乳汁中含有有效的抗轮状病毒抗体,所以应在哺乳仔猪肠道有母源抗体保护时,有意使小猪接触感染病毒以刺激产生主动免疫;

(3)加强环境消毒和卫生。

(二)细菌性腹泻

1. 仔猪黄痢

该病是由致病性大肠杆菌引起的一种高度致死性的传染病。发病猪以排出黄色或黄白色水样粪便和迅速死亡为特征,发病率和死亡率均很高。主要发生于5日龄以内的初生乳猪,3日龄以内的乳猪发病率90%左右,致死率50% ~100%。7日龄以上的乳猪很少发病。因此,有人认为该病可能由母猪带菌引起。

2. 仔猪白痢

本病是由致病性大肠杆菌引起的10~30日龄仔猪非败血性、急性肠道传染病。临床上以排出灰白色、糊糊状有腥臭味稀粪,发病率高、死亡率低为特征,对仔猪的生长发育有较大的影响,危害大,在规模化养猪饲养场普遍存在,造成较大的损失。

3. 仔猪红痢

该病是由C型魏氏梭菌的外毒素引起,主要发生于1周龄以内的仔猪,尤以1~3日龄新生仔猪多见。死亡率一般在20% ~70%。发病有一定的规律性。发病仔猪由于肠粘膜炎症和坏死,以排出红色稀粪为特征,病程短、死亡率高。

由于魏氏梭菌广泛存在于人、畜肠道、土壤、下水道及尘埃中,往往在饲养条件不良时引发此病。

4. 猪副伤寒(又称猪沙门氏菌病)

猪副伤寒主要是由猪霍乱沙门氏菌和猪伤寒沙门氏菌引起的仔猪腹泻性传染病。主要发生于 20 日龄至 4 月龄的猪,其他年龄的猪少见。急性病例表现为败血症,亚急性和慢性病例主要为大肠坏死性肠炎,消瘦和下痢,粪便恶臭,有时带血。

根据临床症状、流行情况、病理变化以及实验室检查可做出诊断。

5. 猪痢疾

猪痢疾是由猪痢疾密螺旋体引起的一种危害严重的猪肠道传染病。各种年龄的猪均可感染,以正在发育的小猪受害最严重。其特征是大肠粘膜发生卡他性出血性炎症,进而发展为纤维素性坏死性炎症。主要症状为患猪的黏液性或黏液出血性下痢,可引起病猪死亡,发育受阻,饲料利用率降低。猪的发病死亡率一般在 25% ~30%。

诊断可用病猪带黏液粪便或大肠黏膜抹片染色镜检,或将病料制成悬液标本在暗视野显微镜下检查可见活动菌体,也可将病料做分离培养,进行诊断。

防治该病可用痢菌净,治疗剂量为 2.5 毫克/千克体重,混于饲料中,每个疗程 7 天,喂 2 个疗程,疗程间停药 3 天。而后再喂 3 个预防量疗程,预防剂量为 100 毫克/千克饲料。美国已研制出油佐剂灭活苗用于预防该病。

(三)猪腹泻的综合防治

1. 使用口服补液盐 由于腹泻猪导致脱水和营养物质的丧失,其日龄愈小愈严重,死亡率也就愈高。畜禽口服补液盐是目前应用于畜禽腹泻以防止脱水的最好方法,由葡萄糖、氯化钠、碳酸氢钠、氯化钾等以混合制成。临用时加水饮用或灌服。

猪腹泻性传染病鉴别诊断表

病名	病毒性腹泻			细菌性腹泻				
	轮状病毒感染	猪传染性胃肠炎	猪流行性腹泻	仔猪副伤寒	仔猪黄痢	仔猪白痢	猪痢疾	猪梭菌性肠炎
病原	轮状病毒	冠状病毒	类冠状病毒	沙门氏菌	致病性大肠杆菌	致病性大肠杆菌	猪痢疾密螺旋体	C型魏氏梭菌
流行病学	各种幼龄动物隐性感染多，不良诱因出现症状及康复猪隐性排毒，各种动物之间相互感染	猪不分年龄，但以10日龄内的死亡率较高，季节性，传播迅速	各种年龄猪发病	1～4月龄猪不良因素引起或继发于其他病	1周内初生仔猪，1～3日龄最多见，7日龄以上很少，带菌母猪传染，与临诊有关	10～20日龄仔猪1月龄以上很少发生，不良诱因有关	各种年龄猪，以2～4月龄多见，带菌多，不良诱因有关	1～3日龄初生仔猪多发，1周龄以上很少发生
症状	与仔猪黄痢相同	仔猪呕吐，水样腹泻，2～7天，下痢，生后当天死亡	与胃肠炎症相似，水泻4～6天，可自然康复	急性体温41～42℃，皮肤紫斑，下痢为主。慢性下痢，皮肤弥漫湿疹	生后7小时后，1～3时拉稀粪如水，黄粪色浆状，脱水，消瘦死亡	突然发生腹泻，粪便呈乳白或黄白色，放毛粗乱，发育受阻	潜状期2日～2月以上。最急性突然腹泻，急性粪便中带血，纤维素。	仔猪出生后1～3天下痢，排血便，坏死组织，一般当天或第3天死亡

续表

	病毒性腹泻		细菌性腹泻				
病名	轮状病毒感染	猪流行性腹泻	仔猪副伤寒	仔猪黄痢	仔猪白痢	猪痢疾	猪梭菌性肠炎
病原	轮状病毒	冠状病毒	沙门氏菌	致病性大肠杆菌	致病性大肠杆菌	猪痢疾密螺旋体	C型魏氏梭菌
病变	卡他性胃肠炎,肠壁变薄,肠管扩张,肾变性；肠壁变薄,肠绒毛变短	与传染性肠胃炎相似	肠系膜淋巴结索状肿,卡他性出血性纤维素性肠炎。脾、肾、肝肿大有坏死灶	小肠膨胀,黄色浆状内容物,胃肠粘膜充血,出血	卡他性肠炎,内容物呈糊糊状,灰白色,肠系膜淋巴结肿胀	大肠、结肠粘液性出血性纤维素性炎症,肠炎覆盖膜性	空肠、回肠暗红,充满含血液体,肠壁出血、坏死
防治	可用"调痢生"注意补液	可用"调痢生"注意补液	可用痢特灵诺星等抗菌素、疫苗免疫	土霉素、环丙沙星、黄连素等株苗	同左	痢菌净2.5~5mg/kg,用3~5天	抗菌素治疗不及,用疫苗、类毒素

2. 药物防治　对猪腹泻应在准确诊断的基础上及时进行药物治疗,确诊是由细菌引起的急性腹泻,应辅以抗生素治疗。用药时应选择对病原微生物敏感的抗菌药物(通过药敏试验或平时临床资料分析来确定)。喹诺酮类抗生素(恩诺沙星、环丙沙星)较敏感,应慎选用。

3. 使用微生态制剂　使用好氧性非致病菌制成活菌制剂,经口服进入肠道,产生厌氧环境,可使厌氧菌增加,致病菌受到抑制,从而恢复调整肠道内菌群的平衡,达到防治腹泻的效果。如用蜡样芽孢杆菌制成的"促菌生"、"调痢生"(8501)等属于这类型。治疗剂量100~150毫克/千克体重1次,连续3天,预防剂量50毫克/千克体重。此外,还有嗜酸乳酸菌制剂,由于它在肠道的生长繁殖,产生乳酸菌素和降低肠道内pH值而抑制致病菌而发挥防治效果。

4. 免疫　由于抗菌素的长期大量使用,肠道内的沙门氏菌、大肠杆菌产生了广泛的耐药性,在四川地区一些规模化猪场的调查表明,分离菌株耐4种或5种以上抗生素的耐药菌株在多数猪场已常见,所以药物防治常达不到理想效果。大多数规模化养猪场已广泛使用疫苗预防。由于沙门氏菌、大肠杆菌血清型种类繁多,最好采用本地(场)疫苗。

八、猪丹毒

猪丹毒是由红斑丹毒丝菌(俗称猪丹毒杆菌)引起的一种人畜共患传染病。其特征主要表现为急性败血症和亚急性疹块型,部分慢性病例表现为多发性关节炎或心内膜炎。

(一)病原

红斑丹毒丝菌属于丹毒杆菌属,是一种革兰氏阳性纤细杆菌。无鞭毛,不能运动,无荚膜和芽孢。在心内膜疣状物上,多呈长丝状。在病料的组织触片或血片中多单在、成对或成丛排列。目前,认为该菌有24个血清型(1型–24型),一个无特异性抗原的N型和2个亚型。本菌对外界的抵抗力较强,耐酸性强,对热敏感。

常用的消毒药能迅速将其杀死。但石碳酸杀菌力很低。

（二）流行情况

病猪、带菌猪及其他带菌动物是本病主要传染源。病猪的分泌物和排泄物中均含有本菌。据报道，健康带菌猪约占 24.3% ~ 70.5%。从多种野生动物和鸟类都曾分离出本菌，为潜在传染源。

该病主要由患病动物的粪尿排菌，污染饲料、饮水、土壤、用具和场舍，经消化道传染其他猪只或动物。屠宰场、加工厂的废水、食堂残羹和腌制、熏制的肉品也是引起本病传播的根源。本病也可通过损伤的皮肤及蚊、蝇等吸血昆虫和蜱传播。

本病主要发生于猪，尤以 3 ~ 12 月龄猪更为易感，一年四季都有发生，但以炎热多雨季节发病较多。本病呈散发或地方流行性，有时呈爆发性流行。

（三）临床症状

潜伏期，自然感染与人工感染基本相似，一般为 3 ~ 5 天。本病在临床上一般分为三型：

1. 急性败血型　最为常见，在暴发初期，少数猪无任何症状突然死亡，多数猪以败血症为主，表现为不食，间有呕吐，体温高达 42℃ 以上。精神沉郁，喜卧。强迫驱赶，则发出尖叫，步态僵硬或跛行。病初粪干，后期可发生腹泻。发病 1 ~ 2 天后，皮肤潮红继而发紫，以耳、腹、腿内侧多见，指压退色。病程 3 ~ 4 天。

哺乳仔猪和刚断奶小猪发生本病时，一般突然发病，出现角弓反张、抽搐等神经症状，不久倒地而死，病程 1 天左右。

2. 亚急性（疹块型）　病程较缓和，其特征是皮肤表面出现疹块，俗称"打火印"。常在发病后 2 ~ 3 天在胸、腹、背、肩、四肢部的皮肤出现方形、菱形或不规则的疹块。初期充血，指压退色；后期淤血，紫黑色。疹块发生后，体温逐渐恢复正常，数日后，病猪多自行康复。病程约 1 ~ 2 周。

3. 慢性型　一般由上述两型转变而来，也有原发性的。常见的有关节炎型、慢性心内膜炎型和皮肤坏死型。关节炎型主要表现为四肢关节(多见于腕、跗关节)肿痛,病肢僵硬,跛行或卧地不起,食欲正常,但消瘦、衰弱,病程数周至数月。心内膜炎型主要表现为消瘦、贫血,全身衰弱,不愿走动,身体走动时摇晃。听诊心脏有杂音,心律不齐。有时在行进中突然倒地死亡。皮肤坏死型常发生于耳、背、肩及尾部,病变部皮肤变黑色,干硬。坏死的皮肤逐渐与其下层新生皮脱落,犹如一层甲壳。有时可在部分耳壳,尾巴末梢和蹄部发生坏死。

(四)病理变化

急性败血型　鼻、唇、耳及腿内侧等处皮肤呈不同程度紫红色。全身淋巴结呈浆液性出血性炎症。心包和胸腔积液,肝肿大,脾脏呈典型的急性炎症变化。胃肠道粘膜呈卡他性或出血性炎症,尤其以胃底部和十二指肠为重。肾常呈急性出血性肾小球肾炎。

亚急性疹块型　以皮肤疹块为特征变化。疹块内血管扩张,皮下组织水肿浸润,疹块中央呈苍白色。死亡病例亦有上述败血症病变。

慢性型　关节炎型多见于则四肢一个或多个关节肿胀,关节增生肥厚,不化脓,切开关节囊有浆液性纤维素性渗出物,黏稠并带红色。心内膜炎时,见心脏1个或数个瓣膜表面有菜花样疣状赘生物。它是由肉芽组织和纤维素性凝块组成。常见于二尖瓣。

(五)诊断

1. 根据流行病学,临床症状及解剖病变可作出初步诊断,确诊需做病原学检查。采取高体温病猪的耳静脉血,死后取心血、脾、肝、肾、淋巴结触片或抹片,染色,镜检,如发现革兰氏阳性纤细杆菌,散布或在白细胞内成丛排列,可作出初步诊断。将上述病料接种鲜血培养基,长出针尖大小菌落,菌落周围形成狭窄绿色溶血环,挑取菌落染色,镜检,必要时可作生化鉴定或血清型鉴定。

2. 血清学检查　常用的有凝集试验、生长试验和酶联免疫吸附试验。

（六）防制

1. 免疫接种　目前使用的有猪丹毒弱毒菌苗,该苗既可注射,又可口服,安全性,免疫性均较好。另有猪丹毒氢氧化铝甲醛苗及猪瘟、猪肺疫、猪丹毒三联苗。接种该苗应在断奶后进行,免疫期可达 6 个月。

2. 治疗　青霉素对本菌高度敏感,故治疗本病以青霉素疗效最好。对急性败血型猪丹毒,首次可按 1～2 万单位/千克体重静脉注射水剂青霉素,同时再辅以肌肉注射常规剂量,以后按肌肉注射治疗,直至体温正常。

3. 防疫措施　加强饲养管理,保持圈舍干燥、卫生、定期消毒,消灭鼠、蚊、蝇,做好粪、尿、垫草的无害化处理。一旦发现本病,应即时隔离重病猪并作治疗,全群紧急免疫接种。

九、猪肺疫

猪肺疫又称猪巴氏杆菌病,是由多杀性巴氏杆菌引起猪的一种急性、热性传染病。其特征是最急性型呈败血症和咽喉炎,急性型呈纤维素性胸膜肺炎,慢性型较少见,主要表现为慢性肺炎。

（一）病原

猪肺疫病原为多杀性巴氏杆菌,革兰氏阴性,两端钝圆,中央微突的球杆菌或短杆菌。不形成芽孢、无鞭毛,不运动,新分离的强毒菌株有荚膜,常单个存在。病料组织涂片、触片、血液抹片,以瑞氏,姬姆萨氏或美蓝染色时,菌体多呈卵圆形,两极着色深,似两个并列球菌。本菌为需氧及兼性厌氧菌。

用荚膜抗血清作交叉间接血凝试验,可将本菌分成 A、B、D、E 4 种荚膜血清型。以菌体与菌体抗血清作交叉凝集试验,可分出 1～12 个菌体血清型。本菌的血清型以菌体血清型和荚膜血清型合并表示构成 15 个血清型。猪肺疫多为 1：A,3：A,5：A,7：A 和 1：D。

巴氏杆菌对直射日光,干燥、热和常用消毒药抵抗力不强,但在腐败的体内可存活 1～3 个月。

（二）流行情况

病猪、带菌猪及其他感染动物是本病的传染源。病猪排出的分泌物和排泄物中含大量病菌，污染饲料、饮水、用具和外界环境，经消化道传染；或者由咳嗽、喷嚏排菌，通过飞沫经呼吸道传染；也可经吸血昆虫传染以及经皮肤、粘膜伤口发生传染。健康带菌猪在环境变化，应激因素情况下如天气突变、潮湿、拥挤、通风不良，饲料突然改变，长途运输，寄生虫病等，引起猪抵抗力下降，也可发生内源性感染。

多种动物都可感染该病，尤以牛、猪、禽、兔更易感。发病年龄、性别、品种差异不显著，猪以小猪和中猪易感性较大。但有母源抗体的小猪，在断乳时有50%有抵抗力。该病一年四季均可发生。并常与猪瘟、喘气病混合感染或继发。

（三）症状

最急性型　多见于流行初期，俗称"锁喉风"，常突然发病死亡。病程稍长病猪，体温41℃以上，食欲废绝、精神沉郁、寒战，呼吸困难、白猪在耳根、颈、腹等部皮肤可见明显的红斑。咽喉部肿大、坚硬，有热痛，病猪张口喘气，口吐白沫，可视粘膜发绀。严重者呈犬坐式张口呼吸，终因窒息死亡。病程1~2天。

急性型　体温41℃左右，病初为干性短咳，后变为湿性痛咳，鼻孔流出浆液性或黏液性分泌物，呼吸困难，可视粘膜发绀，口角有白沫。触诊胸部有痛感，初期便秘，粪表面被覆有黏液，有时带血，后转为腹泻。多在4~6天死亡。不死者常转为慢性。

慢性型　病猪持续咳嗽，呼吸困难，持续性或间歇性腹泻，逐渐消瘦，被毛粗乱，行动无力，有的关节肿胀、跛行。皮肤出现湿疹。有的病猪皮肤上出现痂样湿疹，最后多因衰竭而死亡。不死的成为僵猪。

（四）病理变化

最急性型　全身皮下、粘膜、浆膜、心冠脂肪出血，喉头粘膜出血肿胀，全身淋巴结肿大。肺充血，水肿。胃肠粘膜有出血性炎症。

急性型 肺肝变、水肿和气肿,出血,病变主要在尖叶,心叶和膈叶前缘。肺切面呈大理石样,胸腔和心包积有多量淡红色的混浊液体。胸膜和心包膜粗糙,上附纤维素,有的心包和胸膜粘连。气管、支气管内有泡沫样黏液。

慢性型 病猪消瘦、贫血,肺有坏死灶,周围形成增生的结缔组织,内含干酪样物质,有的形成空洞。心包和胸腔内积液,胸膜增厚,上有纤维素絮片或与肺粘连。

(五)诊断

根据流行病学,临床症状、病理变化可初步确诊。进一步确诊需作病原学诊断。对最急性型和急性病例,可采取心血(或血液),局部水肿液,胸腔渗出液,肝、脾、肿胀的淋巴结,作组织触片或涂片,用革兰氏、瑞氏染液,或美兰染液染色、镜检,如见多量,两极着色的小杆菌,即可作出诊断。必要时可将病料接种鲜血琼脂平板或接种小白鼠,从鲜血平板上或从小鼠心血分离出上述菌,即可确诊。还可用间接血凝试验确定荚膜抗原类型,用凝集试验确定菌体抗原类型。

(六)防治

1. 预防 改善猪的饲养管理和卫生条件,尽量减少外界环境条件的改变。当天气突变或长途运输后,可在饲料中加抗生素预防。环境定期用 20% 新鲜石灰乳,5% 漂白粉、3% 来苏尔消毒。病死猪深埋或高温处理。免疫接种是预防本病的有效措施,种猪配种前免疫,仔猪 45~60 日龄免疫。

2. 治疗 病猪可用青霉素、链霉素、广谱抗生素、磺胺类药物治疗。链霉素按 10~20 毫克/千克体重,肌肉注射,每天 2 次,最好与复方氨基比林同时注射。环丙沙星按 2.5~5 毫克/千克体重肌肉注射,每天 2 次。

十、猪喘气病

猪喘气病又叫猪支原体肺炎或猪地方流行性肺炎,是猪的一种慢性呼吸道传染病。广泛流行于世界各地,主要表现为咳嗽和喘气,患猪生长发育缓慢,饲料转化率低。本病的死亡率不高,在集约化高密度饲养的条件下,传播更迅速,经济损失更严重。

（一）病原

病原为猪肺炎支原体。支原体是一种多形态微生物,对常用消毒剂敏感,对土霉素、卡那霉素、泰妙菌素、壮观霉素、林可霉素等敏感。对青霉素、磺胺类药,醋酸铊等有抗药性。耐低温但不耐热（55℃在1分钟内灭活）。

（二）流行情况

本病仅发生于猪,不同年龄、性别、品种和用途的猪都易感本病。但以1~3月龄的猪多发,母猪和成年猪以慢性和隐性感染为主,母猪怀孕后期表现出明显症状。本病主要通过呼吸道感染,一年四季都可发生。饲养管理和卫生条件差,环境的突然改变等是本病发生和发展的主要因素。

（三）临床症状

急性型　常见于新发生本病的猪群,尤以仔猪和青年猪多见。病猪常突然发作,呼吸次数每分钟可达70~130次,严重者张口喘气,口鼻流沫,呈腹式呼吸或呈犬坐势。咳嗽次数少而低沉。体温一般正常。当病猪呼吸困难时,食欲大减,甚至可窒息死亡。病程一般约7~10天。

慢性型　病猪长期咳嗽,常见于早、晚,运动及进食后发生。初为单咳,严重时呈痉挛性咳嗽。随着病程的延长,呼吸次数增加,表现出明显的腹式呼吸,时而明显,时而缓和。食欲减少,生长发育缓慢,消瘦。病程达3~6个月以上。

隐性型　病猪在良好的饲养管理条件下无明显症状,偶见有轻微咳嗽,体况较好,但血清学检查阳性,X线胸透和剖检可发现不同程度的肺炎病灶。

（四）病理变化

本病的主要病变在肺脏。急性死亡猪肺有不同程度的水肿和气肿,在肺叶出现融合性支气管肺炎变化。肺的心叶、尖叶、中间叶及隔叶前缘呈灰红色或灰白色肺炎变化,像肌肉样称为"肉变",其病变以心叶和尖叶最为显著。病变区与正常部分分界明显。肺门淋巴结和纵膈淋巴结显著肿大,呈灰白色。恢复期病例,费表面凹陷,肺组织膨胀不全。继发细菌感染可引起肺和胸膜粘连出现纤维素性、化脓性和坏死性病变。

（五）诊断

1. 根据流行情况及临床表现以咳嗽,喘气,体温不升高为特征;病理剖检主要在肺的心叶,尖叶,中间叶及膈叶前缘出现"肉变",一般可作出诊断。

2. 血清学诊断　可采用间接血凝试验,微粒凝集试验,微量补体结合试验,免疫荧光试验等方法进行检测。

3. 在现场用 X 线检查透视肺部可作出快速准确的诊断。

（六）防治

1. 预防接种　健康猪只用猪喘气病弱毒疫苗和灭活疫苗进行交叉免疫预防,仔猪在 15 日龄首免弱毒疫苗,30 日再接种灭活疫苗,效果较好。繁殖母猪在配种前 1 周,种公猪在每年 4 月和10 月进行预防接种。

2、治疗　可选用下列药物:壮观霉素,利高霉素或林可霉素,按每千克体重肌肉注射 10～15 毫克;枝原净（泰妙菌素）按每千克体重 20 毫克拌入饲料喂;硫酸卡那霉素按每千克体重 4 万单位,肌肉注射;上述用药每天 1 次,连用 5 天为 1 疗程,用 1～3 个疗程,每个疗程间隔 5 天。特效米先,小猪 1～3 毫升,大猪 5 毫升肌肉注射,隔天 1 次,用 3～5 次;土霉素原粉按每吨饲料加 500 克拌料,连用 10～15 天。

3. 控制与净化　采用监测、免疫、隔离、治疗、淘汰、消毒等综合防治措施可使猪喘气病达到控制和净化。

十一、猪水肿病

猪水肿病是由致病性溶血性大肠杆菌引起断奶仔猪的一种急

性散发性疾病。其特征为头部、眼睑、胃壁等部位发生水肿。本病常突然发病。发病率不很高，但病死率很高，常出现内毒素中毒引起休克而迅速死亡。

（一）病原

由某些血清型（如 O_8、O_{138}、O_{139}、O_{147}）的溶血性大肠杆菌感染所引起，但一次水肿病爆发一般只涉及一个菌株。即使偶尔分离到两个菌株，也只有一个菌株占优势。感染病菌产生毒素是致病的重要原因。

（二）流行情况

本病多发于刚断奶后的仔猪。特别是气候突变和阴雨后多发。仔猪饲料单一，采食蛋白质、淀粉含量过高或缺乏矿物质（主要为硒）和维生素的饲料，都可促进本病的发生。一般多见于春、秋季节。

（三）临床症状

在一窝或一群仔猪中，生长快、体膘好的一头或几头猪突然发病。以后陆续出现病猪或不再出现病猪。病猪体温正常或稍高，心跳、呼吸加快。随着病情加重，四肢作游泳状划动，口吐白沫，触摸时猪只敏感，叫声嘶哑，呼吸困难，卧地不起。有的猪前肢跪地，后肢站立，或后肢麻痹而不能站立。腹泻或便秘。脸部、眼睑、结膜、齿龈水肿，有时水肿波及颈部和腹部皮下。病程数小时至2天，病猪多数死亡。慢性病者可达1周以上。

（四）病理变化

组织水肿是本病的特征。体表水肿多见于眼睑及脸部，切开水肿部可见清亮或茶色液体。内脏则以胃壁、肠系膜、肠系膜淋巴结，胆囊和喉头多见。胃壁水肿常在大弯及贲门部，切开时在粘膜和肌层之间有一层透明或淡红色胶冻样液体。肺水肿，心包、胸腔积液。脑膜充血，脑实质充血或水肿。

（五）诊断

根据本病的流行情况、临床症状和病理变化不难作出诊断，必要时亦可从肠系膜淋巴结和肠内容物分离病菌，并进行鉴定。

（六）防治

1. 预防　加强仔猪断奶前后的饲养管理，提早补饲。在缺硒地区补充维生素 E 和硒。猪舍保持清洁、干燥、温暖。还可在断奶前 1～2 周，免疫猪水肿病疫苗。

2. 治疗　对病猪要及早治疗，抗毒素血清效果较好。另外，抗菌消炎及利尿同时应用也有一定疗效。如环丙沙星、链霉素、土霉素、磺胺类药；加上亚硒酸钠，维生素 E 对本病效果较好。水肿严重的，除用抗生素外，亦可加入 20% 安钠咖 2 毫升、50% 葡萄糖 20 毫升，做静脉注射。

十二、猪链球菌病

猪链球菌病是由溶血性链球菌引起的人畜共患的急性、热性传染病疾病，该病是我国规定的二类动物疾病。

急性型常为出血性败血症和脑炎，慢性型则以关节炎、心内膜炎及组织化脓性炎症为特点。而 E 群链球菌引起的淋巴结脓肿最为常见、流行最广。C 群引起败血性链球菌病，危害最大、发病率和死亡率高。四川 20 世纪 70 年代曾大规模暴发流行过猪败血性链球菌病。2005 年四川又爆发了猪 2 型链球菌病，并造成了人出现感染和死亡。

（一）病原

链球菌为革兰氏阳性、球形或卵圆形细菌。不形成芽孢、无鞭毛，有的可形成荚膜，呈长短不一的链状排列。本菌的致病力取决于产生毒素和酶的能力。本菌对高热及一般消毒药抵抗力不强。但在组织或脓汁中的细菌，在干燥条件下可存活数周。

（二）流行情况

病猪和带菌猪是主要传染源。可通过上呼吸道、生殖道、消化道和伤口等感染。人可通过伤口和消化道感染。新生仔猪感染，多为母猪传染所致。各年龄猪均易感，其中新生仔猪、哺乳仔猪的发病率和死亡率最高。成年猪发病较少。本病无明显季节性，常呈地方流行性。

（三）临床症状

本病潜伏期一般 1～3 天,最短的数小时,长的可达 6 天。根据病程可分为:

最急性型　多不见症状而突然死亡。

急性型　病猪突然不食,体温 41℃ 以上,稽留热。精神沉郁,步态不稳,呼吸急促,流浆液性鼻汁。腹下、四肢下端及耳呈紫红色,并有出血斑点。便秘或腹泻带血,尿色发黄或发生血尿。可表现关节炎,跛行。有些猪表现为脑膜脑炎型,抽搐,共济失调或作圆圈运动,或突然倒地,口吐白沫,四肢呈游泳状,最后衰竭或麻痹而死。部分病猪还表现为肺炎或胸膜肺炎症状,呼吸急促、咳嗽,呈犬坐姿式,最后窒息死亡。

慢性型　体温时高时低,一般在 40℃ 左右,精神、食欲时好时坏。一肢或多肢关节肿大,跛行,站立困难或卧地不起。逐渐消瘦,贫血。有的颈部皮下出现脓肿,触诊硬痛,破溃后流出脓汁。病程长短不一,一般 2～3 周,有的长达 1 个月。

（四）病理变化

急性败血型　主要表现为出血性败血症变化。血液凝固不良,胸、腹下和四肢皮肤出现紫斑或出血斑。全身淋巴结肿大、出血,粘膜、浆膜皮下均有出血斑点。胸、腹腔积液增多,浑浊,含絮状纤维素。多数脾脏肿大、质脆,肾肿大、充血和出血,胃和小肠粘膜不同程度充血和出血。

急性脑炎型　主要表现为脑膜充血、出血,严重者溢血,少数脑膜下积液。部分猪在头、颈、背部皮下,肠系膜、胆囊壁有胶样水肿。

胸型　主要表现为化脓性支气管肺炎,多见于尖叶,心叶和膈叶,肺颜色灰白、灰红和暗红,切面有脓样病灶。气管内有较多的淡红色泡沫液体。肺胸膜增厚,常与胸壁粘连。

慢性型　主要是多发性关节炎,颈部皮下脓肿,严重者关节周围化脓,坏死。

（五）诊断

根据流行病学,临床症状,病理变化可作出初步诊断。确诊需要进行实验室诊断。

1. 细菌检查 取病猪血液、肝、脾、脑等涂片、镜检。也可将病料接种于鲜血琼脂平板,可见长出细小的菌落,多数菌种有溶血现象。挑取菌落染色、镜检。发现革兰氏阳性呈链状排列的球菌,即可确诊。

2. 动物接种 将病死猪的肝、脾或脑组织病料磨碎,加生理盐水稀释,接种小白鼠,小鼠可在 12 ~ 72 小时呈败血症死亡,并可从小鼠内脏中重新分离出本菌。

3. 细菌分离鉴定

无菌采集心血、肝、脾脏和脑组织,接种血琼脂平板进行细菌分离,生化试验进行细菌鉴定。还可用血清学试验和 PCR 进行分离菌株的菌型鉴定。

（六）防治

加强饲养管理、减少群体应激;加强日常卫生、消毒;人不能接触病死猪肉、血液和内脏。疫区或疫场应接种猪链球菌疫苗。选用同型疫苗,仔猪在 1 月龄免疫,7 ~ 14 天后再加强免疫 1 次;种猪在配种前 2 ~ 4 周和产前 2 ~ 3 周免疫。

一旦发生本病,应立即上报当地动物防疫机构,并按国家猪链球菌病应急防治技术规范的相关规定执行。治疗可大剂量注射青霉素、氨苄青霉素和先锋霉素等,每天 2 次。猪舍、栏、用具用欧福、百病消等喷洒消毒。舍外用 2% 烧碱水消毒。未发病猪进行紧急预防注射。饲料中按每吨添加 400 ~ 600 克土霉素,连喂 3 ~ 5 天。

第二节 寄生虫病

一、猪蛔虫病

猪蛔虫病是由猪蛔虫寄生在猪小肠内而引起的一种寄生线虫

病。对 3～6 月龄猪只危害较重,影响猪的生长、发育。

（一）病原

猪蛔虫的成虫为粉红或淡黄白色、圆柱状的大型线虫,雄虫长14～28 厘米,雌虫长 20～40 厘米,雄虫尾端弯曲。虫卵暗褐色或灰色,外层有较厚的边缘不整齐的蛋白质外膜。

（二）临床症状

一般仔猪多因幼虫引起肺炎,表现咳嗽,体温升高,呼吸加快,当虫移行至小肠时,猪只表现为发育不良,生长缓慢或停滞,还可引起肠炎、肠阻塞和肠破裂。当虫体进入胆管时可造成胆管阻塞,引起黄疸。

（三）诊断

根据临床症状,进行粪便检查和尸体解剖可诊断。亦可以贝尔曼氏法分离幼虫。取粪样直接涂片镜检,发现虫卵即可确诊,采用饱和盐水漂浮法收集虫卵,检出率更高。

（四）防制

左咪唑按 8 毫克/千克体重,溶于水拌料一次饲喂。甲苯咪唑10～20 毫克/千克体重,混在饲料中内服。伊维菌素 0.3 毫克/千克体重,皮下注射。丙硫苯咪唑 3～6 毫克/千克体重,每日 1 次内服,连用 3 天。

（五）预防

经常保持圈舍干净,粪便堆积发酵。对圈舍定期消毒,猪定期驱虫,每年春、秋季各驱虫 1 次。

二、猪弓形虫病

猪弓形虫病是刚第弓形虫寄生在猪、人和其他动物体内而引起的一种人畜共患的原虫病。断奶猪最易发病。弓形体病分布很广泛。人或动物大部分为隐性感染,少数表现出临床症状。该病暴发时,发病率和死亡率都较高。猪主要通过胎盘、子宫、生殖道及初乳感染,经呼吸道也可感染,在夏季通过吸血昆虫叮咬而感染。

（一）病原

弓形虫在宿主细胞内寄生,其不同发育阶段有不同的形态类型。

1. 滋养体和包囊

滋养体　呈新月状或弓状,一端稍尖,一端钝圆。正在繁殖中的虫体,还可呈圆形、卵圆形。主要在急性发病期的腹水、肝、肺、脾和淋巴结中,急性期后,则在脑和肌肉中。滋养体在发育中逐步消失,发育成一种囊状虫体。

包囊　呈卵圆形囊状。卵膜较厚,包囊内有数目不等的滋养体。常存在于慢性病的脑、肌肉、肺、心、肾等实质细胞内。这种虫体长期存在,从而成为重要传染源。

2. 裂殖体、配子体和卵囊

裂殖体　在猫肠上皮细胞中寄生,呈圆形,内含许多裂殖子。

配子体　也存在猫肠上皮细胞中,分大、小配子体,小配子体色淡核疏松,有许多小配子排列在边缘。大配子体核小而致密,胞浆内有着色良好的颗粒。

卵囊　见于猫的粪中。呈卵圆形,囊壁分两层,内含一颗粒状物组成的接合孢子。感染性卵囊内有两个孢子囊,每个孢子囊内有 4 个子孢子和一个残体。

进入猫体内的包养体,侵入全身脏器组织的有核细胞内,进行无性繁殖,形成囊型虫体,在细胞内可存活数年。当猪经口、呼吸道粘膜或皮肤伤口感染了包囊或采食了被感染性卵囊污染了的饲料和饮水后,虫体经血流到脏器和组织细胞中进行无性繁殖,形成包囊性虫体。

（二）临床症状

3～5 月龄猪多呈急性经过,潜伏期 3～7 天,体温升到 40.5～42.3℃左右,稽留热。食欲减退,精神不振,粪便干硬便秘,有时下痢。呼吸困难,咳嗽。耳、下腹部皮肤发绀,体表淋巴结肿大。有的四肢及全身肌肉僵直,走路不稳。少数病猪在病初呕吐。病程

10~15天,不死可转慢性或逐渐康复。

慢性病猪发育不良,下痢、消瘦。怀孕猪发生死胎、流产,新生仔猪发生急性死亡,衰弱或畸形。

（三）诊断

根据临床情况较难诊断,确诊需检查虫体或取病料接种实验动物以及进行血清学试验。可采取脑、肝、肺等组织进行组织切片观察,在急性阶断,可取血液、乳汁、渗出液等涂片、染色、镜检。发现组织细胞内或游离的滋养体,即可确诊。也可将病料接种小白鼠、家兔分离虫体。另外,还可用补体结合反应、血球凝集试验和荧光抗体法等进行诊断。

（四）治疗

1. 磺胺嘧啶钠70毫克/千克体重,肌注,并用甲氧苄氨嘧啶14毫克/千克体重内服,1天2次,5天为1疗程。或注射增效磺胺－5－甲氧嘧啶0.2毫克/千克体重,每天2次,连用5天。初次用量加倍。

2. 磺胺药与乙胺嘧啶合用有协同作用。乙胺嘧啶与磺胺二甲基嘧啶合用,分别按0.005%和0.05%混入饲料或饮水中喂服。

3. 按每吨饲料中添加150克氯苯胍,对猪感染弓形虫的滋养体有抑制作用,连用有治疗效果。

（五）预防

1. 因猫是本病的终末宿主,因而要禁止猫接触猪和饲料。

2. 定期对猪弓形虫检疫,检疫出的感染猪只,进行隔离治疗。

三、猪疥癣

猪疥癣病是由猪疥癣虫寄生在猪皮内所引起的一种接触性传染的慢性皮肤寄生虫病。俗称"猪癫"。病猪以皮炎和搔痒为特征。

（一）病原

虫体呈圆形或龟形,微黄白色,腹面有四对足和两对角质支条。幼虫有3对足,前2对,后1对。虫卵椭圆形、透明,内含卵胚或幼虫。虫体发育分为卵、幼虫、稚虫和成虫四个阶段。

（二）症状

主要是皮肤发炎、脱毛、奇痒和消瘦，本病通常从头、眼、耳壳、腹下部开始，然后蔓延至全身。初期皮肤发红、搔痒，常在围杆、墙上摩擦，猪擦破皮后可出现丘疹、水泡，破溃后结痂、脱毛。严重者皮肤失去弹性、粗糙、落屑、形成皱褶。还可出现减食，精神委顿，消瘦和贫血等全身症状。

（三）诊断

根据临床症状及病原检查，很易诊断。

（四）治疗

1. 蝇毒磷乳剂 0.025% ～0.05% 药液，洗浴或喷雾。

2. 双甲脒（Amilraz）用 0.01% ～0.05% 涂擦或喷洒于患部皮肤，7 天～10 天后再用 1 次。

3. 伊维菌素是目前最好的、能同时驱体内外寄生虫，按 0.2 毫克/千克体重，皮下注射，严重者，1～2 周后再用 1 次。

（五）预防

保持猪舍干燥、通风、透光，并经常用 10% ～20% 石灰水消毒。购进仔猪时应先检查，有疥癣时应先治好后再同圈。可定期用阿维菌素拌料预防。

第三节　普通病

一、胃肠炎

胃肠炎是指胃肠粘膜表层和深层组织的严重炎症，临床上以体温升高，剧烈腹泻及全身症状加剧为特征。

（一）病因

主要由于喂给腐烂变质、发霉、不清洁、冰冻饲料或误食有毒植物及酸、碱等化学药物而发病。受寒、长途运输及维生素缺乏等也可引起。

（二）症状

多突然发生剧烈而持续腹泻,排泄物呈水样,有的伴有黏液、假膜、血液或脓性物,有腥臭味,猪迅速消瘦,并有腹痛现象。体温升高,心跳、呼吸加快,可视粘膜发红。四肢、耳尖冰冷,卧地不起,最后衰竭而死。

（三）防治

加强饲养管理,不喂变质腐败和有刺激性的饲料,定时定量喂食。猪圈保持清洁干燥,冬季注意保温。发现消化不良,及早治疗,以防加重转为胃肠炎。治疗可采用以下方法:

1. 葡萄糖生理盐水 500～1000 毫升,维生素 C1 克,5% 碳酸氢钠溶液 5～10 毫升,氨苄青霉素 0.5 克～1 克,混合后一次静脉滴注,1 天 2 次,连用 3 天。

2. 鞣酸蛋白 2～5 克,磺胺咪 10～15 克,混合灌服,1 天 2 次,连用 2～3 天。

3. 胃肠炎缓解后可适当应用健胃剂,小猪可用多酶片、酵母片内服;也可用胃蛋白酶、乳酶生各 10 克,安钠咖粉 2 克,混合后分 3 次内服。大猪则用健胃散 20 克、人工盐 20 克,1 天分 3 次内服。

二、便秘

猪便秘是因粪便在肠腔内蓄积变干变硬,使肠腔完全阻塞,临床表现为食欲减少,腹围膨大,不断有排便姿势,但未见有粪便排出。

（一）病因

长期饲喂干硬不易消化的饲料及含粗纤维过多的饲料,如干薯藤,豆秸等劣质饲料;仔猪喂精料过多,突然变换饲料,饮水和运动不足;怀孕后期或分娩不久伴有肠迟缓的母猪;某些传染病或其他热性病,也常继发本病。

（二）症状

采食减少甚至停止,喜饮水,腹围逐渐膨大,不断作排粪姿势,但未见排出粪便。手压腹部能触到如算盘珠一样的粪球。病猪疼痛不安,体温正常或稍低。

（三）防治

改善饲养管理,合理搭配饲料,粗料细喂,多喂给青绿多汁饲料,保证充足的饮水和适当的运动。对病猪应停饲,改喂青绿块根类多汁饲料,喂给大量温热水,有条件的地方喂一些山芋,治疗方案如下:

1. 用温肥皂水 1 000～5 000 毫升反复深部灌肠,软化粪便,促进排粪。

2. 按摩腹部,小心细致地压碎粪球。

3. 液体石蜡 100～200 毫升或 10% 硫酸钠 300～500 毫升,一次灌服。

三、肺炎

肺炎主要是肺炎双球菌或其他病菌感染以及一些理化因素刺激肺组织引起的炎症,一般可分为小叶性肺炎和大叶性肺炎。小叶性肺炎又可分为卡他性肺炎和化脓性肺炎。猪以卡他性肺炎较为常见。

（一）病因

饲养管理不当,受寒感冒是主要原因。而猪圈拥挤,长途运输,气候骤变,潮湿寒冷等,都可诱发感冒而得肺炎。吸入刺激性气体、误咽或灌药不慎而使药液误入气管等可引起异物性肺炎。另外,本病常继发于猪瘟、猪肺疫、结核、肺丝虫病等。

（二）症状

呼吸加快,咳嗽,体温升高,食欲减少或废绝。鼻腔流出黏稠液体,呈白色、黄白色甚至铁锈色。病后期,不食,消瘦,呼吸困难,咳嗽加剧,心跳加快,可视粘膜发绀,甚至窒息死亡。

（三）防治

注意猪舍清洁卫生和保暖,经常给予青绿饲料。治疗时主要是消炎,配合祛痰止咳。

1. 青霉素 80 万～160 万单位,链霉素 1 克,1 次肌注,1 天 2～

3 次,连用 2~5 天。

2.10% 磺胺嘧啶 10 毫升,1 次肌注,1 天 1 次,连用 2~4 天。

3. 硫酸卡那霉素,土霉素等对本病也有良好疗效。

四、佝偻病

佝偻病是仔猪发生的一种无机盐代谢障碍性疾病,主要由于钙、磷缺乏,以及维生素 D 和日光照射不足,从而引起猪体内钙、磷代谢紊乱,骨质形成不正常而发病。

(一)病因

主要是饲料中钙、磷缺乏及钙、磷比例失调所致,维生素 D 缺乏,母猪长期关在室内或在日光照射少的冬季,也是本病发生的原因。此外,一些慢性病和胃肠疾病影响了维生素、钙、磷的吸收和利用,也可诱发本病。

(二)症状

先天性的仔猪佝偻病,出生即可见颜面骨肿大,硬腭突出,四肢关节肿大而不能屈曲。后天性的佝偻病,则病程进展缓慢,病初异嗜,随后发生跛行,骨骼变形,如凹背,前肢或后肢呈"X"形,关节肿胀,咀嚼硬物困难,肋骨与肋软骨结合处肿大,步态失调,消瘦,腹泻。病重的四肢麻痹,卧地不起。

(三)防治

1. 饲料中添加足够的维生素 D 和钙、磷,多补充喂些青绿饲料,冬季保证照射到日光,合理搭配饲料,消除影响钙、磷吸收的因素均可防止本病的发生。母猪在怀孕后期和产后应多补喂维生素 D 或注射维丁胶钙。

2. 病仔猪可用维丁胶钙注射液,按 0.2 毫克/千克体重,隔日 1 次肌肉注射;维生素 A,维生素 D2~3 毫升肌肉注射,隔日 1 次;成年猪静脉注射 10% 葡萄糖酸钙 50~150 毫升,或 3% 次磷酸钙溶液 60~70 毫升,每日 1 次。

五、仔猪贫血

仔猪贫血是指初生哺乳仔猪发生的一种营养性贫血,主要是因缺铁引起,常整窝发生,造成严重损失。

(一)病因

本病主要是由于母猪乳汁中铁含量不足,满足不了仔猪生长的需要。仔猪生长发育快,全血量也随体重相应增加,如供铁不足,将影响血红蛋白的合成,因此本病又称缺铁性贫血。

(二)症状

病猪精神沉郁,离群伏卧,营养不良,被毛逆立,体温一般不高。可视粘膜苍白,轻度黄染。光照耳壳呈灰白色,几乎见不到明显的血管,针刺也很少出血。呼吸、脉搏次数增加,有心内杂音,稍加运动则心悸亢进,喘息不止。严重的消瘦衰弱,以致死亡。剖检可见典型贫血变化。

(三)防治

加强哺乳母猪饲养管理,多喂富含蛋白质、无机盐和维生素的饲料,多到户外运动,也可在猪舍放置土盘,让其自由舔食。在规模化猪场,仔猪出生后 3～5 天即开始补加铁剂,如肌注右旋酐铁 2 毫升或葡聚糖铁钴注射液 2 毫升,防治效果确实、可靠。

六、母猪不孕症

母猪不孕症是母猪生殖机能发生障碍,暂时或永久性不能繁殖后代的病理现象。临床上以性机能减退,发情失常,屡配不孕为特征。

(一)病因

母猪过肥,内分泌活动失调,长期不发情。慢性子宫内膜炎,卵巢机能减退,卵泡囊肿,持久黄体,阴道炎,子宫蓄脓等。幼稚病引起脑下垂体机能不全,达到交配年龄时生殖器仍发育不全或无性周期。营养性不良,猪体消瘦,性机能减退,发情失常。由于维生素、矿物质不足引起分泌机能紊乱,致长期不孕。

(二)症状

性欲减退或缺乏,长期不发情,排卵失常,屡配不孕。

(三)防治

根据不孕的原因和性质,加强饲养管理是治疗此类不孕症的根本措施。在此基础上,根据具体情况和条件,可选用下述一些方法催情。

1. 调整母猪营养　因过肥而不孕时,首先要减少精料,增加青绿多汁饲料。相反,如果营养不足,躯体消瘦,性机能减退,则可增加精料。

2. 公猪催情　利用公猪来刺激母猪的生殖机能。

3. 按摩乳房　此法不仅能刺激母猪乳腺和生殖器官的发育,而且能促使母猪发情和排卵。按摩法可分为表面按摩和深层按摩。

4. 注射促卵泡素(FSH)　该药有促使卵泡发育、成熟的作用。对于母猪无卵泡发育、卵泡发育停滞、卵泡萎缩等,可肌肉注射 FSH 50～100 单位。

5. 注射前列腺素类药物(PGF12 甲酯),母猪 1 次可肌肉注射 3～4 毫克,一般可于注射后 1～3 天内出现发期情。

6. 注射雌激素制剂　已烯雌酚,每次皮下注射 3～10 毫克;苯甲酸求偶二醇,每次肌肉注射 1～2 毫升,间隔 24～48 小时可重复注射 1 次。

七、子宫内膜炎

子宫内膜炎是猪子宫粘膜的黏液性或化脓性炎症,为母猪常见的一种生殖器官的疾病。子宫内膜炎发生后,往往发情不正常,或者发情虽正常,但不易受孕,即使妊娠也易发生流产。

(一)病因

分娩时产道损伤而感染、胎衣不下或有胎衣碎片残存,子宫弛缓时恶露滞留,难产时手术不洁,人工授精时消毒不彻底,自然交配时公猪生殖器官或精液内有炎性分泌物等等。

(二)症状

在临床上可分为急性子宫内膜炎和慢性子宫内膜炎两种。急性子宫内膜炎多发生于产后及流产,全身症状明显,病猪食欲减退或废绝,体温升高,时常努责,有时随同努责从阴道内排出带臭味污秽不洁的暗褐色黏液或脓性分泌物。慢性子宫内膜炎多由于急性子宫内膜炎治疗不及时转化而来,全身症状不明显,病猪可能周期性地从阴户内排出少量混浊液体。

（三）防治

1. 保持猪舍干燥,临产时地面应清洁干燥;发生难产时助产应小心谨慎。取完胎儿、胎衣,应用雷凡诺尔液冲洗产道,并注入抗菌药物。人工授精时应注意消毒。

2. 在炎症急性期首先应清除积留在子宫内的炎性分泌物,选择0.9%生理盐水、0.02%新洁尔灭溶液、0.1%高锰酸钾溶液冲洗子宫,冲洗后务必将残存的溶液排出。最后,可向子宫内注入80万~160万单位青霉素或1克金霉素。

3. 对慢性子宫内膜炎的病猪,可用青霉素80万~100万单位,链霉素0.5~1克,混于高压灭菌的植物油20毫升,注入子宫内。

此外,应用抗生素或磺胺类药物进行全身治疗。

八、母猪产后瘫痪

母猪产后瘫痪是产后母猪突然发生的一种严重的急性神经障碍性疾病。

（一）病因

本病的病因目前还不十分清楚。一般认为是由于血糖、血钙骤然减少(母猪产后甲状腺机能障碍,失去调节血钙浓度作用,胰腺活动增强,致使血糖过少,特别是产后大量泌乳,血糖、血钙随乳汁流失),产后血压降低等原因使大脑皮层发生机能障碍。

（二）症状

本病多发生于产后2~5天。病猪精神极度委顿。食欲显著减少或废绝,粪便干硬且少,以后停止排粪和排尿,不能站立,呈昏睡状态。乳汁很少或无乳,有时病猪伏卧,不让仔猪吸吮。

（三）治疗

加强护理,每天人工翻身几次,防止发生褥疮。同时,静脉注射10%葡萄糖酸钙注射液50～150毫升,每天1次,连用7天。体弱猪还可肌注20%安钠咖5～10毫升,每天1次。也可用草把或粗布摩擦病猪皮肤,以促进血液循环和神经机能恢复。便秘时应投给缓泻剂(如硫酸钠或硫酸镁),或用温肥皂水灌肠,清除直肠内积蓄的粪便。

第四节　中毒病

一、食盐中毒

食盐是猪日粮中不可缺少的成分。每千克饲料0.3～0.5克食盐,可增进食欲,增强消化机能,保证机体水盐代谢平衡。但若摄入过多,则可发生食盐中毒。本病特征是猪脑组织水肿、变性、坏死和消化道炎症,出现典型的神经症状和消化道紊乱症状。

（一）病因

主要是因饲料中食盐含量过多引起,或大量喂了洗腌腊食品的水等,每千克体重超过1.0～2.2克食盐均可引起中毒。

（二）症状

食盐中毒的猪表现极度口渴,口流白沫,食欲减少或不食,呕吐,粘膜潮红,腹痛、便秘或下痢,有时尿多。并表现出阵发性或持续性无目的徘徊或转圈,步态不稳,眼球震颤等神经症状。严重时瞳孔散大,呼吸困难,卧地不起,麻痹,全身肌肉颤抖,痉挛,四肢呈游泳状。若治疗不及时,多以死亡告终。

（三）病理变化

胃肠粘膜充血、出血、水肿、胃溃疡,慢性食盐中毒肠胃病变不明显,主要病变在大脑,表现为大脑皮层软化,坏死。

（四）治疗

食盐中毒时血中钙离子和钠离子平衡失调,在治疗时应增加钙离子浓度,同时以镇静、解痉为治疗原则。

中毒较轻时,可给猪大量饮水,以减低食盐在血中浓度,亦可剪耳放血。中毒较重的猪,用10%葡萄糖酸钙50~60毫升,加入10%葡萄糖中静脉注射,每日2次,也可用氯化钙加葡萄糖静脉注射。对神经症状明显者,还可用氯丙嗪、苯巴比妥钠、安定等镇静。亦可肌肉注射40%硫酸镁10毫升。

二、酒糟中毒

酒糟是酿酒业的副产品,它含有丰富的蛋白质和脂肪,具有促进食欲,利于消化的作用。常作为补充料喂猪,但酒糟贮存或使用不当都可能引起猪酒糟中毒,引起猪发生胃肠炎,皮炎和神经系统障碍为特征的中毒病。

(一)病因

突然大量饲喂酒糟或酒糟已变质仍喂猪,酒糟堆放不当,不搭配其他饲料而长期单纯喂酒糟,均可引起猪中毒。酒糟中毒实质是酒精中毒和醋酸中毒。

(二)症状及病变

酒糟中毒时,病初消化紊乱,先便秘后拉稀,腹痛,严重时猪狂躁不安、兴奋,步态不稳,易跌倒,眩晕,逐渐失去知觉,麻痹,体温下降、虚脱、卧地不起。昏迷死亡。部分猪皮肤红肿,出现水泡、溃疡,形成脓肿或皮肤坏死。也可发生口炎,体温升高,母猪流产等症状。

病死猪皮肤发红,眼结膜潮红、出血,脑血管充血、出血;心脏及皮下组织有出血斑点。常见肺水肿,充血,肠粘膜充血,肾肿胀,质脆。

(三)防治

酒糟不应多喂,更不能单一长期饲喂,应搭配其他饲料,酸败、变质的不能喂。发生中毒后,先将中毒猪放在通风干燥处,肌肉注射20%安钠加2~4毫升,同时静脉注射复方氯化钠,5%碳酸氢钠,亦可静脉滴注5%葡萄糖生理盐水500~1000毫升。

三、霉变饲料中毒

霉变饲料引起的动物中毒,以饲料中黄曲霉毒素引起中毒最常见。猪只采食发霉饲料后引起肝脏损害,特别是仔猪,可在24~72小时内死亡。

（一）病因

黄曲霉毒素是一种很强的肝性毒素,其中黄曲霉 B_1 毒性最强。可引起动物致癌。黄曲霉广泛存在于自然界,在适合条件下产生毒素。玉米,花生、豆类、麦类、大米及其副产品的酒糟、油粕等最易受黄曲霉污染。所以本病发生主要是猪采食了黄曲霉毒素污染的上述谷物及其所生产的配合饲料所致。

（二）症状

中毒猪表现为食欲不振,精神差,口渴,异嗜,便血,拱背,腹部卷曲。可视粘膜黄染,皮肤充血、出血。有时步态强拘。严重的猪只不食,后肢无力,可视粘膜苍白,肛门便血,也可间隙性抽搐,头顶墙,角弓反张,共济失调。迅速死亡。或拖延2~3天死亡。

（三）病理变化

肝脏肿大、变性坏死,色黄、质脆,全身肌肉、粘膜、皮下均有出血点和出血斑。肾弥漫性出血,胸、腹腔积液,胃肠道可见游离状血块。有时脾可出现出血性梗死,心内外膜出血,脑实质和脑膜血管扩张充血。

慢性中毒猪肝变硬,胆囊缩小,胆汁浓稠,严重黄疸,肾苍白肿胀,肩下、腿前肌肉可见淤血及斑状出血。

（四）防治

1. 防止饲料发霉、不喂霉变饲料是预防本病的关键,发霉的玉米、豆类不能作饲料。也可在饲料中添加防霉剂或霉菌吸附剂如净霉灵、霉可吸、申维净等。

2. 治疗　立即停喂发霉饲料,并可口服硫酸镁、液体石蜡、鱼石脂等药物。亦可剪耳放血。促进毒物排泄。同时,静脉注射25%~50%葡萄糖、20%安钠加、5%维生素C。

第十一章　农户养猪的经营管理
与市场营销

一、经营决策

农户养猪需要在以下四种饲养类型中做出选择：

生产类型————生产仔猪
　　　　　　—生产育肥猪
　　　　　　—全程饲养
　　　　　　—生产种猪

（一）生产仔猪　　这种生产类型是指饲养母猪和生产仔猪,仔猪断奶后体重达到 10～15 千克,出售给育肥猪饲养者。生产并出售仔猪有以下优缺点：

表 11-1　　　　　出售仔猪的优缺点对比表

优　　　　点	缺　　　点
1.（和全程饲养比）需要较少的圈舍,（和育肥猪生产比）需要较少的流动资金	1. 技术性较强,需要一定的母猪和仔猪饲养管理技术
2. 由于仔猪 2 个月龄内即可出售,资金周转快	2.（和育肥猪市场相比）仔猪市场价格起伏较大
3. 如果饲养品质优良的母猪,有可能获得丰厚的收入	
4. 猪群可保持封闭,有利猪群疫病的防治	

（二）生产育肥猪　　生产育肥猪是指购买断奶仔猪或更大一点的小猪喂养,直到出售育肥猪（约 100 千克）为止。生产育肥猪有如下优缺点：

表 11 - 2　　　　　　出售育肥猪的优缺点对比表

优　　点	缺　　点
1. 经营方式简单,易于起步 2. 较少的资金投入 3. 周转快(4~5 个月周转 1次) 4. 时间消耗较少	1. 优良仔猪较难买到 2. 仔猪市场供应不稳定 3. 如果仔猪不是从一家买入,有可能发生猪病交叉感染

（三）全程饲养　　全程饲养是指饲养母猪,生产仔猪,然后育肥所生产的仔猪,直到出售育肥猪(约 100 千克)为止。全程饲养有如下优缺点:

表 11 - 3　　　　全程饲养的优缺点对比表

优　　点	缺　　点
1. 从场外引进猪的可能性较小,由外面带入本场疫病的机会也较小 2. 可获得生产仔猪和生产育肥猪两部分的收益 3. 如果饲养优良品种,获得丰厚收益的可能性较大	1. 需要更多的圈舍投入 2. 需要较多的流动资金 3. 生产周期长,从开始购买后备母猪到出售第一批育肥猪大约需 15~17 个月 4. 要求一定的饲养母猪和仔猪的技术经验

（四）生产种猪　　生产种猪包括生产纯种种猪或进行纯种猪的杂交,生产杂交一代母猪。这两种生产形式均需较高的技术和较大的投资,还需获得四川省畜牧食品局颁发的《种畜禽生产经营许可证》,才能从事生产经营。除个别较大的、技术力量雄厚的猪场和规模养猪大户可能从事种猪生产外,一般的农户或养猪专业户不可能从事种猪生产。因此,生产种猪的优缺点在此不予讨论。

（五）选择生产类型　　选择生产类型可从以下方面考虑:

1. 你所期望的经济收益;

2. 用于养猪投入的现金多少;

3. 养猪方面的技术、培训和经验；

4. 市场状况及其预测；

5. 可投入养猪的时间与精力有多少；

6. 其他个人具体情况。

综合考虑以上各因素，即可对养猪生产类型做出选择。当然，农户可以根据亲戚朋友或当地畜牧系统工作人员的意见和建议选择生产类型。

二、成本管理

农户养猪业的成本管理可以分为两个方面的内容：第一方面为固定成本的管理；第二方面为变动成本（也叫可变成本）的管理。

（一）固定成本管理 固定成本是指一些固定的花费，在日常生产活动中相对不变的投入。例如，圈舍的建造投入，对母猪的投入。

1. 圈舍的投入应考虑到生产的需要及保暖和通风需要。圈舍的建造和保暖对母猪产仔数，仔猪及断奶小猪的成活率、生长速度等生产指标有直接影响。农户应根据自己的具体情况决定资金的投入量和所建圈舍的质量。

2. 母猪的选择，购买与建造圈舍类似。购买良种后备母猪，所产仔猪生长速度快。如果销售断奶仔猪，收益也较大。但良种后备猪的价格较高，对圈舍、饲养管理技术和饲料质量的要求也相对较高。如果选择传统的地方猪种，那么价格较低，对饲养条件和饲料的要求也不高。农户需要根据自身的具体情况进行抉择。

（二）变动成本的管理 变动成本是指除固定成本外所发生的其他花费。这部分花费随生产规模的变化而变化。变动成本的管理是要根据生猪的生产状况来组织协调好各种生产要素，以有限的生产要素的投入获取最大的经济效益。

1. 饲料成本 饲料成本是指生猪生产过程中所发生的所有的饲料费用。一般来讲，饲料费用占用农户生猪生产总成本的

80%。集约化程度较高的大型专业户,饲料成本占养猪总成本的比例稍低一些,对普通散户或规模较小的专业户,饲料成本可能占到养猪总成本的90%。因此,在整个养猪生产中,饲料的选择、配合、饲喂,占有绝对重要的位置。农户应根据市场情况、所饲养的猪种、猪的大小,选择适当的饲料配方,然后用最低的成本自配或购买饲料。本书前面所介绍的最低饲料营养标准,可作为饲养瘦肉型猪的参考。

2. 防疫、医药成本　农户应根据当地畜牧系统的建议和要求,进行各种防疫活动。防重于治。只有这样,才能尽可能降低医药成本。

3. 劳动力成本　小型专业户及散养户一般不计劳动力成本。较大的专业户或雇用家庭成员以外的劳动力从事养猪业的养猪户,有必要对劳动力成本进行管理和核算。劳动力管理的关键是对工作人员支付适当的报酬,并提供必要的培训,使其能够积极熟练地从事各自的工作。只有满意的员工,才会有满意的生产成果。

4. 其他成本管理　包括日常维修、供水、供电、供煤,甚至对猪场的保险。这部分成本仅适用于猪场和大型专业户。对这些成本管理的目标是在保证猪群正常生产情况下,尽可能少地支出此类费用。对大多数养猪户来讲,猪场的保险也许是一个非常陌生的概念。我们相信,不久的将来,一些专业户会接触到这一概念。

5. 营销成本　营销成本就是卖猪时所发生的各种费用。例如运输费用、检疫费用,广告宣传费用等等。养猪户应在遵守法律的前提下,尽可能降低各营销费用。

三、财务管理

对多数养猪户讲,财务管理听起来似乎太专业化,好像大公司、大的猪场才需要考虑财务管理。其实,每个农户都在进行着财务管理,当农户选择种植的作物、施用多少化肥、出售多少产品、怎样支出所得收入的时候,都是在做财务分析和管理。只是不像大公司的财务管理那么明显、那么复杂罢了。

（一）资金的投入与产出　建圈舍、买仔猪、购买饲料和药品，钱从哪里来？如果借款，怎样去借？什么时间还？预期的收入有多少？仔猪或育肥猪出售后，资金如何分配？这些都是投入产出分析的内容。如果预期的收入不能大于各种投入之和，那么这种投入就不值得。这一结论是从纯资金的投入与产出得出的。如果养猪户考虑其他因素，例如肥料的作用，则应视具体情况而定。

（二）健全各项记录　养猪户应该养成良好的保持各种记录的习惯。这些记录应该包括如上所述各种成本及各种收入。这样才有可能进行投入和产出的分析，保持各种记录并非十分困难的工作，关键是要坚持及时记录下各种费用、支出和收入。

（三）现金流量和收支分析　现金流量是指现金的流入和流出。现金流量分析是分析手头有无足够的现金去从事各项必要的活动。这里强调的是现金的流入和流出，与经营的盈利或亏损无关。对现金流量进行预测和控制，就会避免不必要的因现金临时短缺而影响生产活动。即使是很盈利的企业，也常常会出现现金短缺。

收支分析实际上就是盈亏分析。农户养猪业收入是多少？各项支出是多少？具体某一时段的养猪生产是否盈利或亏损？这些都属于收支分析的范围。收支分析的目的是尽可能最大限度地降低各项成本开支，增加收入，使养猪业的盈利最大化。

四、市场营销

对每个养猪户来讲，市场是一个给定的市场环境。市场不会因为一个或多个养猪户的生产的增加或减少而变化。但所有的养殖户或大多数养殖户统一行动时，整个市场的供求和价格则会随之改变。对单个或一组养殖户来讲，猪的市场营销就是如何了解市场现状，然后对近期的(6～12个月)市场发展趋势进行预测，并根据其预测情况制定或调整市场和销售计划，以达到养猪利润的最大化。

（一）了解市场行情　最近的仔猪、育肥猪的价格如何？周边地区和外省市的价格怎样？什么样的品种较受欢迎？是否有优质优价？各种饲料价格怎样？当地政府的政策和税费状况？这些情况可以勾画出整个养猪业在本地区乃至更大范围的基本状况。

（二）预测市场走势　如果近期的市场状况很好，且已持续了一段时间，大家都觉得养猪业有利可图而不断扩大生产，那么未来的 6～12 个月的市场前景可能不会那么好，因为大家都有可能扩大生产。所生产的育肥猪或仔猪必然在 6～12 个月期间或之后上市。如果生产量大增，而需求变化不大，其结果必然是大降价。在这种情况下，养猪户应小心行事，不可贸然扩大生产，否则，亏损不可避免。

如果近期市场状况极差，且已持续了较长时间，大多数人都在亏本，计划或正在减少生产规模。在这种情况下，如能坚持下去，6～12 个月之后，赚钱的机会较大。

对市场走势的预测还可以根据广播、电视、报纸及畜牧部门提供的各种信息，做综合的分析判断。

（三）制订营销计划　对市场的发展趋势做出自己的判断后，制定相应的营销计划不会太难。简单讲，营销计划就是卖什么（仔猪、育肥猪、什么品种），什么时间卖，怎样卖（直销给肉联厂、屠宰户、或通过中间人）。营销计划必须有生产计划来支持。没有生产，也就谈不上营销，而生产计划又必以营销计划为指导。盲目的生产难以实现利润最大化。

主要参考文献

1. 刘海良主译. 养猪生产. 北京:中国农业出版社. 1998

2. 李锦钰编著. 养猪生产学. 中国农机学会机械化养猪协会等. 1999

3. 陈清明等主编. 现代养猪生产. 北京:中国农业大学出版. 1997

4. 林保忠等主编. 科学养猪全集. 四川:四川科学技术出版社. 2000

5. 罗安治主编. 养猪全书. 四川:四川科学技术出版社. 1997

6. 王康宁,王立常等编著. 畜禽配合饲料手册. 四川:四川人民出版社. 1997

7. 赖以斌,李丽珍编著. 瘦肉型猪饲养问答. 江苏:江苏科学技术出版社. 1995

8. 简载华主编. 兽医手册. 江西:江西科技出版社. 1999

9. 全国兽医微生物学会年会论文集. 山东济宁. 1999